性格与领导力反思

[荷] 曼弗雷德·凯茨·德·弗里斯 著
(Manfred F.R.Kets de Vries)
丁丹 译

REFLECTIONS ON CHARACTER AND LEADERSHIP

人民东方出版传媒
People's Oriental Publishing & Media
東方出版社
The Oriental Press

图书在版编目（CIP）数据

性格与领导力反思 / (荷) 弗里斯 著；丁丹 译. — 北京：东方出版社，2015.6
（曼弗雷德经典管理思想文库）
书名原文: reflections on character and leadership
ISBN 978-7-5060-8299-0

Ⅰ.①性… Ⅱ.①弗… ②丁… Ⅲ.①性格–关系–领导能力 Ⅳ.①B848.6②C933

中国版本图书馆CIP数据核字（2015）第154200号

性格与领导力反思
（XINGGE YU LINGDAOLI FANSI）

作　　者：［荷］曼弗雷德·凯茨·德·弗里斯
译　　者：丁　丹
责任编辑：崔雁行 刘晋苏
出　　版：东方出版社
发　　行：人民东方出版传媒有限公司
地　　址：北京市东城区东四十条113号
邮政编码：100007
印　　刷：三河市中晟雅豪印务有限公司
版　　次：2016年7月第1版
印　　次：2017年6月第2次印刷
印　　数：4001—7000册
开　　本：880毫米×1230毫米 1/32
印　　张：12.375
字　　数：229千字
书　　号：ISBN 978-7-5060-8299-0
定　　价：49.90元
发行电话：（010）85924663　85924644　85924641

REFLECTIONS
ON CHARACTER AND LEADERSHIP

谨以此书献给我的兄弟弗罗莱恩（Florian），
我们一起长大，关系亲密，感情深厚。
我们共同拥有很多美好的回忆，这些回忆一
直深深抚慰着我。

随曼弗雷德・凯茨・德・弗里斯

进行精神分析

曼弗雷德・凯茨・德・弗里斯从临床视角研究组织领导力长达40年，逐渐成为该领域的领军人物。《随曼弗雷德・凯茨・德・弗里斯进行精神分析》(*On the Couch with Manfred Kets de Vries*)概述了他这期间的工作成果。

《随曼弗雷德・凯茨・德・弗里斯进行精神分析》是一套三卷本丛书，收录的是凯茨・德・弗里斯发表在各类期刊杂志上的领导力文章和论文。这些文章和论文，经过筛选，代表性强，主要涉及三大主题：全球化背景下的性格与领导力、生涯发展、组织中的领导力。最初的论文都写于或发表于1976~2008年期间。这些文章和论文，经过作者的更新和修改，代表着当今世界最有影响力的一位管理思想家的工作摘要。

已出版

《性格与领导力反思》

Reflections on Character and Leadership

《领导力与职业生涯反思》

Reflections on Leadership and Career Development

《组织的反思》

Reflections on Groups and Organizations

目录

REFLECTIONS

ON CHARACTER AND LEADERSHIP

不难看出,《财富》之类杂志上有关企业家精神的文章,多少带有传奇色彩,一般会在每个论题上花些笔墨宣扬领导力信条。不足为奇的是,个人成败这个主题非常受欢迎,它能激发读者的想象、引起读者的共鸣,因为它能唤醒我们每个人身上都有的反叛精神。像普罗米修斯和奥德修斯那样的神话英雄,现在被世界各地的民间英雄——企业家——替代。

轻躁狂者的生活一点也不枯燥。心情好时，他们能够营造出一种神奇的氛围，让新想法、新机会层出不穷，让成功得到保证，让追随者觉得愉快。然而，即使在情绪高亢期，他们的好心情也是容易消失的。要求得不到满足，轻躁狂者就会变得不满、易怒、褊狭、喜欢找茬儿。面对反对意见，轻躁狂者容易变得傲慢、无礼，甚至骂人打人。

受述情障碍控制的经理人，有着摧毁组织的力量。因为他们没有高绩效组织所要求的活力、感召力和想象力，所以他们不能调动别人的工作积极性，也不能激发别人的学习热情和长远发展热情。因为他们处理不好不连续性变化，所以他们会阻碍组织的发展。因为他们缺乏激情，所以整个组织也变得死气沉沉，创造力遭到扼杀，战略创新受到压制，组织绩效下降。

临床证据表明，骗子在冒充别人时感觉要好很多。尽管他们本人非常有才干，但是他们拒绝、贬低自己的身份。他们一直没有成功地完成分离—个体化任务，即变成独立自主的个体，这是发展出稳定身份感的前提。这样，可以说，骗子经历着严重的身份危机。此外，对某些人来说，成为骗子，就是战胜非常恐怖同时非常诱人的负面身份。

神经质骗子觉得自己愚弄了大家，还觉得自己不如其他人想的那样聪明能干。他们把自己的成功归因于运气、勤奋，或者其他肤浅的外部因素，比如，长得好看。有些神经质骗子勤奋得令人难以置信，时刻绷着一根弦。他们不相信自己真的有才干、有能力，他们总是担心自己的骗局被揭穿，还担心自己会辜负大家的期望，然后遭到大家的唾弃。

我说的傻瓜，并不是指白痴，即愚蠢或没脑子的人。我指的是恰恰相反的一种人，即合理合法地装疯卖傻的聪明人。这种傻瓜的命运和领导者的命运纠缠在一起，变成千方百计提醒领导者权力易逝、做人之本的人，还变成现实的守护者，用看似荒谬的方法阻止领导者的愚蠢行动。在组织里，明智的傻瓜这个角色往往由顾问承担。

除非亲身经历过，否则很难想象，成为别人过度崇拜的对象意味着什么，即使在确实值得别人崇拜的时候。太多崇拜会让领导者飘飘然，领导者最终也许会相信，自己真的像别人所想的那样完美、那样睿智、那样强大。让这一信念变得更为牢固的是，领导者确实经常能够把某些梦想变为现实。

很多暴君认为，自己有权使用恐怖手段和暴力手段。对独裁者而言，行为规范是为别人制定的。独裁者陶醉在自己的幻想世界中，丝毫不关心别人的需要，觉得自己可以凌驾于一切之上。他们认为，上天赋予了他们生杀予夺之权，换句话说，他们有权为所欲为。这种特权感如果传播开来，就特别可怕：领导者本人的私欲、野心、妄念变成国家的意志。

时发作的偏执症让他陷入众叛亲离、孑然一身的境地。最后，没人愿意质疑他自造的现实，周围的人只给他看他想看的东西、只给他说他想听的事情。尽管亚历山大的人格有阴暗的一面，但是经常发挥作用的是光明的一面，正是光明的一面让他取得一个又一个胜利。

布兰森、韦尔奇和巴列维都认识到了印象管理的重要性，所谓印象管理，在这里是指用一种有效的方式传达愿景。例如，布兰森是很抢镜头的“嬉皮士”，韦尔奇是好强进取的“牛仔”，巴列维偏传统，也偏温和。尽管风格迥异，但是这三个人在谈论自己要做什么、要去往哪里时，都饱含着热情、散发着自信，这让他们的愿景很有感染力。

在很多组织，富有创造力的人被视作麻烦制造者，结果最后真的陷入麻烦而离开。那么，如何管理这些怪胎、避免潜在的宝贵人才流失掉？也许他们需要开始考虑创新管理。所谓创新管理，是指把怪胎自发的冲动行为转化成建设性的组织行动。就像父母应该鼓励孩子的假想游戏一样，高级经理人应该创造条件，激发标新立异和离经叛道的问题解决办法。

随着世界变成“平的”，即随着交通和通信的发展让跨国流动变得越来越容易，越来越多的人有着不止一种文化背景。人生早期的跨文化经历越丰富，就越有可能发展出全球化背景下有效领导所必需的文化同理心。童年时期接触多种文化、说多国语言，成年之后就更可能处理好文化多样性问题。

前言

精神分析与工作世界

经常有人问我，精神分析一直不注重研究工作世界，为什么我却做了这么多有关企业家的研究？答案非常简单。我来自一个“企业世家”：我的父亲是企业家，我的几个兄弟也是企业家，分属不同行业。但是，我从未想过往那个方向发展，很大程度上是因为我的父亲认为我不适合商界（不知道父亲为什么这么认为），这当然在某种程度上变成了一个自我实现预言。我决定往其他方向发展。开始，我学习化学工程与机械工程，这两个专业都只学了很短一段时间。后来，我决定学经济，这只是暂时的选择，先学着，希望以后还能再改。我总觉得，引用伟大经济学家约翰·梅纳德·凯恩斯的话说就是，经济学真是一门忧郁的学科。经济人的概念一直困扰着我，因为我发现，经济学家有关人性的假设极其脱离现实，我家里的那些企业家们，没有一个符合经济人假设的描述。他们做决策的方式一点都不理性，可是，他们非常擅长在做完决策后把所做的决策合理化。

我16岁时，父亲把我送到哈佛暑期学院（Harvard Summer School），那次经历妙极了——与形形色色的人相处，真是刺激，远远比我后来在荷兰的大学生活刺激。在荷兰学习期间，我告诉自己，总有一天，我会回到美国。我确实回了。在荷兰参加完经济学博士考试后，我就回到了美国。那个时候，我已经认识到，我有做学术的潜力，应该可以成为一名优秀的学者。我决定抽出一段时间去旅游，于是在一艘挪威货轮上订了一个位置（我的父亲是那家货运公司的金牌客户）。用那种方式横渡大西洋非常便宜，但是也非常枯燥，唯一让人兴奋的就是暴风雨。当货轮在波士顿靠岸时，我迫不及待地下了船。纯粹为了怀旧，我再次游览哈佛，这次还专门去看了它的商学院。我想打听一下，商学院提供什么项目和课程。我发现，商学院开设了一种“传教士”项目，即国际教师项目（International Teachers Program，简称ITP），目的是在全球推广哈佛的案例教学法。当时，我仍然模模糊糊地打算在这个阶段进公司，可能是银行，不过我觉得我可以利用ITP先在哈佛待一年。在面试过程中，ITP的项目总监提到，亚伯拉罕·扎莱兹尼克（Abraham Zaleznik）正在讲授一门不同寻常的课程，名为管理社会心理学（Social Psychology of Management）。这个名字不太恰当，因为该课程关注的大多是精神分析方面的问题。他建议我参加的学习班是“精神分析心理学与组织理论”（Psychoanalytic psychology and organizational theory）。我决定入学，这个决定改变了我的一生。

我还记得，我们的第一个作业是，阅读欧内斯特·琼斯（Ernest Jones，英国心理学家）写的西格蒙德·弗洛伊德传记。该传记分为两卷，每卷都令人印象相当深刻。我的英文比较烂，但是我在一周之内就把所有教材都看完了，而且我也许是学习班上唯一一个不厌其烦这么做的人。在我这个刚出茅庐的企业经济学家看来，课程十分精彩，因为包含“狼人”、“鼠人”、“疯子施雷贝博士（The Psychotic Dr. Schreber）”之类的案例研究，这些案例研究与经济学课程的教材大不相同。回过头来看，要是搁到现在，我肯定会质疑弗洛伊德对案例的某些解释是否有效度，但是当时，那些案例把我带到一个完全不同的世界，激发了我的幻想。我突然在小说、电影和艺术作品中领会到了很多以前没有领会的东西，就像多了一个镜头，从二维世界进入了三维世界。另外，我当时算是旅居国外，有着漂泊之人常有的那种心理骚动，所以体验更深。当然，日有所思，夜有所梦。因为我的生活经历如此不同，所以我特别关注自己的内心世界。为了更好地了解自己，我经常分析自己的梦。

正是在这段时期，我萌生了整合精神分析学与管理学的念头。当扎莱兹尼克聘请我做他的助手时，我最终确定了自己的发展方向。另外，哈佛商学院接受我攻读博士生课程，不过也建议我攻读工商管理硕士学位（MBA）。商学院是这么考虑的：如果拿不下博士学位，我至少还可以退而求其次获得 MBA 学位。后来我发现，原来 ITP 课程涵盖了 MBA 二年级的课程，所以，搞笑的是，我在第二学年修了 MBA 一年级的课程。回过头来看，哈佛是一次极其重要的学习经历。与 100 多个极具竞争意识的人一起上课，我弄懂了经理人的语言，学会了用经理人的语言说话。

我在扎莱兹尼克的指导下做博士论文，研究的是企业家精神，很快就做完了。我做完博士论文不久，罗兰・克里斯滕森（Roland Christensen）找到我，让我以硕士论文为基础，写一篇有关企业家精神的短文，给他在课堂上用。克里斯滕森是一个讨人喜欢的人，指导我做过硕士论文，我答应了他。这样，我开始了写作生涯，陆陆续续又写出了一些文章。另外，我参加了扎莱兹尼克主持的一个大型研究，主题是个人压力和组织压力。与此同时，我开始考虑接受精神分析训练。当时，我逐渐认识到，精神分析可以用于调查研究，效果相当不错，于是，我觉得自己需要增加临床经验。我觉得，没有临床经验，就很难把心理学理论应用到组织中。我决定了，我要成为精神分析师。在精神分析培训机构看来，我的经济学背景和企业管理背景，和心理学隔得太远，不适合接受精神分析培训，尤其是，当时美国的精神分析界有很强的医学导向。我不仅要想办法让培训机构接受我，还要为培训费用操心。所以我需要一份工作。在波士顿地区找份有趣的工作并不容易。我知道，因为种种政治原因——扎莱兹尼克不属于任何领域——哈佛商学院不会给我提供职位。拜扎莱兹尼克为师，可以学到很多东西，但是从找工作的角度来讲，并不是一个很好的选择。

后来，我决定去法国。那时欧洲工商管理学院（Institut Européen d'Administration des Affaire，简称INSEAD）刚刚成立，聘请了一个院长组建教师队伍。我还觉得，去了法国，我将有机会追求我的梦想，成为精神分析师，因为在法国，精神分析专业的入学条件比较松，不要求学生必须具有“正统”背景。与此同时，我开始跟着乔伊斯·麦克杜格尔（Joyce McDougall）学精神分析，他是世界上最著名、最纯正的精神分析师之一。我在INSEAD待了两年。我也不怕难为情，实话告诉你们，我被解雇了。我一直没有弄清原因，院方也没有明确解释过。当时学院出现了财政困难，我猜这是真正的原因。我曾经就如何改进学院运营提过建议，可能是我提得太隐晦，院方没有当回事，但是，就算我提得直接一些，可能也于事无补。得知院方解雇我后，我拒绝接受他们给出的解聘理由，也拒绝接受他们处理这件事情的方式，其他几个老师跟着我一起抗议（他们害怕自己成为下一个被莫名其妙解雇的人，因为学院的制度不完善，没有正当解聘程序方面的规定）。学院最终因为这件事成立了教师评价委员会，以确保教师的聘用和解聘不再那么草率。讽刺的是，一年后，INSEAD 又给我发了聘书，我拒绝了。回头看来，塞翁失马焉知非福，被 INSEAD 解雇后，我得到了一个有趣的学习机会。

我回到哈佛商学院，加入生产与运营管理（Production and Operation Management）教研组，做了一年研究助手。我的上司名叫威克姆·斯金纳（Wickham Skinner），他让我帮他写案例研究，因为我写得比较人性化。既然回到了哈佛商学院，我希望能够获得一个长期职位。但是，由于种种原因，这一愿望没有达成。教学方面，我做得不错，得到了最高评价，但是院方认为，教学做得太好，研究就做不了多好，所以我不能做研究员。其实，真正的原因是，组织行为学（Organizational Behavior）教研组阻挠扎莱兹尼克委任预备终身教职。另外，组织行为学教研组的一个领导认为，我永远写不出什么东西。那个领导也许特别了解人性，人的一大乐趣就是，做那些别人认为他永远做不到的事情。我不仅写出了东西，而且写出了很多，本书应该是我的第 29 本书。我一直在想，老师真是擅长扼杀伟人，有时因为他的一句话，一个未来的爱因斯坦就消失了。

幸运的是，亨利·明茨伯格比杰·洛尔施（Jay Lorsch）更有远见，对这个问题有不同的看法。那个时候，亨利·明茨伯格正在寻找那种不符合标准模子的组织行为学老师。我当然属于那种不符合的人，于是有幸被他聘请去麦吉尔大学加拿大分校（McGill University in Canada）做老师。那里的管理方向教师队伍相对较新，老师有很多发展机会。还有一点比较吸引我，那就是，麦吉尔大学加拿大分校所在地蒙特利尔有个思想开通的精神分析培训机构。尤其吸引我的是莫里斯·东杰尔（Maurice Dongier），他当时是精神病学方向的头头，也是精神病学智库艾伦记忆研究所（Allen Memorial Institute）的所长。我没有正统背景，他还是接受我入学，这一做法很大胆。原来，他就是我在正确的时间遇到的正确的人，后来成为我的良师益友。

任何经历过这种培训的人都要面临一个真正的难题：以后往哪个方向发展。我认为临床工作很有趣，但是精神分析师已经很多了，不过很少有精神分析师真正了解工作世界。我认为，受过临床训练的我，可以在那个领域作出贡献。

首个案例：一位企业家

20 世纪 70 年代初，我开始接受精神分析培训，70 年代末，我出师了，准备接待第一个病人。你瞧，我的第一个病人是位企业家！这是千载难逢的机会啊，因为很少有企业家寻求心理咨询，他们太忙了。他当时很惨，妻子抛弃了他，孩子跟他像陌生人，他觉得公司快倒闭了——肥皂剧的经典剧情啊。另外，他有很多心身症状，总是含着泪水，视线模糊，嘴里老是生溃疡——典型的压力症状。他本是一位精神病学家的病人，后来被推介给我，但我不认为这位精神病学家是在帮我。我相当肯定，他认为这个病人太难处理。但是，与那位企业家谈过之后，我觉得他是个有趣的病人（特别是因为我对企业家感兴趣），所以我想，为什么不接下这个案子呢？首次见面，我注意到的第一件事是，他似乎出现了“周年反应”（anniversary reaction）迹象。所谓周年反应是指，有些人在到了父母去世的那个年纪的时候，变得非常焦虑。他就快到父亲去世的那个年纪了。他父亲是在精神病院去世的，他的家庭对他父亲的病一直讳莫如深。他认为自己也会像父亲一样发疯、死去，正是这一毫无事实根据的念头导致他无意识地走向自我毁灭的境地。

我对他进行精神分析治疗，效果不错，简直是立竿见影。一周过后，他就有了好转迹象。他认为自己就像服了灵丹妙药，因为只过了六星期，他就觉得好了很多。另外，他公司的生意也大有起色。他与妻子、孩子的关系也改善了。他的心身症状也消失了。考虑到企业家一般都很没耐心，所以当他提出结束治疗时，我一点都不惊讶。他的这种反应有时被称作“用健康逃避”（flight into health，指心理治疗中，病人为了逃避令他不舒服的治疗而自发地表现出康复迹象）。说服他继续接受治疗并不容易，但是我做到了。实际上，我与他保持了四年的咨询关系，这四年里，我们每周见五次面。对企业家来访者来说，这个时间很长。

故事的结局很好。他非常感谢我的帮助，一直与我保持联系，给我写信，告诉我他的近况。几年前，他打电话告诉我，他的妻子去世了，他决定写自传。他觉得自己写不好，于是找了一个“枪手”。他后来与那个枪手喜结良缘，在佛罗里达定居，过得非常幸福。他还在为自传忙乎，请我为他写一部分，我答应了。他觉得与我交往很有趣，因此现在还与我保持联系。

精神分析治疗中连续四年每周见五次了解到的东西，与案例研究中仅仅见一次了解到的东西大不相同。与一个人每天见一次，听他讲自己的事情，你就能清楚地看到某些决策是如何展开的。决策过程中，幻想、白日梦、梦的交互作用真是精彩。他为什么采取某些行动，他事后如何把那些行动合理化，这些问题研究起来非常有意思。尽管他的情况很复杂，但是我觉得，第一次就能接到这样的病人，我很幸运。另外一件事也让我觉得自己非常幸运，那就是，我的第一位督导是克利福德·斯科特（Clifford Scott），精神病学和精神分析史上一位了不起的人物，《国际精神分析杂志》（*International Journal of Psychoanalysis*）的编辑。他是少数几个最先研究精神分裂症和双相情感障碍（狂躁抑郁症）经常性发作病人的先驱之一。与他的交往让我进一步肯定了，仅仅根据简单的调查研究和零星的访谈来构造理论是多么困难、多么危险。与他的交往还让我了解到，现实生活中人们的决策方式与经济学中的理性人有很大的不同。给企业家做咨询，有助于我真正地了解心理世界与工作世界的关系。

精神分析师大都不关注工作世界，以前是这样，现在还是这样，这让我深感愤懑。想想我们大家有多少时光要在工作中度过，就会觉得工作世界非常值得研究。精神分析师研究过艺术家和作家，研究过创造与疯癫，等等，但是一直忽视工作世界。精神分析师对工作世界的第一例正式研究是20世纪早期伦敦的塔维斯托克研究所（Tavistock Institute）做的。20世纪60年代，我的老导师亚伯拉罕·扎莱兹尼克在哈佛做了第二例，哈里·莱文森（Harry Levinson）在托皮卡的门宁格诊所（Menninger Clinic）做了第三例。

我非常好奇他们是怎样在精神分析与工作世界的交叉之处做研究的。他们的工作对我是很大的鼓舞，因为我是在经济、管理和精神分析的交叉之处做研究。现在，我把自己看作第二代临床导向的组织研究者。40年了，我也许已经成了这个领域最著名的实践者。

临床范式

我觉得我的贡献很小。不是有句话说，我们都站在巨人的肩膀上吗？我把自己看作沟通各学科的架桥人。我学习组织行为学时，觉得研究者对体制关注过多，对人关注不够——哈佛商学院显然也表现出这一倾向。我想把人带回组织。根据我的经验，采用临床范式，通过人看组织现象，我们能看到其他范式看不到的东西。不是说其他取向是错的，但是我坚持认为，稍微懂点临床知识，就能更好地理解有时看起来非常奇怪的组织现象。无意识行为在人的际遇中有着重要作用。这样，把自己作为研究工具，效率可以非常高。另外，了解行为背后的动机，有助于理解人格缺陷，有助于读懂症状，有助于解释人际障碍，有助于看透群体现象和社会防御。如果我们真想更好地了解人的现象，那么我们需要采用整体取向。

在强调临床范式对组织研究重要性的同时，我想指出一点，尽管我受过精神分析训练，但是在干预中，我与典型的精神分析师还差得很远。我想帮助别人，这在一定程度上也许是受到我外公的影响，他在第二次世界大战期间竭尽所能地帮助别人。而且，也许是因为在二战期间出生，所以我一直非常留意思想运动，特别是社会科学领域的思想运动。在研究中，我也借鉴认知理论、家庭系统理论、群体动力学、动机访谈、神经精神病学和发展心理学。

越来越多的人认识到，用纯粹的理性模型看待组织是不现实的。我自己最喜欢把临床范式用作跳板，但是我不想说临床范式与其他干预形式相比有什么优势，而且我并不建议所有促变者（agent of change）都在行为主义或人本主义心理模型之外辅以临床视角看待内心问题和人际问题，包括底层动机需求、无意识过程、防御机制、社会防御、阻抗、移情，以及性格的作用。

有关本书

本书考察了一些主要的领导力问题。什么造就了领导者？什么是有效领导？什么是无效领导？如果领导者变质，组织会发生什么事情？成功的领导者和失败的领导者分别对追随者和组织有什么影响？

第 1 篇　领导者、傻瓜和骗子。本篇介绍了组织背景下最受关注的几类性格，分别是企业家性格、轻躁狂性格、述情障碍性格（一副棺材脸的人）、骗子性格和傻瓜性格。我仔细考察了各类性格的行为表现以及这些行为对别人和组织的影响，还就如何管理各类性格的下属以及如何应对各类性格的上司提出了一些建议。

第 2 篇　领导力病理学。本篇描述了领导者是如何变质的，领导者变质是如何造成恐怖、不信任和不安全的氛围的，以及这样的不良氛围是如何让组织瘫痪的。我研究了 19 世纪非洲国王夏卡·祖鲁（Shaka Zulu）的残暴统治并且加以引申，揭示了有关有毒领导力的东西。

第 3 篇　变革型领导。本篇再次回到天使的一边，介绍了领导者面临的最大挑战，即如何培养有利于创新的组织文化。我考察了真正的感召型领导者，从马其顿的亚历山大大帝到维珍集团的理查德·布兰森，描述了他们是如何把组织打造成理想的工作场所的。

第 4 篇　全球化背景下的领导力。本篇探讨了带领组织成功跨越文化边界需要具备什么品质和领导技能。我不仅讨论了全球公司面临的突出问题，还特别关注了俄罗斯。俄罗斯面对西方企业开放——而且，对俄罗斯而言，西方市场也在不断成长——让越来越多的俄罗斯企业家登上全球商业舞台。人们越来越了解俄罗斯这个迷人国度的文化以及俄罗斯“精神”的本质。

在结语篇，我分享了我在如何创建并维护高绩效组织这个问题上的几点思考。

曼弗雷德·凯茨·德·弗里斯

2009 年，巴黎

REFLECTIONS
ON CHARACTER AND LEADERSHIP

第1篇

领导者、傻瓜和骗子

引言

治疗师、教练、顾问以及其他促变者喜欢对性格分类，也就是确定一组相互关联的性格特点，用一个又形象又好记的名字加以概括，方便研究与应用。某些性格特点，就像某些组织特点一样，往往一起出现。有些人认为这种做法是贴标签，会带来负面影响，但是这种做法确实有用，有助于选择治疗方案。世界太复杂，只有加以简化才好应对。一个较不刻板的简化方法是主题分析，即研究一个人内心剧场的中心主题。主题分析所受限制较少，对类数不做要求，能分析出多少类性格就分析出多少类。

当然，性格分类并不是什么容易的任务。进入组织做研究、做干预的时候，我努力保持开放的心态，避免过早下结论。研究、干预过程中，我会接触到大量信息。我必须创建一个过渡空间，“把玩”所得数据。我努力把自己用作研究、干预工具。

经理人向我诉说的故事，在我看来——借用温斯顿·丘吉尔的一句名言——就像“谜中谜，奥秘不可解”。我很困惑，而且，我因困惑而好奇。我想深入思考，弄清面前的材料有何意义。于是，我认识到，我是多么无知，一些情境是多么难以理解。我必须学会忍受我的无知，忍受模糊性，对脑中“快下结论、快下结论”的叫嚣充耳不闻。临床研究的基本特点就是这样：来访者通过各种各样的方式提供材料，让我了解导致其具体行为的不连续性（discontinuity）事件。与领导者的交往使我深刻地意识到，人类有无限种方式应对压力情境，人类的适应能力是独一无二的，陷入恶性循环是多么的危险。心理健康归根结底是能够选择，能够避免屡次掉入同一陷阱。心理健康意味着帮助人们获得更多选择。

让我们面对现实吧。可以说，在发达国家，20% 的人是人格健全的，他们家境良好、父贤母慈，成长过程中没有遇到什么重大挫折，总之一切都很好。20% 的人是不幸的，在暴力、虐待、酗酒或者更糟的情况下长大。有些人成功克服了这些阴影，因为他们很幸运，有关心他们的亲戚、老师、邻居或者家人，非常有利于他们的康复。其余的 60% 属于“神经质”，介于以上两者之间。

我很幸运，多年以来，我做精神分析、进行组织干预，碰到了很多人，我的观察是以与他们的互动为基础的，接触的是第一手材料。例如，我见过很多经理人，他们的行为在我看来非常机械。他们面对环境刺激时机器人般的反应，他们在压力情境下的不恰当反应，激起了我的兴趣。这样的行为是从什么时候开始的？为什么会出现这样的行为？和组织特点有关吗？我进一步研究了一个有时被称作述情障碍的临床现象。所谓述情障碍，就是情感表达无能。还有一些人，喜欢用不同寻常的方式解决问题，不在乎世俗的目光，不在乎别人的看法，给组织造成很大的破坏。这种人应该怎样管理，才能把他们的精力引入正途，让他们成为创新源泉而非混乱源头呢？

我曾经碰到过一个棘手案例，来访者的行为举止让人摸不着头脑。后来，我认识到，这个来访者患了骗子症。与他接触期间，我不由自主地被他的幻想和欺骗蛊惑，即我发觉自己强烈希望配合他的虚构，相信他的故事，尽管所有证据都显示他是一个骗子。这次经历之后，我开始反思他的操纵行为，进而研究更基本的问题：为什么有些人会成为骗子，为什么有人会觉得自己是骗子（很多最出色、最杰出的人都有这种想法）。

我在 INSEAD 为高级经理人举办过一个项目，名为“领导力之挑战”（challenge of leadership），这个项目进行到某个阶段，我要求每个参与者轮流坐“电椅”，向别人介绍自己，用自己的话诉说自己的故事。用一种结构化的方式介绍你的人生，找出哪些关键事件让你成为现在的你，是比较有挑战性的任务。坐在一圈人（最多 22 人）中间，讲述自己的故事，是一个很好的宣泄方式，也是一件非常危险的事情，需要一个老练的促变者主持局面。因为小组成员轮流这样做，所以最终结果就是，小组中的每个人都与其他人的成长利害攸关；他们彼此接触，建立起某种丰富的信息网络。同理倾听的威力可以非常大。通过这个过程，每个人都认识到：“天啊，原来有这么多人和我一样啊！”这句话我听过了一遍又一遍，它是神经质骗子的名片。神经质骗子与真正的骗子截然不同。所有那些成功的、位居高位的人，内心都有很强的不安全感。他们对自己很严厉，奚落自己，降低自尊，时刻鞭策自己，“一定要做得更好，一定要取得更好的结果”。但是所有人都有搞不定的事情。当他们遇到搞不定的事情时，就觉得自己要穿帮、惹大家笑话。

扮演组织傻瓜

我在组织里做研究或干预的时候，经常有人想通过我向上面反映问题。很多组织有种报喜不报忧的文化，积累一些问题，常年得不到解决，甚至得不到关注。正是因为这一点，所以，知道如何扮演明智的傻瓜、提高领导者的现实检验（reality-testing）区分内心幻想和外界现实。

我说的傻瓜，是那种充当领导者镜子的长者，每个领导者都需要一个傻瓜。自古至今，傻瓜扮演着帮助国王、皇帝或者其他类型统治者明正视听的传统角色。例如，莎士比亚笔下的李尔王，身边就有个明智的傻瓜。傻瓜习惯点醒领导者，提醒领导者权力不常在。他靠插科打诨阻止愚蠢行为和群体思维。幽默能拉近人际距离，让人容易接受意见，因此是强大的变革工具，下面我用一个故事阐释一下。一对夫妻逛集市，看到一个算命机。丈夫投入一枚硬币，得到一张卡片，上面写着他有多大年纪、是什么样的人。他露出沾沾自喜的笑容，把卡片上的内容读给妻子听："你聪明，有魅力，女人都会爱上你。"妻子从他手中抢过卡片，翻过来看了一下，说："天啊，它把你的年纪也搞错了。"

所有领导者，都需要一个这样的人，愿意对他讲真话，告诉他他是一个什么样的人。这就是傻瓜的工作。有效的组织，需要敢于和领导者唱反调的人，需要能够随意表达意见和想法的人，需要能与领导者互相迁就的人。如果领导者想听真话，那么他应该问问自己，是否为傻瓜创造了生存空间。扮演这个角色的经常是配偶，但是效果不佳。然而，我有时能在组织内部看到明智的傻瓜。

通常，傻瓜是个年长的经理人，要不了多久就退休，或者是退休返聘人士，不参与岗位竞争，既不怕别人的威胁也不会对别人造成威胁，经常会提一些出人意料的问题。例如，最近，我在一家投资银行见到一个人，我发现，这个人没有任何实际职务，但是很受董事长倚重。他为什么如此重要呢？后来我发现，他是组织傻瓜。他经常提一些与众不同的问题，有时还提一些令人不安的问题，董事长容忍并鼓励他这样做，因为这很有用。问尴尬的问题，他不会受到打击报复，因为他不对任何人造成威胁。然而，他的作用很重要。每七次会议中，总有一次他会切中问题要害。

面对来访者，我扮演的就是组织傻瓜的角色。我可以说愚蠢或挑衅的话，试着让他们从不同角度看问题，因为外人更好这样做。幸福就是，照镜子时觉得看到的东西很舒服、很自在。我就是那个拿镜子的人。

第 1 章　企业家人格

对于喜欢折腾的人来说，企业家精神是最后的避难所。

——纳塔莉·克利福德·巴尼（诗人、作家）

引言

自工业革命以来，人们对企业家精神的态度发生了很大的转变。在社会意识中，个体主义是一种美德。这对企业家精神的发展产生了很大的影响。当个体主义开始包含剥削和不负责任之意的时候，香饽饽般的个体主义就丧失了几分魅力。尽管卡内基、克虏伯和洛克菲勒时代已经成为历史，但是这并非意味着企业家也同样成了历史。粗略看一看俄罗斯、印度和中国的发展，就能明白这一点。不管处于什么时代，企业家精神一直都是一个迷人的现象。人们一直都很好奇，企业家到底具有什么样的人格结构和动机系统。

那么，让企业家区分于其他商界人士的东西是什么呢？尽管企业家很难定义为群体，但是企业家确实具有一些共同特征。企业家是成就导向的；他们喜欢作决定并为之负责；他们不喜欢重复性的、常规性的工作。富有创造力的企业家，精力充沛、毅力惊人、想象力丰富，愿意在有所筹谋的情况下适度地冒险，因此往往能够将起初非常简单、非常模糊的想法具体化。企业家还有一种能力，那就是用饱满的热情感染组织中的人。他们传达出强烈的目的感，以此说服别人——有他们的地方就有激情。企业家具有一种特质，不管它是什么，感召力也好、笼络术也好、领袖魅力也好，反正他们知道如何创建组织并为之注入动力。

为什么研究企业家？

从心理治疗和精神分析的角度考察工作世界的研究相对较少，已有文献中，大部分关注的是工作世界中的抑制症案例或者强迫症案例，偶尔有一篇探讨的是创造性职业从业人员，没有一篇关注企业家，尽管企业家对经济发展做出了主要贡献。

在精神分析和心理治疗领域中，有关企业家精神的临床文献非常少，这说明企业家遇到个人问题时不大可能向精神分析师或者心理治疗师求助。临床心理学家所倡导的那种自我反思或者内省，很少在企业家身上出现。只有在极端情况下（考虑到需要投入很多时间），企业家才选择精神分析这一疗法。我在企业家精神方面的研究，大部分考察的是比较传统的管理类型（Kets de Vries，1970，1977，1985），然而，幸运的是，有位企业家向我寻求精神分析治疗，我因此有机会深入研究这位企业家的内心世界。

我将呈现一个经理人的临床案例研究，在此之前，我先遵循传统，回顾一下其他对管理工作本质感兴趣的研究者的工作。这些研究者力图给出详尽的描述，在追求这一目标的过程中，他们发现（因为一些现实的考虑），如果他们真的想理解管理行为，那么他们必须限制样本量（Carlson，1951；Stewart，1967；Mintzberg，1973；Kotter，1982；Noel，1984，1991）。我的观察与其他研究者工作的不同之处在于，其他人的研究被试是总经理，我的是企业家。

我的某些观察也是以广泛的研究为基础的，这些研究以世界各地（包括俄罗斯和亚洲）各行各业的企业家为被试。我通常以对企业家精神和家族企业特别感兴趣的战略性人力资源管理专家的身份进入他们的公司。有时，高级经理人之所以向我求助是因为他们认为我具有临床背景，有利于分析复杂的家庭和企业情境。在几个案例中，对于企业家来说，我更多地扮演着教练角色。在很多情况下，我处理的是"极端"案例——这一点需要特别指出，因为我的样本可能有偏。

从临床角度来看，企业家是有趣的人，值得研究。很多企业家的性格具有一些古怪之处，很难与人共事。例如，企业家一般具有很强的行动导向，有时草率行事，这可能给组织带来灾难。企业家的独特之处导致我们提出以下问题：如果你考虑和某个企业家合作，或者为某个企业家工作，或者鼓励一群企业家开创一项新事业，那么你应该当心什么？会出现什么问题？陷阱在哪里？你如何避免问题、躲避陷阱？你可以针对企业家制定什么条款？与其他人相比，企业家遇到的个人问题更多吗？简而言之，企业家到底是什么样子的？这些都是我将在本章探讨的问题。

企业家精神：其他学科的看法

企业家经常被定义为创建并经营企业的人（"企业家"的英文"entrepreneur"衍生于法语动词"entreprendre"，该法语动词的意思是承担、从事）。在创建并经营企业的过程中，企业家履行数个职能，这些职能可以总结为管理 / 协调、创新和冒险，其中，后面两个职能是企业家特有的。创新意味着寻找新机会，做不平常的事。冒险关注的是企业家处理不确定性和模糊性的能力，即愿意承担经济上和心理上的风险。因为活动性质使然，所以企业家是主要的就业机会创造者和变革催化剂。

临床文献中，有关企业家精神的案例研究少得可怜，与之形成明显对比的是，其他学科，比如经济学、社会学、人类学和组织学，有很多有关这个主题的文献。研究企业家精神，似乎真的必须横跨多个学科。这没有什么好惊讶的：所有这些不同视角都有助于弄清企业家精神到底是什么，也有助于解释影响企业家精神的各种因素。

社会学和人类学视角

根据这些学科的看法，诸如社会剧变之类的因素对新企业家的诞生有着相当强烈的影响。改变社会结构、造成地位不相称、波及家庭生活的社会分裂，似乎会促使人们选择非传统职业路径（Hagen，1962）。其他研究表明，企业家更可能来自少数民族、少数宗教或者其他少数群体（Weber，1958；Sayigh，1962；Hirschmeier，1964；Kets de Vries，1970）。"不同"感是造就企业家的一个重要因素。如果一个家庭在现有社会秩序下没有好活路，那么其子女就别无选择，只有做企业家，为自己创造新利基。

有研究者著书介绍过出身对来自少数民族和少数宗教的企业家的影响，其中，大家比较熟悉的就是社会学家马克斯·韦伯有关新教伦理的论文。显然，一个家庭的价值观与社会主流价值观不同，这个家庭就容易与外界发生摩擦。少数群体的成员容易受歧视，这会波及家庭，造成紧张和压力，也会带来新挑战。少数群体的成员也许觉得现有社会秩序处处为难他们，因此更有可能挑战现有秩序。一方面，觉得自己与主流社会不同；另一方面，不像多数群体那样拥有很多机会，这两者结合在一起，也许会鼓励少数群体的成员自主创业。

这些人的背景还有另外一个突出特点：在很多案例中，父亲都是个体户（做个体户也许是不得已的，因为没有其他选择）。因为他们的“不同”，很多职业都对他们关上了大门，因此他们面临很大的生存压力。做个体户，尽管有着不确定性和社会—心理风险，但是他们更熟悉。因为这种熟悉，所以他们更有可能选择这条路。

经济学视角

经济学家往往认为，宽松的经济发展环境是企业家精神的沃土（Schumpeter，1931；Knight，1940；Redlich，1949；Baumol，1968）。他们强调的因素有税收优惠政策、风险资本容易获得、运行良好的金融体制、企业“孵化器”的存在（比如，美国的硅谷和波士顿128号公路、法国南部的索菲亚－安提波利斯），等等。

心理学视角

这里说的是用各种心理测验加以评价的具体的企业家人格特质（Brockhaus 和 Horovitz，1986；Gartner，1989；Shaver 和 Scott，1991）。不幸的是，因为不同学者使用了不同评价工具，还因为存在一些方法学问题，所以不同学者得到的企业家心理画像是不一样的，很难统一起来。

最常提到的企业家人格特质有强烈的成就动机、自主性、独立性和权力需求（McClelland，1961，1975，1987）。另外，有些研究把企业家定义为适度冒险、容易焦虑、具有“内控点（internal locus of control）”的人（Lefcourt，1976；Phares，1976；Shapero，1975；Brockhaus，1980；Miller、Kets de Varies 和 Toulouse，

1982）。

企业家的人格共性

不难看出，《财富》（Fortune）之类杂志上有关企业家精神的文章，多少带有传奇色彩，一般会在每个论题上花些笔墨宣扬领导力信条。不足为奇的是，个人成败这个主题非常受欢迎，它能激发读者的想象、引起读者的共鸣，因为它能唤醒我们每个人身上都有的反叛精神。像普罗米修斯和奥德修斯那样的神话英雄，现在被世界各地的民间英雄——企业家——替代。企业家成了最新的独行侠——敢于和环境作斗争的人。企业家就是那种喜欢尝试、敢于冒险、经历种种艰难困苦最终“成功”的人。然而，正如很多企业家的故事告诉我们的一样，成功非常脆弱，失败容易接踵而至。

有关企业家人生起起落落的故事，大都包含一些共同主题。我们经常看到，主角小时候家庭环境不好，自己觉得生错了地方，与环境格格不入——不合群，孤僻，与关系最近的亲人也很疏远。在别人看来，他们是弃儿、边缘人，往往与家人关系不好。我们看到，主角适应环境的方式就是标新立异式叛逆。在别人看来，他们是问题少年，不服管，常犯错，其实，他们是在与命运抗争，是在展示思想独立性。他们用这种方式处理愤怒、恐惧、焦虑，所以总是非常紧张。他们担心失败，认为成功不过是失败的序曲。尽管如此，我们还看到，与这种奇怪的得意和绝望、成功和失败模式有关的是，主角有很强的挫折承受能力，面对失望和困难，能够很快振作过来，重新开始。

我们描述的那种人，企业家，或者用约瑟夫·熊彼得（1931）的术语说，“创造性破坏者”（creative destructor），是非常复杂的人：

动机、欲望和愿望经常不一致，自己深感困惑；经常顶着巨大的压力；经常用看似不理性、冲动的行动让人感到不安。

深入研究一下这种人的人格，我们会发现，企业家行为有六大主题：控制欲强、多疑猜忌、渴望喝彩、“分裂”倾向、寻找替罪羊和用行动逃避。

控制欲强

我认识的企业家，很多都有强烈的控制需求。有时，他们因为控制欲太强而对下属干涉过多、与人搞不好关系。有些企业家很难把握控制的度，十分纠结：迷恋影响力、权力和权威，又觉得无助。他们总是担心噩梦变成现实，陷入受制于人的境地。

结果，我研究过的企业家，有些非常不善于处理支配与服从问题，严重怀疑权威。这一心态与管理者的心态有很大的不同。管理者似乎能够用积极的、建设性的方式认同权威人物，把权威人物用作角色模型，而我观察过的企业家，很少有人像管理者那样能够在上级和下级角色之间灵活地转换。相反，企业家往往觉得规矩令人窒息，很难在规矩繁多的环境下与人合作，当然，除非规矩是他们自己定的。

下面举例说明一下。拉里・马尔科姆，美国体育用品行业一个成功的企业家，是个典型的例子。与我讨论时，他说到他没有办法与人合作。从大学退学后，马尔科姆在一家百货商店做体育用品销售员。他喜欢那份工作（体育一直是他的最爱），但是有一次，他与部门负责人就商品的摆放方式发生争执，打了一架，结果，他不得不离开。后来，他在一家生产运动服的公司找到一个文员职位。这次，他十分注意，希望做得长久一些，可是，他实在不喜欢那里的工作氛围，觉得窒息，最后还是辞职了。

第三份工作，他的表现也没好到哪儿去。直到这时，他才认识到，与人合作不是他的强项。他不知道要做什么，也想花些时间思考一下未来，于是拿出积蓄，去欧洲旅行（很贵的）。在德国的一次体育用品展会上，他遇到一位设计师，很喜欢那个设计师的作品，于是打算帮助那个设计师推销产品。回到美国后，他联系了几家百货商店和很多小零售店，成功拉到几个订单。马尔科姆就这样做起了生意。

拉里·马尔科姆的故事并不稀奇。很多企业家的创业动力就来自某种疯狂的迷恋——非常喜欢某样东西或活动，有很多关于这样东西或活动的想法，最后进入与这样东西或活动有关的领域做生意。马尔科姆的最爱是体育以及一切与体育有关的东西。这在一定程度上解释了，为什么他擅长发现功能和外观都有吸引力的设计。但是疯狂的迷恋并不是唯一的因素。听企业家讲述自己的故事，我发现，很多人就像马尔科姆一样，是无法服从权威、无法接受约束让他们不得不成为企业家的。

那些控制欲过强的人也无法忍受下属挑战他们的权威。在组织里，这种过强的控制欲有时会导致极端行为。例如，某价值6000万美元的消费品公司的老板有个习惯：每天不仅查看自己的个人信件，还查看寄到公司的所有其他信件（包括电子邮件）。另外，他还要求，所有请购单都必须让他签字认可，不管金额多么小。他说，这样做，他觉得一切尽在掌握之中。管得很细，也许在企业初创阶段是合适的，但是随着企业的发展，会逐渐成为企业的负担，因为这种做法阻碍信息流，妨碍决策制定，不利于吸引、挽留能干的管理者。在这个例子中，下属尽管钦佩企业家的很多品质，但是对没有一点儿权限深感不满。表现优异、富有创造力的员工离开了，剩下的是表现平平、甘受压制的人。

多疑猜忌

控制欲强，就容易怀疑别人。我认识的企业家，有些就是这方面的极端例子。他们非常不信任身边的人，非常害怕被人伤害或者利用，总是做最坏的准备。他们有很多人在最倒霉的时候反而感觉最好。成功之时，他们害怕招人嫉妒。所以，为了不得罪人，当人们问他们事情做得怎么样时，他们总是回答说“一般般”或者“不太糟”。但是，时运不济、濒临破产之时，他们似乎觉得这是他们必须付出的代价，是为以前的成功赎罪。讽刺的是，因为窘迫让他们觉得解脱，所以反而有积极效果。焦虑缓解了，他们就有精力重新开始，而且热情洋溢、充满目的感。

具有这些人格特质的人总想寻找蛛丝马迹来证实自己的怀疑。这种行为模式当然有建设性的一面：它让企业家对竞争者、供应商、客户或政府保持警惕，如果发现他们的行动有可能影响到自己的生意，就能立即采取应对措施。警惕具有保护作用，可以防止他们不知不觉地被人打败，但是也会导致他们失去判断轻重缓急的能力。集中关注某些问题，就会忽略其他问题；这样的企业家也许会小题大做，真正重要的问题却发现不了。

如果组织领导者是控制欲强又生性多疑的人，那么组织就很有可能出现这么一幅景象：到处都是溜须拍马的人，到处都是勾心斗角的人，到处都是唯唯诺诺的人。这样的领导者会把无害的举动解释为对他们控制权的威胁，予以严厉打击。可以理解的是，领导者的这种想法会让工作环境变得很糟。

这里有个案例。某企业集团新收购了一家公司，留下了那家公司的前所有者做CEO，并且派了一个顾问帮助他评估生产线的盈利能力、制订并实施战略规划。顾问到了以后，那个CEO不让顾问看财务报表，给出的理由是，顾问也许会利用这些信息帮助竞争对手。还有一次，那家公司机器闲置，不得不裁员，但那个CEO拒绝把在制品卖给一家没有竞争关系的公司。这次的理由是，他曾经上过一次当，把在制品卖给一家公司，结果那家公司生产出了类似的产品，与他竞争，他不想再发生这种事情。

在另外一个案例中，某企业集团的人力资源副总裁惊讶地发现，一家子公司的前所有者在工厂和办公大楼的前后入口都装有监控摄像头。摄像头的多画面控制台就在他的办公桌上，他会时不时地看一看，因为他担心员工偷他的东西。

这样的人总能为自己的古怪行为找到一大堆歪理，你还不好反驳，因为他们的担心和怀疑总有一定的现实性。仔细找一找，总会找到一些支持证据——某人偷东西，某人做对公司不利的事情。不幸的是，用这种方式管理的人忘了公司因此会付出惨重代价——士气下降、员工满意度降低、生产率降低。

渴望喝彩

一般而言，神话传说中的英雄，出身卑微，立下奇功，志得意满之际心生骄傲，最后遭遇背叛或者英勇牺牲。基本的象征主题——出生、成功、骄傲、背叛、死亡——与我们所有人都有关系。有些企业家演绎了同样的神话传说，他们活在焦虑之中，总是坐立不安，担心成功不会长久，他们又是那么渴望被认可、被传颂、被人看作英雄。

最近，我遇到一位很有天赋的企业家。他正在想方设法迅速扩展业务，因此承受着巨大压力。他对我说，他经常做一个梦。梦里，他站在阳台向下看，看见一群女人冲他微笑，眼里充满崇拜之情。这一幕很快消失，女人化身为女妖。这时，他会感到窒息，尖叫着醒来。他还记得另外一个梦，梦里，他是一个神气活现的牛仔，沿着一条窄得不能再窄的羊肠小道往山上爬。即将到达山顶之际，一道门阻住了道路。为了通过这道门，他必须冒着可能滑下山坡的危险。

如果认为这些梦具有象征意义，那么，简单分析一下，就能看出那位企业家的愿望和恐惧。两个梦最明显的一个特点是宏伟：都涉及高高的位置（阳台、山），通往高位之路都充满了危险。

我们可以把喝彩需求看作对渺小感的反抗。我见过的企业家，有些告诉我，内心有个声音在对他们说“你将永远一事无成”——甲骨文公司的 CEO 拉里·埃里森就是一个很好的例子，他脑子里总是回响着他继父的声音。但是，不管这个声音来自哪里，企业家都不会消极对待这个声音；他们不服输，而是试着用行动创造性地处理这个声音。尽管困难重重，但是他们还是会爬上山顶；他们会获得喝彩；他们会找到克服内心恐惧的方法。

企业家喝彩需求的一个表现就是，喜欢建造一栋大楼、大桥或者其他什么东西，作为自己成就的象征。有人戏称，他们有“大厦情结”（edifice complex）。有时，大厦情结表现为一座气势宏伟的办公大楼或者生产基地；有时，大厦情结表现为一个承载着象征意义的产品。例如，一位企业家想让父老乡亲看看自己是多么的成功，于是在家乡建造了气势宏伟的办公楼和工厂，与周围环境的破败形成了鲜明的对比。这一举动让公司陷入财务困难——是在经济衰退期间做出的，当时，很多顾问提倡离岸生产，这让他的做法显得更加匪夷所思。

分裂倾向

人格包含跨时间、跨空间的稳定行为模式，这些行为模式是由隐藏在深处的复杂心理特性导致的。尽管我们的行为模式也许各不相同，但是我们都有防御机制，防御机制可以帮助我们处理日常生活中大大小小的压力。我们使用什么样的防御机制，决定着我们与他人的相处模式。

遭受心理折磨（很难平衡内心世界和外部世界）的人往往会借助“分裂”防御机制进行应对。分裂（split），作用是避免两个以上的矛盾内容或情感同时在意识中存在，表现是看法主观、绝对、非黑即白，而且容易因为一点小事从一个极端转到另外一个极端。上一刻觉得一个人啥都好，怎么看怎么顺眼，下一刻因为那个人做了什么让自己失望的事，于是觉得他啥都不好，怎么看都不顺眼。

我研究过的一个企业家，他喜欢聘用刚出校门的年轻 MBA。他叹服他们掌握的最新管理技巧，非常抬举他们，号召其他员工向他们学习。他告诉员工，这就是他需要的那种管理者。不可避免地，他这样一味地表扬他们，只会招致其他员工对他们的嫉恨。但是，同样不可避免的是，企业家对他们的迷恋很快就消退了，继而大感失望。他的期望太高了，他们没有哪个能满足他的期望。最终，就像以前招来的 MBA 一样，这群 MBA 陆陆续续离开了。

后来，他的公司被吞并了，他又非常崇拜吞并他公司的那个人，逢人就夸集团 CEO 是多么了不起。他非常喜欢琢磨集团 CEO 怎么就那么能干呢。但是，他对集团 CEO 的迷恋也没持续多久。转折点是这样的，为了筹集资本，集团 CEO 打算给全公司做广告，于是让各子公司提交相关信息。他接到提交信息的要求后很不高兴，认为集团 CEO 不信任他，想找他的茬儿，甚至计划摆脱他。他对来自总部的其他要求也有同样的反应。几乎在一夜之间，集团

CEO 在他的眼中从大英雄变成了大坏蛋。最终，因为他隐瞒信息，集团 CEO 别无他法，只有让他离开，他的担心变成了现实。

寻找替罪羊

我们都有一种把内在问题外在化的倾向：把自己的不安和恐惧投射到别人身上。如果我们把威胁归因于别人或者环境，那么威胁就变得更好管理了。如果这种倾向变得夸张，而且变成压力情境之下的主导反应，那么这种倾向就是有问题的。寻找替罪羊这种方式经常被人们用来维护自己的无辜形象。采用这种方式的人，觉得自己一点责任都没有。他们寻找各种理由为自己开脱，企图把自己撇得干干净净。他们拒绝去看不喜欢的东西，他们指责别人。

一位企业家，卖掉了自己的公司，但仍然负责公司的日常经营。下属向他报告销售量正在迅速下滑，他不愿接受；银行、供应商等听闻他经营不善，纷纷来讨账，他不愿面对。他拒绝承认这一切都是他对工厂和设计部门管理不当造成的，他觉得自己没有一点儿责任，他认为全是政府和客户的错。他说新产品线有巨大潜力，公司没有谁敢反驳。相反，大家继续互相安慰，董事长的观点一定是正确的。总部尽管对那家公司采取放手政策，但是最终决定介入，提早与那位企业家终止聘用合同。总部花了好长时间才让那家公司扭亏为盈。

用行动逃避

最后，我合作过的企业家，有些会迅速采取行动来缓解焦虑感（证据就是坐立不安、容易动怒）。三思而后行对他们而言太难了，他们沉不住气，希望迅速看到结果，于是迅速采取行动，即使还没有谋划好。他们特别害怕陷入被动（因为这样他们就必须仰人鼻息、受制于人)，于是采取主动。

企业家人格上的这些共性并不是凭空冒出来的，而是与企业家的早期童年经历有关。

家庭动力的影响

我见过的那些男性企业家，童年生活充满艰辛（女性企业家也许差不多，但是迄今为止我没有见过几个女性企业家，样本量太小，不能草率下结论)。在他们很多人的记忆里，父亲好像是大坏蛋，他们经常责怪父亲抛弃、操纵或者忽视家庭。孩子也许把死亡解释为终极形式的抛弃——常年不在家或者已经去世的父亲，是糟糕的角色模型。死亡会给孩子留下很大的心理阴影，让孩子遭受缺乏自尊、自信、安全感等问题的折磨，这些问题在孩子成年后甚至仍然不会消失。

父亲常年不在家或者已经去世的家庭，母亲往往承担着父亲的部分角色。在企业家的讲述中，他们的母亲经常以坚强、果断、控制欲强的形象出现，是家庭的主心骨，让家庭有了一定的方向感和凝聚力。

亨利·德特丁，荷兰皇家壳牌集团的董事长，6岁时父亲去世。卡尔·奔驰，奔驰公司的奠基人，年仅1岁时父亲去世。约翰·约翰逊，约翰逊出版公司（Johnson Publishing Company，出版的杂志有面向非裔美国人的Ebony、Jet等）的创始人，13岁时父亲去世。德特丁、奔驰和约翰逊都在青少年时期体验过穷困的滋味。我们还可以举出更多的例子。

这里只列举了精英群体的少数几个例子。贫困、死亡和孤独这些主题一再重复出现，表明很多企业家的童年都很艰辛，凸显出心理剥夺的影响，尽管这些因素不能解释一切，因为事情本身太复杂。企业家讲述的故事，很多都只是蜻蜓点水。因此，为了更好地理解企业家的内心世界，我们也许要用详细的案例研究阐释一下。

案例研究：一位企业家的故事

下面的案例研究非常详细地考察了一位企业家。为了让读者更好地理解案例研究的背景，我首先简单介绍一下精神分析。

精神分析

其他管理学研究的样本量也很小，但决不像我这个案例研究只有一个被试。然而，我对这个被试的研究，花了不止几小时，不止一天，不止一星期，也不止一个月。我一直研究了他四年，这四年里，我每周见他五次，每次五十分钟。每次见面，我都帮助他做自我反思。有些人认为每天花点时间反思是有用的，但是，要不是接受心理治疗或心理辅导，很少有人进行这样密集的反思。另外一方面，每周见五次，一直见四年，这让我有机会观察被试情绪和行为的细微变化。调查研究的深入程度、详细程度令人惊叹，应该能够弥补样本量太小的不足。

治疗时间的长短，很大程度上取决于精神分析中要花多长时间帮助来访者做出改变，也就是要花多长时间帮助来访者处理阻抗。在精神分析治疗中，来访者可以相对迅速地洞察行为模式的根源，把大部分时间花在报告当下生活体验，并探索、尝试新的应对方式上。中国成语“目不见睫”概括了这一过程。改变可能要花很长时间，因为人们倾向于（尤其是在危急时刻）使用老的行为模式。人类的惰性和自我完善愿望一样强。

听人讲述自己的故事，一定要记住一点，叙述事实和历史事实是不一样的（Spence，1982；Edelson，1993）。听人讲述自己的故事，最关键是看这个人是如何记忆自己的故事的。记忆版的事实影响着人的心理，塑造着人的性格。记忆版是否符合客观事实，不是很重要。我们的身份感（sense of identity）很大程度上来源于我们的个人神话（personal myth）[①]——一个把过去与现在相连的神话（Hartocollis 和 Graham，1991）。来访者的讲述是支离破碎的，精神分析师把零零散散的片段拼凑成完整的故事。

除了这个探索研究之外，我还做了大量结构化和非结构化访谈，开展过大型的问卷调查研究（Kets de Vries 等人，1989）。尽管这些辅助研究有助于我更好地理解企业家的心理动力，但是没有哪个能够提供我在临床治疗中通过与来访者的多次深度访谈获得的见解。

最为重要的是，这个个案史让我们有机会看看一个企业家的内心世界。这种机会很难得，因为传统访谈一般触碰不到人们的内心世界。这个个案史提供了丰富的信息，让我们得以深入观察人格与环境的相互作用，以及个人改变的过程。它检验了一些有关企业家人格的猜想，让读者多多少少了解行为背后复杂的心理动力。它还让我们更好地理解人与组织的相互作用，帮助我们认识到，很多有关组织中的人是如何制定决策的管理理论太过简单了。这个个案史表明，在很多情况下，人们解释为什么作出某个决策，不过是在事后合理化。

把精神分析干预过程中发生的所有事情都写下来，显然是不可

---

① 美国心理学家 Elkind 提出青少年期自我中心主义的几大特征，其中之一是个人神话，指青少年过度强调自己的情感与独特性，或是过度区分自己的思想与情感和相信自己的与众不同。——译者注

能的。为简洁起见，我只谈谈几个突出的主题，在我看来，这些主题对个人与工作、个人与组织的关系有着特别的影响。你将看到，我前面描述过的企业家的人格共性是如何形成的。

当时境况

X 先生，44 岁，有 4 个孩子，与结婚 21 年的妻子分手后来寻求精神分析治疗。在首次访谈中，他讲述了自己是如何把妻子赶出去的。显然，妻子日益增强的独立需求就是他们争吵的原因。而这种需求妻子在工作中也有表现（她在他的公司上班），在他看来，妻子越来越不像话，老是擅自作决定。他抱怨妻子不够关心他，怀疑她与办公室一个比他年轻的男人有染。另外，他表达了对孩子们站在妻子那边的强烈愤怒。

X 先生抱怨的东西不只这些，不过其他方面的抱怨起初相当模糊。经过进一步的诊断，我发现他好像患了抑郁症。他承认他以前得过抑郁症，但是据他所知，他的抑郁症从来没有这么严重过。事情发展到这个地步，他觉得自己一点用都没有。生活没有希望。他担心自己快疯了。他记起他的父亲就是在精神病院去世的，这件事给他留下了很大的阴影。

根据 X 先生的说法，妻子的离开对他的工作也造成了严重影响，因为她一直在公司里担任要职。实际上，妻子的离开意味着他失去了两个得力员工，因为那个年轻男人也离开了。X 先生现在非常担心公司的未来，发生了这么多事，他怀疑公司能否支撑下去。他以前是个主动的人，现在觉得自己什么都不想干、什么都干不成。他会在办公桌旁呆坐数小时。他的决策能力大大下降。他羞愧地承认，他曾经用算卦的方式制订了一项战略决策。他害怕破产。

上班一天比一天痛苦。在办公室，他总想不好的事情：银行、债主和客户会怎样羞辱他；看到他失败，他们会怎样幸灾乐祸；他的母亲和其他家人会有什么反应。有很多次，他完全无法上班，于是整天躺在床上。工作中，他觉得迷失了方向，不能下指示、不能作决定。这真让他烦恼，因为他一直为自己的主动性和果断性感到骄傲。

X 先生还列出了很多身体症状。他以前睡眠质量很好，现在却经常做噩梦、失眠。他口腔溃疡、嗓子发炎，觉得很不舒服。他患上了严重的头痛，对视力造成了影响，有时，他的一只眼睛完全看不见。他还时不时地腹泻、呕吐。与妻子分手后，他也结交了一些女人，但每次做爱都不成功，他很烦恼。他做了体检，体检报告说他什么问题也没有。医生说，他的问题可能是心理上的。他知道自己需要帮助，最后还是决定试一试精神分析治疗，尽管起初并不愿意。

成长背景

X 先生是家里最小的孩子，上面有两个哥哥、三个姐姐。他的父亲是个销售员，曾经试着做过生意、开过公司。因为工作的原因，他的父亲经常不在家。在 X 先生的记忆中，他的父亲是个爱热闹，喜欢笑的人，出差回来经常给他带礼物。他一直觉得父亲最喜欢他。

他七岁时，父亲生了一场病，从此卧床不起。父亲待在家里，他就有机会与父亲多多相处了。他开始觉得与父亲很亲近。最后，他的母亲和姐姐把父亲送到一家精神病院，不久，他的父亲就在精神病院去世了。后来，他纳闷，真的必须把父亲送到医院里吗？父亲到底得了什么病？他一直不清楚，家里人对这点一直遮遮掩掩。他曾经数次想办法弄清到底是怎么回事，但是找不到真相。整件事情被当作家丑压了下来。X 先生怀疑他的父亲是自杀，这就能解释为什么家里人对这件事讳莫如深了，因为他们的宗教信仰不允许自杀。

他把母亲描述成一个控制欲强、一丝不苟、吹毛求疵的女人，总是为钱和未来操心。父亲去世后，母亲就得独自抚养孩子，这很难，因为父亲死后，家的收入迅速减少，生活水平大大下降。根据 X 先生的说法，这影响了他母亲的整个人生观。他觉得，她用消极的眼光看待一切事情。她从未说过什么积极的话。他做的每件事都不够好。他还把她描述成完美主义者。他从未达到她的要求。除了父亲的去世以外，在他的描述中，他的童年过得很平静、十分幸福。青少年时期他很叛逆，他为此自豪。

重大主题

精神分析过程中浮现的主题集中在 X 先生与女人的关系，以及 X 先生对工作的态度上。精神分析第一阶段的多次访谈，基调是悲观的，他把人生看作祭品。他还非常害怕孤身一人。妻子走后，他觉得完全被抛弃了。根据 X 先生的说法，他曾经什么都有。现在不同了，他的健康毁了，他的生活乱了。他觉得自己很没用。他纳闷，过去，是什么让他一直忙于工作呢？

X 先生的一颗心七零八落的，一点小事就能让他失控。为了把心拼凑起来，他必须控制好自己，这极其重要。他透露说，整个童年阶段，他都害怕失控。例如，他不愿意和其他孩子打架，因为他害怕失控之下杀了人。否认内在现实、通过工作逃入外在现实，成了他的生活方式。然而，他的“用行动逃避”法——“狂躁防御”

（manic defense）[①]（Klein，1948）——似乎不再管用了。

坠入极端

在精神分析中，最初我发现，X先生使用前面讲过的“分裂”防御机制（Freud，1966；Kernberg，1975，1985）。采取这种防御机制，外在表现就是情绪波动极大，对事物的看法主观、绝对、非黑即白，而且容易因为一点小事从一个极端转到另外一个极端。与公司有段非常亲密、积极的关系（那个阶段，他逢人就谈对公司未来的美好憧憬）之后，现在他与公司的关系完全相反。他憎恨公司以及一切与公司有关的东西。开公司太复杂了，要考虑太多事情，太麻烦了。他经常想着把公司卖了。他还想把房子和车子也卖了。财产越多，负担越大。他与别人的关系也经历了类似的转变。显然，这一行为模式影响了他的感情生活，影响了他做生意的方式，也影响了他与客户和供应商的关系，有时还导致他做出自我毁灭的举动。

玫瑰人生

我很快又发现，X先生维持心理平衡的关键是，通过不切实际的乐观、笑声、幽默、疯狂举动和过度控制来否认抑郁感。有件事说起来很有趣，在这个背景下，他努力消除负面想法，与抑郁感作斗争。为了增强这种能力，他读过很多自助书。多年以来，这一直是他的一个人生策略——好像没有什么效果，因为他完全不清楚为什么自己需要帮助。

---

① 一种防御机制，用愉悦掩饰抑郁，用亢奋掩饰落寞，用表面的开心掩饰内心的痛苦。——译者注

随着精神分析的进行，X 先生开始用不同的眼光看待他早期的人际关系。他愿意对自己承认，他的童年并没有他描述的那样幸福。他认识到，他总是拣幸福的时光去回忆。实际上，做家里的老小是非常不容易的。家人把他当作奶娃，从来不关心他的需求，认为他被宠坏了，啥事也干不了，但是他自己从来没有这种感觉。回顾往事，他觉得自己受过粗暴的对待。此外，他现在认识到，在这种环境下长大，对他建立内在安全感并没有好处。

X 先生回忆说，如果父母晚上要出门，他就会又哭又闹。他不喜欢父母把他一个人留在家里，他害怕被哥哥和姐姐捉弄。根据他的说法，兄姐嫉妒他，因为父亲最喜欢他。X 先生对大哥的愤怒尤为强烈，简直称得上憎恨。他之所以憎恨大哥，主要原因就是，父亲死后，大哥企图取代父亲的位置。他还觉得，大哥从不好好待他，经常嘲笑他。

X 先生记得，除了吵闹以外，他还习惯抱怨身体不好，企图获得家人的关注和同情，但是效果不佳，只有一个姐姐似乎愿意听他抱怨。治疗期间，他多次提到，他认为最悲惨的事情莫过于看到一个小孩哭泣，显然，他在影射自己。

X 先生对父亲的记忆是自相矛盾的。既有强大阳光的一面——经常给他带礼物，又有阴暗的一面。有关父亲的另外一个画面是打孩子。他回忆说，父亲对他很严，禁止他在餐桌上说话：“孩子应该就像墙上的苍蝇一样，老老实实、安安静静的。”他还回忆到一幕俄狄浦斯情境（指父、母、子或女三者相处的情景）：车上，他坐在父亲与母亲中间，操纵变速杆让车停下。那个时候，父亲没有生气，反而对他刚刚萌发的自主性表示理解。

随着精神分析的进行，父亲的形象变得更贴近实际：善良、强大、体贴。X 先生然后问自己，实际上，父亲并非一个非常浅薄、虚伪、装腔作势、用笑声掩饰内心的人。他承认，他与父亲很像；他也会故布迷阵，掩饰真实情感。

现在，当他想到父亲，他就想哭。这是迟来的悲伤。显然，因为家人对父亲的死讳莫如深，所以他们当时没有做真正的悼念。现在，当他悼念父亲，就呈现出这样一幅刻板的画面：一个遭弃的孩子伤心地哭泣着。

美杜莎[①]女人

童年期间，X 先生对母亲的愤怒反映在一种担心中——他担心自己变成孤儿。他每天晚上都祈祷母亲不要死去，但是他也担心他会梦游、在睡梦中杀死母亲。与此同时，他还有一个非理性想法：绞死自己。显然，他经常为自己的攻击性感到焦虑和内疚。然而，他花了好长一段时间才认识到这些情感的根源和意义。

渐渐地，在分析过程中，他开始承认对母亲的愤怒。他记得，母亲经常说，下辈子一定不会生六个孩子。这句话给他留下了阴影。他是家里最后一个孩子，这句话让他觉得自己是不受欢迎的，他的到来一定是个意外。他的母亲似乎总是很忙，从来不陪他。因为母亲看起来那么冷漠，所以他的人生就有了一大主题：向母亲证明，他是有用的，生了他是没错的。他想母亲为他骄傲、赞赏他。但是不管他在生意场上做出什么成就，似乎永远都不够好。母亲从未表扬过他。他指责母亲把父亲逼疯了（他也觉得母亲就要把他逼疯了）。他甚至怀疑父亲根本没有发疯，只是因为母亲想摆脱卧床不起的父亲，而把父亲送进精神病院是最方便的办法。

① 美杜莎（Medusa），古希腊神话中三位蛇发女怪之一。——译者注

考虑到X先生与母亲的关系，不足为奇的是，他认为女人很危险、控制欲过强、不值得信任。这里，分裂防御机制再次发挥作用，他把女人分为两类，随便的和正派的。他一直很迷恋妓女（现在仍然迷恋），但是在迷恋的同时又害怕。妓女非常诱人，但是嫖妓又有可能染上性病。他回忆了一次嫖妓经历。他觉得自己对她和对其他女人不一样，他没把她当成泄欲工具，他倾慕她。但是，他还记得，年轻的时候，他交往过很多女人，他对她们相当冷酷无情，一旦发现她们变得太黏人，往往就会马上抛弃她们。他不喜欢“窒息”的感觉。

显然，X先生觉得女人是个威胁。他的梦解释了女人在他内心世界里扮演的角色。他的很多梦里，带着枪（象征着阴茎）的女人把他扑倒，与他性交，女上男下的姿势让他觉得被动。这时，他会惊醒，觉得窒息。然而，在另外一些梦里，女人会远远地倾慕他。他还讲了一个梦，梦中，一大群蜜蜂围着他，叮他，赶都赶不走。他觉得这一幕象征着现实生活中所有女人与他的关系。女人黏人、叮人，但是又提供蜂蜜。女人既让人快乐又让人厌烦。然而，渐渐地，他的梦变了，梦中，他在女人面前越来越硬气，不再那么被动。最重要的是，梦中的焦虑感也越来越轻了。

工作的意义

由我主宰

对X先生而言，开办企业有多重意义，远远不只是谋生手段。人生早期阶段，在一家德国公司工作时，他就发现，为别人打工太不自由了。德国人的管理非常僵化，他实在受不了，尤其是二战期间的童年经历还历历在目。确实，在自由联想中，他把德国人和婴儿杀手联系到一起。德国人喜欢一切照章办事，是像他母亲那样的完美主义者，不给员工任何自主发挥的余地。当他这样联想的时候，他开始形成一种非理性想法：德国人也许该为父亲之死负责。显然，在X先生的内心世界，他母亲与德国人之间存在某种联系。他以前把母亲比作普鲁士将军。她实行极权主义控制。独立、自主，意味着摆脱母亲。他无法与别人（告诉他要怎么做的人）合作，于是，他决定像父亲那样自主创业。那是获得一些权力的唯一方式，再也不用看别人脸色。

在精神分析期间的移情过程中，控制的重要性变得非常明显。咨询期间，X先生对我的看法是摇摆不定的。有些时候，他把我看作慈祥的父亲，在另外一些时候，精神分析意味着支配，这时，在他眼里，我就从一个理想化的、温和亲切、无所不能的长者变成一个唠叨挑剔、控制欲强、永不满足的母亲。躺在沙发上，X先生甚至体验到了身体上的窒息感。有些时候，他希望我把他看作最受欢迎的病人，在另外一些时候，他希望退出咨询。他会问，他还需要多长时间才能"治愈"，什么时候他才不需要我的帮助。显然，这种背景下的"治愈"指的是从"控制欲强的"精神分析师手中解放出来。

X先生回忆到，父亲死后，家庭贫困，母亲经常为钱发愁，他经常得不到想要的东西，他十分羡慕有钱的同学，这一切都让还是孩子的他烦恼不已。除了以上烦恼之外，他还担心自己在家里的地位。家从来不是安全港湾，他必须时刻保持警惕。他还清楚地记得，他的大哥曾经骗走了他少得可怜的一点儿钱。童年时期，他发誓要改变那一切。他要有钱。他要成为一个比谁都精明的生意人。成年之后，知道自己被人利用了，他仍然会愤怒不已。这表明，他非常自恋，自我容易受到伤害。

他选择开办公司，原因有很多。这一选择也反映了他的内心冲突。开办公司是处理自我受伤的折中方案。通过开办公司，X 先生把不安全的现实与对安全的希望结合起来。开办公司，就要应对变幻莫测的环境，这种生活很刺激，有利于驱散深层的抑郁感。开办公司也意味着与母亲对抗，母亲总是强调保险。开办公司，也是为了能够自己做主，逃出母亲的控制。此外，开办公司就有机会获得巨大成功。他可以在经济上独立，他甚至可以比父亲和兄弟姐妹做得更好，强迫母亲赞赏他。另外一方面，内心里，他曾对卧床不起的父亲说，他一定要干出一番事业。办好公司，就能履行那个承诺。

渴望赞赏

X 先生故事的一个中心主题是：事业成功，会带来他想要的赞赏。根本上，事业成功还意味着取悦父母。成功会让父母认为他是特别的，会关注他。

所以，毫不奇怪的是，当妻子不再赞赏他并且开始与他竞争时，他就把妻子赶出了公司。另外，妻子对那位年轻员工感兴趣，唤醒了他的俄狄浦斯意识和同胞争宠意识，还让他毫无根据地担心他们要偷他的钱。而且，金钱象征着成功、权力和威信，没有钱，他就什么都不是。然而，妻子离开他后，拥有自己的公司突然不再有意义，反而成了失败的象征。显然，X 先生觉得，身边没有拉拉队队长，就很难活下去。

婚姻破裂那段时期，他正在开始为变老操心，记起自己到了父亲卧病在床并被母亲送到精神病院的年纪。有段时间，X 先生觉得自己在遭受“报应”（nemesis），也就是，他觉得自己在重复别人的人生脚本。他很担心，父亲的命运会在他身上重现。这种周年反应的症状是，过分担心自己的健康，怀疑自己得了癌症，很快就要死了。

自大与抑郁

正如我在前面指出过的那样，事业成功以及事业成功带来的赞赏对X先生的自尊非常重要。在精神分析的过程中，有一点越来越清晰，那就是，童年时期，X先生新出现的自恋需求从未用恰当的方式处理过。婴儿时期，对他而言，依恋一直是稀缺品。兄弟姐妹如此之多，母亲控制欲过强、悲观消极，父亲常年不在身边（后来去世），因此没有多少爱可分。母亲永远不能提供他所需的自恋补给品（即赞赏、赞美之类的东西）。

幸运的是，父亲对他的兴趣在某种程度上弥补了这一点，但是，父亲在他很小的时候去世，制造了一个真空，让他变得更脆弱。这件事还唤醒了他的俄狄浦斯内疚感（有据为证：在他的幻想中，他打败了父亲，又觉得该为父亲的死负责），进一步阻碍了与年龄相称的成长与发展。在这种环境下长大，他形成了米勒（Miller，1979）在描述自大与抑郁时列举的很多特点："虚假"的自我、脆弱的自尊、完美主义、担心失去爱、善妒、攻击性强、过度敏感、容易觉得羞耻、多疑、焦躁不安。

X先生的母亲，似乎非常压抑，而且有严重的强迫症，为X先生的发展制订了极高的标准——非常严格的超我。X先生很张扬，生活讲排场，其实是想赶走老想进驻其内心的抑郁感。他把母亲的期望内化了，在觉得没有能力满足这些期望的时候，就容易抑郁。另外，父亲去世，他从未恰当地悼念过。他对与众不同的自我形象的需求，可以看成是对从未感到被爱的补偿反应。

竞争与自虐

X 先生陷入了困境。一方面，为了获得关注，他接受兄姐和母亲的支配与恐吓（尽管很痛苦）。但是，可以理解的是，这种关系是令人不满的。他讨厌这种关系，所以，成年后，他强烈地希望不再陷入类似情境。他需要自己做主。如果痛苦不可避免，那么他希望自己是施加痛苦的那个人。他再也不要做无助的受害者。

有件事说起来很有趣，处于三角关系情境中（童年时期的俄狄浦斯情境被唤醒）的时候，X 先生会体验到更强烈的争宠需要。他最渴望的女人，是强大而成功的商界同仁身边的女人，他最需要这种女人的倾慕。有时，为了给这种女人留下印象，他在工作中冲动行事，事后后悔不已。他还记得，当妻子倾慕另外一个男人时，他非常嫉妒，乃至勃然大怒。他处处与那个男人比，贬损那个男人。什么也阻止不了他。这种心理状态经常导致他做出不得体的事情，威胁到他的事业。

此外，X 先生的工作习惯具有很强的施虐受虐色彩。他工作强度很大，工作节奏很快，总是忙个不停，事事都要插手，就是因为他极其需要追求完美。公司里没有谁能把事情做得和他一样好。这种行为模式表明，他老早就内化了母亲的期望，他为不能满足这种期望而绝望、愤怒。此外，他像母亲、兄姐对待他一样对待下属，不断提要求、只批评不表扬。可以想到的是，作为老板，他很难相处。

但是，正如我们看到的那样，扮演控制欲强、强大的商人只是 X 先生领导风格的一部分。他不断给自己施压，曾经有好几次，他再也承受不了了。实际上，他很少觉得工作是愉快的。内心里，工作象征着向权威臣服，他把工作看作义务。他莫名其妙地觉得，对家庭、对社会而言，他不过承担着殉道者的角色。成功、权力和金钱都是虚的，随时都可能消失。

公司的象征本质

公司是X先生的延伸，容易受到攻击，容易遭受失败。对X先生而言，开办公司远远不只是一项事业，公司在很多方面代表着他无力的自我。在那个意义上，公司就像用扑克牌搭的房子，随时可能坍塌。当然，这种担心并非完全没有根据，因为开办公司确实有风险。

在一个梦里，他的公司看起来像一座遭过炸弹袭击的教堂；在另外一个梦里，他的公司变成了正在下沉的平台。此外，很多梦也包含伊卡洛斯[①]主题。在这些梦里，他会飞，试图飞得越来越高。但是，这愉快的一幕很快就转化成焦虑的一幕：他的翅膀正在脱落，他即将摔得粉身碎骨。

精神分析带出的材料，很多都与机械有关。X先生很迷恋机械，他的很多梦都以机器为中心，唤醒了他的前俄狄浦斯和俄狄浦斯记忆，也就是，对身体形象、身体功能的关注和对性的好奇。在一个梦里，他藏在一台机器后面，透过缝隙往外看，担心被人捉住；在另外一个梦里，他忙着操作一台泥浆机。他对机器的迷恋与他对原始场景的关注似乎是紧密交织的。

公司还象征着他的反叛能力。开办公司变成了他的独立宣言，让他成为一个自己做主的人。然而，不幸的是，这件事他只成功了一半。每个婴儿都要面对的分离—个体化（separation-

① 伊卡洛斯（Icarus motif），古希腊神话中，伊卡洛斯是全希腊最著名的建筑大师的儿子，他向太阳飞翔，妄图与诸神比高，结果落水而死。——译者注

individuation）任务（Mahler，Pine 和 Bergman，1975），他似乎从未完成。在他身上，心理发展矛盾非常容易激活，说明他没有充分地个体化。

另外，公司还呈现出过渡客体（transitional object）（Winnicott，1975）的特点。婴儿到了一定年龄，通常会把一些无生命的东西内化，在婴儿的心目中，这个物体就是抚养者（通常是母亲）的代替品，即使抚养者离开了婴儿的视线，借助这个物体还是可以消除婴儿内心的惊慌感，这个就是过渡客体。过渡客体类似内在现实与外在现实的中间区域，在这里，他可以重演他的幻想；他通过玩耍控制焦虑。有件事说起来很有趣，那就是，公司制造的各种产品，很多都可以追溯到他童年时期的嬉戏幻想。他在童年时期选择什么玩具作为母亲的替代品、嬉戏之时怎样摆弄玩具，最终影响到他成年之后选择进入哪一行、制造什么产品。这些经常出现在脑海中的幻想很大程度上影响了他的某些战略决策，决定了他涉足哪些领域。

作为象征性的自我延伸，事业成了他的修复方式：他会兑现对已故父亲的诺言，他会迎合让他既爱又恨的母亲的需要。事业成功还能让 X 先生获得肯定和赞赏，对抗内在的无用感和低自尊感。事业成为获得金钱、威信和权力的手段，进而赶走脆弱感、被动感和无助感。

公司可以让 X 先生满足“以我为中心”的愿望。他重组公司，向集权化转变，把所有业务都抓在自己手中（这个念头很可怕），这个看似一时兴起的念头实际上有着很深的心理根源。小时候，他是家里最没地位的人，长大后，他可以把自己的公司打造成一切都是他说了算、他就是王法的样子。他根据自己的心理状态改变公司环境，自大时招人，抑郁时炒人。

改变的过程

恢复平衡

在精神分析过程中，X 先生对周围人的态度开始转变。他与妻子的关系渐渐变得平衡。他的安全感增强了（在咨询期间，有机会探索他对她的反应之后），于是约妻子出去。多年以来第一次，他们进行了真正有意义的谈话。后来，他们进行了多次这样的谈话。他们以前那种施虐受虐式互动模式消失了。在他们的关系中，谁控制谁变得越来越不重要。他开始接受，妻子可以既独立又温柔。经过数次这样的谈话后，妻子搬回来了。

另外一个明显的变化就是，他对母亲的态度。他努力理解母亲，试着从母亲的角度看问题：突然成为寡妇，没有什么谋生手段，有很多孩子要养，是多么不容易。令他大吃一惊的是，他发现，改变对待母亲的方式后，母子关系开始改善。随着母子关系的改善，他的内心也越来越平静。

工作中，他的行为也有明显的变化。他努力创建更轻松的工作环境。他不再那么好胜。他能更好地控制自己的攻击性。他不再动不动就发脾气。世界在他的眼中不再那么危险。竞争不再让他那么烦恼。与供应商和客户打交道，他更自在了。他发现，一味地进取不是事业成功的唯一方式。

讽刺的是，为了创建更愉快的工作环境，他的第一步竟然是把妻子离开他不久后他招聘进来的那个老女人解雇了。这个女人让他想起他的母亲，她们同样都对生活很悲观。她在总部造成一种非常消极的氛围。现在，头脑更清醒以后，他纳闷自己原先怎么会聘用她。因为身边没有倾慕他的女人，所以他需要一个批评他的女人吗？

X 先生不再想卖掉公司。然而，有时，他还是会想象一下，他的公司可以卖多少钱。他很想知道，如果他告诉母亲他的公司值多少钱，母亲会有什么反应。她也许会赞赏他。但是他认识到，他不是真的想卖掉公司。尽管他不再把过多情感寄托在公司上面，但是公司对他的心理平衡仍然是很重要的。

更加了解自己行为背后的原因后，工作就变得更愉快了。明白了他为什么会变成那个样子之后，他就有了更多的选择。他觉得自己不再那么执拗于过去了。以前，他需要给自己找事做，需要忙个不停。没有工作，他就觉得失落。然而，现在，他努力活得轻松，努力寻找效率更高的经营方式。他试图恢复行与思之间的平衡。他花更多时间思考他想要什么。

X 先生还试着不再那么完美主义，并且认识到了应该给下属自主发挥的空间。下属可以从错误中学习，应该允许下属犯错。他认识到了，有些最优秀的员工之所以离开公司就是因为他对待他们的方式。他现在努力改变这一点，他聘用更强的人，就是那种敢于对抗他的人。他锻炼了授权能力。他能更好地控制自己事无巨细都要过问的倾向，开始喜欢培养下属、充当导师和教练的角色。

人力资源部门（以前只负责发发工资）的职责增加了，变得更具战略导向和发展导向。他还开始制订接班人计划，他与儿子们讨论了这回事后，儿子们都愿意进入他的公司。他们共同商讨后决定，每个儿子负责一部分业务。为了避免以后出现矛盾，每个儿子最后都有机会成为各自负责的那部分业务的大股东。

从资产负债表上就可以看出，X 先生新的经营方式收到了积极的结果。随着公司氛围的变化，员工觉得自主发挥余地越来越大，产品创新突飞猛进了。新产品线的推出速度加快了。员工开始尝试用更好的方式满足顾客需求。产品创新和流程创新如火如荼地开展着，顾客满意度在不断提高。好的公司公民行为成为了规范，也就是员工越来越愿意互相帮助了，互助效率也越来越高。市场占有率增加了，利润率也提高了。

X 先生与权力和威信需求斗争了很长一段时间。他不断想要加快公司的发展。他认识到了，这是因为他需要觉得更强大，他还认识到了，发展过快和过度扩张会带来危险。精神分析过程中的大部分时间，他忽而壮志满怀，想把自己的公司打造成企业集团；忽而忧心忡忡，担心摊子铺得太大不好管理。有时，他觉得自己像希腊神话里能点物成金的米达斯王一样，下一刻，他又担心那种能力会破坏他与妻子的关系、毁掉他的健康。树大易招风啊！别人也许会嫉妒他，暗地里搞破坏，他小时候就经常碰到这样的事。他又抑郁了，眼睛又模糊了，嗓子又发炎了，口腔又溃疡了。

然而，渐渐地，他开始看到扩张公司的需求与他内心世界某些关键主题之间的联系。这增强了他的自由感，他不再那么强烈地觉得自己是过去的囚徒。他的行动变得更平衡了，他的决策更审慎了。他不再靠算卦制订战略计划。在公司里作决策时，他变得不再那么冲动。

企业家生命周期

内心剧变

这个案例研究有助于我们更好地理解企业家成长的心路历程。我们看到了一个人是怎样顶着自童年时期就存在的心理社会风险成长为企业家的。通过内心的转变，最初的无助感、依赖感、拒绝感被一种积极主动的风格替代，权力、控制和自主成为主要关注点。过去是服从、被动，现在是主动、冲动。被动、无助的受害者角色变成主动、做主的自由人角色。对男性企业家而言，父亲缺失（无论是真实的还是想象的）会让他体验到俄狄浦斯胜利，让他在权威人物面前非常矛盾。

他无法在规矩繁多的环境中工作，因此必须创办公司，自己做主、发号施令。成功的公司就是权力和威信的重要有形象征物。但是他的成就还不足以赶走阴魂不散的焦虑感以及其他代表压力的负面情感。拒绝感、不满感和失败恐惧像影子一样伴随着很多企业家。

反抗模式

在向全社会证明自己的能力以前，潜在企业家要经历一段迷茫期，在这个时期，他们没有明确的目标，只是不断检验自己的能力。一份接一份地换工作，一次又一次在推销自己的想法时遭遇白眼。因为他们看似荒诞无稽的想法和举动，别人认为他们是离经叛道的、格格不入的、挑衅的、恼人的。标新立异式叛逆逐渐成为他们的行为模式，成为他们对人们眼中危险的、不可控的环境施加控制的方式。这种行为模式的根源并不是内在的力量和自信，即在安全、温馨的家庭氛围下长大形成的那种力量和自信。相反，雄心壮志可以看成对强烈的自卑感和无助感的反抗，极度活跃是对焦虑感的反抗。

因为这种特别的“反抗模式”（reactive mode），所以企业家容易冲动：仓促之下制订短期营运计划并迅速采取行动。他们有以下特点：难以承受挫折和压力，注意范围狭窄，不断追求短期收益和即时满足。企业家经常根据初始印象（直觉）下结论，不做进一步的认真调查和深入思考。他们的认知过程似乎没有集中注意力、逻辑分析、判断、反思这些步骤，就像因为脑受损而无法完成认知整合任务一样。他们的主要行为模式明显缺乏分析式思考、主动调查和自我批评式反思。企业家尽管容易冲动行事，但是对自己创办的公司怀有很深的感情。

自主创业的重要性

正如我们看到的那样，为别人打工，潜在企业家很不适应，觉得束缚太多，经常与上司发生冲突，干不出什么成绩，于是一次又一次跳槽，跳到最后，没办法了，或者说想通了，干脆自己单干。自然，拥有自己的公司，变成了他们成功克服困难的有形象征，公司承载着太重的情感意义，远远重于实际应有的情感意义。

自主创业与为别人打工不一样，他们与公司的关系更紧张、矛盾更多，这不仅仅是因为自主创业要承担很大的经济风险，而且因为爱之深责之切。因为给别人打工屡屡碰壁，他们别无他法，只有自主创业，他们自己的公司是唯一容纳他们的地方，这是他们寄托过多情感在自己公司上面的一个原因。

管理问题渐渐显露

企业家的公司最初能够获得成功，一个关键因素是他们全身心的投入，但是，随着公司的继续发展，他们全身心的投入会造成很多管理问题。研究揭示，创业型组织（Entrepreneurial Organization）的组织结构完全由企业家决定，工作氛围完全为企业家的心情左右，决策制定以企业家为中心。创业型组织的领导者，往往拒绝授权，对分析型规划法不感兴趣，经常凭直觉做一些大胆的、看似难以捉摸的事情。这也许可以解释组织最初的连胜，但是，不做有意识的规划，风险很大。企业家没有事分大小的意识，在琐事上花的时间和重要战略决策一样多。

在创业型组织内部，权力分配取决于与企业家的亲疏关系，而且在不断变化，结果，组织环境具有高度不确定性。这种情势助长了公司政治，争权夺利、钩心斗角成了家常便饭。创业型组织要么根本没有正式的组织结构图，要么有正式的组织结构图但是与现实情况不符。创业型组织的组织结构图最好用蜘蛛网表示，蜘蛛网正中央是企业家。创业型组织的控制与信息系统要么设计不当，要么使用不当，信息没有共享；没有标准的制度和流程，一点都不正规。相反，评价和控制都采用个人主观标准。工作说明和工作职责要么描述不当，要么根本没有。很多员工都可以直接向企业家汇报，十分混乱。

尽管在公司初创阶段，企业家似乎能够激励下属，但是随着公司的发展，激励问题变得越来越复杂。企业家厌恶规矩，任人唯亲，不愿接受建设性批评，而公司的发展不可避免地需要更复杂的分层管理体系，所以公司变得越来越难控制了。如果公司普遍存在这种状况，那么优秀人才就会纷纷离开，剩下的往往是那些把大部分精力花在内部斗争上的无能之辈。

公司逐步走向衰败

这里我要说说企业家模式的潜在危险：企业家往往内心冲突、领导风格古怪，这在公司初创阶段也许有用，但如果企业家仍然冥顽不化，拒绝让公司正规化，也拒绝改变决策制定模式，那么公司的发展也许会导致最终的崩溃。

如果公司继续发展，组织结构以及决策制定模式将变得越来越难以应对复杂的外部环境。环境动荡性（技术变化、市场行为、竞争者反应）、异质性（组织内部不同方的需求不同、行为不同）、敌意（恶性竞争、资源短缺，等等）[①]将决定如果公司按着老模式继续走下去的话能走多远。

显然，在非常稳定的行业，外部环境的压力不会立即显现。但是，最终压力将变得不能承受，企业家的领导风格往往造成公司最终分崩离析、负债累累。

与继任有关的问题

因为企业家冥顽不化，而且往往没有能力做出改变，所以如果公司想继续发展，企业家就必须退位，找人接班。尽管从理性角度来说，企业家能主动退位是最好不过的，但是从感性角度来说，放手哪有那么容易。企业家会找种种借口避免走这一步，说什么没有合适的接班人，这句话的隐含意思是，企业家不得不继续留下。问题的关键在于，是企业家把公司弄成离开他就不能运行的样子。因为他从来不放心把事情交给别人做，所以下属里面几乎不可能出现一个能干的人接替他。这样，企业家那句“没有合适的接班人”就成了一个自我实现预言。

很多创业型组织很难转变成正规组织。组织结构一旦变得复杂，企业家的矛盾心态、家长式作风就会成为公司的负担。正规化会给企业家提出新要求，企业家也许无法满足这些要求，这就需要职业经理人和更正规的领导方式，于是产生一个悖论：带领公司走过初创阶段、让公司站住脚跟的成功企业家，随着公司的发展和成熟，无意识地把自己推向毁灭的境地。

家庭成员也有可能威胁到企业家的控制地位。既然家庭动力经常在公司里有所表现，那么家人介入公司就会加剧矛盾（Levinson，

---

① 动荡性（dynamism）、异质性（heterogeneity）和敌意度（hostility）是 Miller 和 Friesen（1983）提出的环境三维度。——译者注

1971）。企业家及其家人的家庭角色会与公司角色互相混淆（Kets de Vries、Carlock 和 Florent-Treacy，2007）。这些矛盾的根源是对抗意识，企业家与父母之间矛盾重重的关系转化成企业家与子女之间矛盾重重的关系。古老的家族罗曼史（family romance）往往会重演，也就是企业家会用父母对待自己的方式对待子女。但是，现在是企业家处于权威和控制地位。

不幸的是，家庭动力会重现，特别是在男性企业家与儿子们之间重现。现在轮到儿子们处于企业家的淫威之下，被企业家反复无常、难以捉摸的行为模式折磨，一直被企业家当作小孩子。企业家显然讨厌退位；一想到儿子就要接替自己，他就生出很多复杂的感情。陈旧的对抗意识被唤醒，内心再次充满挫折和绝望，这种创伤会让企业家更加讨厌退位。

福特汽车公司创始人亨利·福特与儿子艾德赛尔·福特的关系，很好地解释了这些矛盾是多么伤人感情，这种对抗对公司的破坏是多么大（Jardim，1970）。亨利·福特拒绝改变战略，也拒绝改进 T 型车，不愿意让艾德赛尔建立分层管理体系，结果公司濒临破产。艾德赛尔最终顶着极大压力进行了改革，付出了很多人力和物力。有时，只有高龄和死亡才能让企业家交出控制权。不幸的是，那个时候已经太晚了，公司没救了。

带领公司走过初创阶段、让企业站住脚跟的成功企业家，随着企业的发展和成熟，无意识地把自己推向毁灭境地。他们是站在十字路口的人，他们充满矛盾，一方面，他们有着丰富的想象力和创造力；另外一方面，他们非常顽固，不愿变革，不能面对继任问题。他们把退位等同于丧失——死亡是丧失的极端形式——退位因此成了他们的禁忌。但是，因为企业家一年比一年老，又因为公司不断发展成熟，所以继任不可避免地被提上日程。公司不再是企业家一个人的，牵扯着很多其他利益群体，比如员工、家人、银行、客户、供应商和政府。他们对公司的政策有一定影响力，具体有多大的影响力，取决于企业家的地位有多稳固。公司在他们的压力下进行的变革，往往是温和的。为了基业长青，公司必须进行激烈的变革，企业家必须在心理上成熟——愿意面对自己矛盾重重的行为，能够走出童年阴影。但是，适应当前现实（对过去释怀），需要以大量自我觉察和自我洞察为基础。

研究企业家人格，就会发现一对对矛盾：富于想象力对冥顽不化，非常喜欢冒险对坚决抵制变革。人们经常想，能不能去掉富有创造力的人的性格当中的破坏性部分，保留（如果不加强的话）建设性部分。这不过是痴心妄想，创新和成熟就像鱼和熊掌一样不可兼得。加强自我觉察和自我约束无疑有助于这些人完成创业到守业的转变。但是很少有人能够发展出这种自我觉察。对于企业家而言，最明智的做法也许是，离开老公司，进入新领域创业。这样，他们就不必改变自己，继续做开拓者，不过是在新的战场上。

怎样与企业家共事

任何与企业家打交道的人，比如，私人股本公司、投资银行家、顾问或者打工仔，如果明白企业家复杂的内心世界的话，就能更好地与企业家共事。这样做有助于他们理解企业家原先被他们嗤之以鼻的不理性行为。不幸的是，企业家的古怪行为到底是哪些复杂因素导致的，他们既没认识到，也没理解到。

显然，最该关注企业家内心世界的人应该是企业家自己。企业家如果一直采用狂躁防御机制（从来不问自己做事情的理由和目的），最终会自食其果。太多公司因为企业家的这种行为模式而毁灭。然而，没有专业人士的帮助，这一恶性循环很难打破。认识到这一需要就迈出了治愈的第一步。

然而，很多企业家直到为时已晚的时候才认识到自己有问题。他们不能让行与思保持平衡。他们没有过去、现在和将来之间的连续感。不幸的是，“不了解过去的人，就会被迫重复过去”这句老话是对的。如果更多的企业家认识到，他们给自己建造的监狱，钥匙在他们自己手中，如果他们接受内心的疯狂而非逃避，那么他们就更有可能做出改变。

到目前为止，我一直在讨论企业家精神阴暗的一面。我这里给出的案例是极端的；大多数企业家的人际关系不会恶化得如此迅速、如此严重。企业家的个人问题不一定就比其他人多，企业家也不一定就有人格障碍。然而，从前面的讨论中，我们可以了解到，企业家有自己独特的压力应对方式。说到这，我想强调一下，创造行为和异常行为之间的界限是模糊的，正常行为和非理性行为之间并没有清晰的分水岭。正是企业家的创造力和非理性让企业家与众不同，企业家很多积极的东西都与创造力和非理性有关。企业家开辟新行业，创造工作机会，刺激经济发展。企业家的远见卓识、领导能力，让追随者超越小打小闹，成就大事。

这里提提我知道的一个案例。一家企业集团计划收购一家公司，企业集团董事长努力与公司经理建立基于相互信任的关系。这两个人商量出一套双方都接受的工作安排和运营流程。经理问自己能否保持自主性，董事长为了让他安心，介绍了一下任何子公司都必须提供哪些信息给总部。董事长还与经理约定，经理可以随时打电话向董事长求助。并购之后，董事长遵守诺言，放手让经理自己干，尽量不让总部插手。结果，以前约定的电话求助成了经理和董事长的关键沟通方式。董事长发现，经理经常打电话来征求自己的意见，董事长并不介意，既然是当初约好了的。经理偶尔会提出一些好高骛远的计划，这时，董事长就会适当泼泼冷水。结果表明，董事长与经理之间这种松散的关系模式非常成功。新收购的这家公司成了企业集团旗下各家公司里盈利能力最强的。

与我在本章描述的那种企业家合作，可能非常难受。然而，经理人与风险资本家也许可以从最后一个例子得到一些启示，学习如何与那种富有想象力、有时非常难相处的人共事。关键是建立一种基于相互信任的关系，经理人与企业家可以经常坦诚对话，企业家提出不切实际的想法时，经理人可以帮助企业家认清其不切实际之处。

为了建立这种关系，风险资本家和首席执行官应该尊重企业家的自主需求，并据此设计控制和信息系统。在这样的安排下工作并不容易，总部的经理人需要在监控和放权之间保持恰当的平衡。保证所购公司自主性的一个方式是，尽量削减总部人员，避免过多干预。

总部高管层在考虑吸纳企业家之时一定要慎之又慎。在打算收购一家创业型组织时，一定要仔细评估一下其管理人员的素质。其人才可以加以培训和发展吗？还是其管理人员都很平庸，很难组建出一支符合总公司文化的管理团队？训练上的无能会让所购公司的管理人员很难在企业家离开后带领公司走下去。

总部高管层还要考虑创业型组织的企业文化与总公司企业文化的匹配程度。这两个组织的基本价值观有多类似，比如，行为规范、结构和目标有多类似？（我这里谈的不是激变而是渐变。）总部高管层同样应该进行变革；文化适应是双方面的。不管在什么情况下，总部高管层都要考虑，总部与欲购公司的文化差异是否大到不可磨合。

因为企业家往往非常了解产品和市场，让他们离开公司往往是不到最后关头不会使用的手段。如果很快发现企业家的自主需求太强，强过其所有优势，那么明智的做法也许是，只让他留很短一段时间作为过渡。一般说来，母公司觉得需要把自己的文化强加给子公司，所以多半情况下，企业家会受不了，主动离开。

不管经理人和风险资本家最终决定怎么做，他们应该记住一点，正是企业家性格的古怪之处造就了企业家的成功。他们不该与这些古怪之处对抗，而是应该试着因势利导。

尾注

本章内容由以下文章集结而成：

● Zaleznik，A.and Kets de Vries，M.F.R.（1976）."What makes entrepreneurs entrepreneurial？" *Business and Society Review*，Spring，17.

"企业家的企业家精神是怎么来的？"，《商业和社会评论》。

● Kets de Vries，M.F.R.（1977）."The entrepreneurial personality：a person at the crossroad，" *Journal of Management Studies*，14.

"企业家人格：站在十字路口的人"，《管理研究杂志》。

● Kets de Vries，M.F.R.（1985）."The dark side of entrepreneurship"，*Harvard Business Review*.

"企业家精神的阴暗一面"，《哈佛商业评论》。

● Kets de Vries，M.F.R.（1996）."The autonomy of the entrepreneur，clinical observations，" *Human Relations*，49：7.

“企业家的自主性，临床观察”，《人际关系》。

1.Shapero（1975）使用 Rotter（1971）的“内外控”量表确定企业家的控制点，结果发现，企业家偏于内控。内控的人认为事在人为，而外控的人认为人拗不过命。因为内控的人觉得自己可以主宰命运，所以他们有更强的自力更生倾向和独立自主需求。

2. 所有人名都是虚构的。

3. 俄狄浦斯情结又称恋母情结，是精神分析学的术语。精神分析学的创始人弗洛伊德认为，儿童在性心理发展的对象选择时期，开始向外界寻求性对象。对于幼儿，这个对象首先是双亲，男孩以母亲为选择对象，而女孩则常以父亲为选择对象。在此情形之下，男孩就对母亲发生了一种特殊的柔情，视母亲为自己的所有物，而把父亲看成是争得此所有物的敌人，并想取代父亲在父母关系中的地位。同理，女孩也以为母亲干扰了自己对父亲的柔情，侵占了她应占的地位。俄狄浦斯情结的原型来自古希腊神话。有人预言，底比斯王的新生儿（也就是俄狄浦斯），有一天将会杀死他的父亲而与他的母亲结婚。底比斯王对这个预言感到震惊万分，于是下令把婴儿丢弃在山上。但是有个牧羊人发现了他，把他送给邻国的国王当儿子。俄狄浦斯并不知道自己真正的父母是谁。长大后他成就了许多英雄事迹，赢得伊俄卡斯忒女王为妻。后来国家瘟疫流行，他才知道，多年前他杀掉的一个旅行者是他的父亲，而现在和自己同床共枕的是自己的亲生母亲。俄狄浦斯王羞怒不已，他弄瞎了双眼，离开底比斯，独自流浪去了。这就是心理学中俄狄浦斯情结的原型。

第 2 章　轻躁狂人格

我很活跃……简直是过度活跃。

——乔希·路赛（Josh Lewsey）

引言

如果我们为之工作的人、与我们共事的人、为我们工作的人，都是心平气和、通情达理、永远乐呵呵的，那不是很好吗？如果我们在工作中遇到的人都是情绪稳定的而非阴晴不定的，日子不是更好过吗？不幸的是，尽管大多数经理人的情绪稳定性都处于中等水平（容易情绪波动的经理人很少见），但还是有例外。有些经理人为人处世的方式，让我们迷惑、窘迫甚至恼怒，他们的情绪总是非常极端。与这样的人（很少见到他们平心静气的样子）打交道，我们事后总要“回味”一番。但那不是最糟糕的：他们的极端情绪，以及他们在极端情绪下的行为，对他们的同事和组织具有巨大的潜在影响（有好有坏）。

在漫长的职业生涯中，我们很有可能碰到一位经常表现出某种极端情绪的上司或下属。有些人追求快意，另外一些人崇尚淡漠。

前者散发的魅力让别人争相追随，后者散发的寒气让别人敬而远之。前者的热情感染着身边的人，后者会让人觉得窒息。前者让别人如沐春风，后者只会让别人沉闷沮丧。

心理学领域有很多描述这两种极端情绪的文献。第一种人被归为“轻躁狂者”（hypomanics，轻躁狂就是轻度双相障碍），第二种人被称作“述情障碍者”（alexithymics，这个词语来自希腊语，意思是“不表达情绪”）。本章先谈轻躁狂者及其对组织的影响，下章再谈述情障碍者。

魅力型领导的酒神品质

狄奥尼斯，宙斯的儿子，是酒神、丰饶之神、狂欢之神，一直是希腊万神殿里颇具争议的一个人物。有关狄奥尼斯的传说数不胜数、莫衷一是。在遥远的古代，很多国家都有酒神节。人们在酒神节举办庆祝活动，纵情狂欢，唱歌、跳舞、喝酒、吃肉、饮血，进入狂喜状态，希望自己的本体与神的本体融合，进而得解放、受感召。在神话传说里，狄奥尼斯既享受极端的快乐又承受极端的痛苦，象征着在创造与疯癫之间挣扎。人们认为狄奥尼斯不仅能够通过美酒、狂喜解放人类，而且能够赋予人类非凡的创造力。

像狄奥尼斯一样，有些领导者也能以情动人。他们热情洋溢、活力四射，感染着身边的人。他们如此有吸引力，每个人都想靠近他们；他们能够脱颖而出，成为大家的偶像。他们能够触动、影响别人，所以他们非常容易走上领导岗位。在他们的感召下，追随者斗志昂扬、忠心耿耿，赴汤蹈火在所不辞。

“魅力型领导”（charismatic leadership）一词经常用于描述这种能够激发追随者做到最好的领导。德国社会学家马克斯·韦伯在描述各种形式的权威时引入了“魅力”的概念。韦伯发现传统或法定权威非常容易理解，但是魅力完全是另外一回事；这个概念并不清晰。在分析某些领导者对追随者的神秘影响力的时候，韦伯发现魅力与权威之间存在很强的联系。通过观察历史人物，韦伯发现，有些人具有内在权威，也就是能够通过人格魅力影响别人，成为精神感召型领导者。例如，贤哲圣人、宗教领袖、政治领袖，一般都有这种品质。在韦伯的概念框架里，魅力是：

> 一种个性品质，能让一个人与普通人区分开来，被视作天赐力量，或者至少是一种极其特别的力量。这种品质很少见，具有这种品质的人，经常被视作神族后裔，并因此被奉为领袖。（韦伯，1947，pp.358~359）

魅力是种宝贵的品质。魅力型领导知道如何帮助人们超越常规，成就卓越。然而，魅力也是一种危险的东西。魅力型领导者可以像花衣魔笛手（Pied Piper）[①]一样，蛊惑身边的人，带着他们走向死亡。只要想想贝尼托·墨索里尼、阿道夫·希特勒、萨达姆·侯赛因等政治领袖，就能认识到魅力的危险。很多魅力型领导都有自我毁灭行为，当他们（运用自己的人格力量）吸引别人追随他们时，就会造成非常广泛、非常严重的灾难性后果。

---

① 在西方国家，花衣魔笛手是个常用的政治宣传标语，这个标语的政治喻义是什么呢？传说，在德国普鲁士的哈梅林（Hamelin）曾发生鼠疫，死伤极多，居民们束手无策。后来，来了一位法力高强的魔笛手，身穿红黄相间的及地长袍，自称他能铲除老鼠。镇子里的首脑们答应给他丰厚的财宝作为答谢，魔笛手便吹起神奇的笛子，结果全村的老鼠都在笛声的指引下跑到了河里，全部被铲除。但是那些见利忘义的首脑们却没有兑现承诺，拒绝付给他酬劳。为了进行报复，花衣魔笛手就又吹起神奇的笛子，全村的小孩都跟着他走了，从此便无影无踪。后来，一提起 pied piper，人们脑海里就会浮现出数百只没有头脑、愚笨无知的老鼠跟在魔笛手后面，走向死亡。——译者注

然而，魅力具有神秘性，这其中的部分原因是人们很难说清它是怎么来的。人们一直在努力解构魅力，也取得了一些成果。超越纯粹的描述水平研究魅力，如果采取心理动力学取向，我们就能揭开魅力的大部分面纱。心理动力学取向认为，魅力的产生与移情过程分不开，理解了移情，就不再会觉得魅力是那么神秘。

移情是指，一个人不是根据现实情境对另外一个人作出反应，而是视其为自己过去生活里的重要他人对其作出反应（Breuer 和 Freud，1893—1895）。移情的基础是，在发展过程中，所有孩子都需要把抚养者理想化，以建造自尊。对于没有力量的孩子而言，理想化是内化抚养者力量的一种方式（Kohut，1971）。孩子通过这一内化过程为自尊打下基础。

那么移情和理想化在工作中有什么体现？因为理想化需求是个无所不在的现象——人类通过这种方式寻找力量、避免焦虑——所以我们经常认为，追随者像在成长过程中响应父母或者其他权威人物一样响应领导者。

实际上，理想化只是大部分领导者—追随者关系中都会出现的一组互动模式中的一个（Kets de Vries，1995）。领导者越有活力、越有远见，理想化就越明显。活力四射的领导者与追随者互动，过去转移到现在，为“魅力品质”打下基础，激活以前的发展互动模式，让“理想渴求”（hunger for the ideal）再次发挥作用。理想渴求——需要一个强大的人作为认同主体——具有很强的激励作用。它有助于相互认同、团队合作和目标导向式行为。此外，处于领导职位的人理想化的倾向，往往有助于发动下属追求共同目标。

尽管移情对魅力很重要，但是光有移情还不足以产生魅力。尽管领导力起作用的一个原因是人类的理想化倾向，但是很少有领导者具有真正的魅力品质。我们需要近距离观察一个真正表现出魅力品质的领导者，研究一下“快意心理学”。好心情是会传染的，开心的人，会让周围的人也开心起来。不足为奇的是，对领导者而言，魅力品质是一大优势。

案例研究：一个活生生的轻躁狂者

我们大多数人都听说过双相障碍（以前习惯称作躁狂症）及其对患者、家人和朋友的毁灭性影响，但是我们很多人不知道这种疾病还有很多程度较轻的变种，包括轻躁狂。这些变种往往不好确诊。轻躁狂者一般处于轻度躁狂状态，而不是像双相障碍者那样情绪波动很大。

做轻躁狂者的下属，是个挑战，诚然也有好处。作为生气勃勃、鼓舞人心的人物，轻躁狂者的生活一点也不枯燥。心情好时，他们能够营造出一种神奇的氛围，让新想法、新机会层出不穷，让成功得到保证，让追随者觉得愉快。然而，即使在情绪高亢期，他们的好心情也是容易消失的。要求得不到满足，轻躁狂者就会变得不满、易怒、褊狭、喜欢找茬儿。面对反对意见，轻躁狂者容易变得傲慢、无礼，甚至骂人打人。鸡毛蒜皮的小事就会让他们敌意相向、大发雷霆。与情绪烦躁相伴相随的是阴魂不散的抑郁恐惧。

让我们看看一个相关的案例。

几年前，亚历·杨联系上我。亚历是我的一个熟人，在一家消费品公司 Novorex 任非执行董事长。他之所以给我打电话，是因为董事会刚刚迫使大卫·克莱因辞职。克莱因，男，45 岁左右，在 Novorex 做了三年董事长。根据亚历的说法，最初，董事会所有成员都很欢迎克莱因执掌 Novorex。董事长候选人中，他最具吸引力，董事会中所有人都被他的魅力、活力和积极思维征服了。更重要的是，公司多年都不景气，而他有很多振兴公司的想法。

上任（经董事会认可）不久后，大卫就举办了一次并购盛宴，以提高 Novorex 在全球市场的地位。尽管当时大卫为各次并购给出的理由都很有说服力，但是 Novorex 不久就陷入财务困境，新并购的公司与总部并不搭配，只不过是一堆负担。期望中的协同效应并没有实现。

亚历有些羞愧地承认，他和其他董事会成员应该为公司现在的状况承担很大的责任；他们后悔当初不够谨慎，没怎样监控和质疑大卫的目的和行为。亚历解释说，董事会被大卫描绘的愿景迷住了。大卫非常擅长激发别人的热情，亚历说。结果，董事会一直很放任大卫，直到为时已晚。最近，委托外面的咨询公司进行评估后，董事会才发现大卫收购的大部分公司不过是质量低劣的骗钱货。预想中的产品互补性从来没有实现，所以 Novorex 过去两年的财务状况非常糟糕。股票市场也相应作出反应，Novorex 股价降至历史最低水平。

亚历解释说，他和其他董事会成员之所以等到很晚才介入是因为他们真的想相信大卫“即将好转”的话，尽管从财务报表来看，结果很糟。然而，某主要分销中心，在采取多项成本削减措施不见效果之后，爆发了一次严重的罢工，造成了很大的损失，这时，他和其他董事会成员才确信，情况并不像大卫所说的那样。罢工事件意味着，来年他们还要遭受严重的亏损，公司股价会进一步下跌。机构股东开始过问这个事情，他们不得不让大卫辞职。

从亚历的话中，我们可以清楚地看到，他不仅觉得对公司现状负有责任，而且觉得对大卫的被迫辞职负有责任。亚历暗示，他和其他董事会成员任由自己陷入大卫的个人磁场，让股东以及其他利益相关者失望。亚历觉得，就大卫目前的状况来看，大卫需要一些帮助，他问我愿不愿意见见大卫。我告诉他，我很乐意。同一天，我接到大卫的电话，和他约定当周稍后见面。

根据亚历的描述，我把大卫想象成一个活力四射、自信满满的人。但是，人们一般是在遇到问题时才会寻求心理咨询，来访者一般不会以活力四射、自信满满的面貌进入我的咨询室。实际上，大卫给我的印象恰恰相反：他说他觉得非常悲伤、空虚，对什么事情都提不起劲。随着我进一步地挖掘，大卫抱怨说，他睡不着，没有胃口，总是觉得很累。

大卫解释说，他的心情之所以如此糟糕是因为他最近被免职了。他还没有时间反思这件事情，不过他承认，董事会的决定不无道理，正是因为承认这一点，所以他很痛苦。他承认，他的表现很差：他的并购方针也许太大胆了；他对未来太乐观了；他对财务数字太漠不关心了；有些经理人比他清醒，他应该征求一下他们的意见，而不是用热情挡住他们。他承认，当咨询报告显示情况并没有他向董事会报告的那样乐观时，他并没当回事，而是找了很多理由说股价急剧下跌只是暂时现象。

在与大卫的讨论中，我很快发现，从小时候开始他就容易情绪波动。他提到，生活中有很多次他曾情绪失控——陷入极度亢奋或者极度忧郁中不能自拔。为了控制不稳定的情绪，他于几年前看过一次精神病医生，医生给他开了一些药，服药对他有用，他很长一段时间没有出现大的情绪波动。然而，他觉得服药之后的生活没有服药之前的生活丰富多彩——他的存在感变弱了。他怀念以前的好心情，于是停止服药。停止服药后，他确定了：他更喜欢时不时出现的高亢情绪（低落情绪不过是附带品），而不是在药物的帮助下获得的平静心态。

大卫试着解释他情绪高亢时的感受。他说，那时，一切体验都变得强烈很多。很小的一件事，比如在街边公园散步，就能让他兴奋。他的感受力加强了，能注意到一般人注意不到的东西。不管做什么——看花草树木、听鸟儿唱歌、与同事讨论——他都更投入。

在与大卫的谈话中，我看出来，大卫沉溺于高亢状态。高亢状态给他很大的满足感。他发现高亢状态对工作也有好处。毕竟，情绪高亢不仅让他自己心情愉快、工作高效，而且能让周围人也心情愉快、工作高效；好心情有助于他激发同事、推进手中的各种项目。他提到，让别人为他的想法兴奋，他就觉得有生气。走出情绪高亢期，生活就变得死气沉沉。

我进一步问大卫，他告诉我，结婚前他很风流，有过很多女朋友。女人对他趋之若鹜，被他的热情洋溢吸引住了。尽管和大多数女人都处不长，但是他喜欢和她们在一起，尤其迷恋情绪高亢之时那种强烈的性体验。大卫很有女人缘，但喜新厌旧，见一个爱一个，爱一个丢一个。他这样流连于女人丛中，情绪更容易波动。

大卫于 23 岁结婚，之后，心性渐渐安定。妻子让他的生活具有了一定的稳定性。然而，最近，孩子们上高中后，妻子开始做全职工作。他们见面的时间越来越少，两人之间的平衡打破了。妻子的心往工作转移，大卫就把更多时间花在工作、旅行上，一有机会就出轨，而且从不费心销毁证据。他与其他女人乱搞，婚姻出现危机。他和妻子分开超过一年了，但是直到现在他才意识到，与妻子交流减少对他的行为有多么大的影响。

在与大卫的谈话中，我还看出来，大卫有物质滥用习惯。情绪高亢时，他经常喝酒，因为酒精能延长并加强欣快体验。他否认自己酗酒，但是承认自己每天喝一点儿威士忌。他还承认，他曾经试过毒品，尤其是可卡因。

在加入 Novorex 之前，大卫在相关行业的另外一家公司做首席运营官，与首席执行官紧密合作，那个人似乎对大卫的情绪有稳定作用。他们合作得非常成功，其中一个原因是他们脾性互补，那个人比较保守，能把大卫的夸张想法修改成切实可行的方案。后来，大卫被猎头挖到了 Novorex。他以为，做 CEO 就有机会展示自己的真正价值。一段时间内确实如此；他真的一直在翱翔，直到现在跌落。

狂躁期与抑郁期交替出现

我们能就大卫·克莱因说些什么呢？他是否有什么地方不对劲？如果是的，是什么地方？我们如何解释他的态度和行为？

大卫表现出了一种相对较轻的双相障碍。双相障碍的范围很广，包括很多情绪障碍甚至气质类型，从最轻微的躁郁气质（cyclothymia，特点是情绪、行为和思维有显而易见但没有危害的变化）到最严重的有生命危险的躁郁症（manic-depression）。各种双相障碍患者，行为之所以古怪，就是因为他们的病具有周期性。

心理障碍分类先驱，德国精神病医生埃米尔·克雷佩林（Emil Kraepelin），描述了双相障碍的波动性：

> 患有双相障碍的人，不断在两种极端情绪间来回波动，前一周还快乐得不得了，下一周就忧郁得想自杀。今天还生气勃勃、活力四射、容光焕发、满面春风、雄心勃勃，过段时间就变得垂头丧气、无精打采、萎靡不振，几个月后又恢复到前面那种状态。（1913，p.222）

在精神病医生手册《精神疾病诊断与统计手册》（第四版）

［Diagnostic and Statistical Manual of the Mental Disorders，DSM-IV-TR，美国精神病学协会（American Psychiatric Association），2000］中，双相障碍从重到轻粗略划分为第一型双相障碍、第二型双相障碍和躁郁气质三类。真正的躁郁症，或者说第一型双相障碍，不容轻视。其特点是有一个或多个躁期。真正的躁郁症，情绪波动非常严重，足以对工作表现、社交活动、人际关系产生危害。有些躁郁症患者还会出现精神病发作。精神病发作的特点是，妄想、幻觉以及/或者行为古怪。有时，躁郁症会严重到需要住院治疗，以免患者伤害自己或者他人。不吃药的话，所有躁郁症患者都无法正常生活。不过，不吃药的话，即使那些有精神错乱倾向的人一般也不会变成精神病。他们的精神病发作都是暂时的，很少发展成慢性精神病。

三类双相障碍中，另外两种在组织环境中更常见。有第二型双相障碍或躁郁气质的人，没有真正的狂躁行为，只不过时而快乐得不得了、时而忧郁得想自杀，容易表现出轻躁狂行为，或者进入“轻度”躁狂状态。根据 DSM-IV-TR（p.362）的说法，轻躁狂行为的判定标准包括：

A. 在明显的一段时间内，持续地具有高兴、开朗或易怒的心情，延续至少一星期（若有必要住院治疗则任何时间长度皆可）。

B. 心情躁动期间，下列症状中 3 项（或 3 项以上）持续存在（若仅具有易怒心情则需要至少 4 项），并已达显著程度：

1. 自尊膨胀或自大；

2. 睡眠需求减少（例如，仅睡 3 小时便觉得休息好了）；

3. 比平时多话或不能克制地说个不停；

4. 意念飞跃或主观体验到思维在奔驰；

5. 分心（即注意力太容易被无关紧要的外界刺激吸引）；

6. 目标导向活动增加（无论是社交方面、工作方面、学习方面还是性方面）；

7. 过度参与极有可能带来痛苦后果的娱乐活动（比如，无节制的购物、轻率的性活动或愚蠢的商业投资）。

这些轻躁狂症状与抑郁症状（可以根据 DSM 的抑郁症判定标准或者躁郁症的抑郁发作判定标准进行判定）交替出现。在抑郁发作期间，人们对正常情况下让他们愉悦的事情失去兴趣，也许体验到空虚感和无用感，这种抑郁状态也许还伴有胃口减小、体重降低、睡眠问题（嗜睡或失眠）、精力减少、冷漠、懒散、无助感、无价值感、内疚感、思考困难、无法集中注意力、无法作决定、不断出现死亡念头和自杀幻想，等等。然而，有件事需要说明一下，这些症状不是由吸毒或服药的生理效应引起的。

轻躁狂者在抑郁期无精打采，在躁狂期恰恰相反。具有轻躁狂人格的经理人在躁狂状态下，是容易振兴组织、推动组织发展的。这些人精力充沛、活力四射、气势豪迈。逆境面前，他们相信事情总会好转，是天不怕地不怕的乐观主义者；他们的杯子总是半满的。此外，他们敢为别人之不敢为；他们喜欢冒险，经常做出大胆举动。他们渴望刺激、新奇和精彩。对他们而言，生活充满意义。他们竭尽全力去实现梦想，带着别人一起冒险（Fuller、Torrey 和 Knable，2002；Winokur、Clayton 和 Woodruff，1969；Campbell，1953）。因为他们相信一切皆有可能，所以毫不奇怪的是，他们不喜欢遵守规则。他们知道如何钻制度的空子，创造性地使用规则。不过，他们总是低估项目的难度。

在狂躁期，轻躁狂者往往自尊膨胀，坚信自己的想法是正确的、重要的。尽管这种坚信感可以带来好处，但是“我总是对的”的思考方式和做事方式，会让他们看不到其他有价值的可能性，因此做出错误的判断。这进而会导致生活、工作中的人际关系陷入混乱。

轻躁狂者也非常喜欢交际，是自来熟。结果，他们也许会一时冲动与人产生情感纠葛或性纠葛，甚至与同事亦如此。跟一般人相比，轻躁狂者似乎只需要很少的睡眠，有太多事情要做。因为他们脑子转得很快，嘴巴经常跟不上脑子，所以他们语速比一般人快、音量比一般人高。

轻躁狂者这样的性格会造成什么结果？在狂躁期，他们精力充沛、信心爆棚、感知更灵、愿意冒险、思维流畅，因此工作效率更高、创造力更强。结果，对组织而言，轻躁狂者是真正的财富。他们有丰富的想象力和创造力，一般会取得很大成就。实际上，有大量研究表明，双相障碍与智力测验成绩和创造力测验成绩都有很强的相关。在杰出的艺术家和作家中间，双相障碍的出现比例远远高于普通人群。一个研究得出结论说，一个英国艺术家和作家样本中，38% 的人被诊断出情绪障碍（Jamison，1993）。尽管情绪极端波动对创造性想象和表达有好处，但是研究也表明情绪极端波动有很强的破坏力。此外，有双相障碍的人更可能出现自杀倾向（Paykel，1982）。

研究者也观察过轻躁狂者的情绪波动在商业环境下的表现。情绪高亢期的豪迈气势、盲目乐观、狂妄自大、冲动鲁莽、判断力差，可能导致过度冒险行为。因为狂妄自大，所以他们高估自己的能力，一下子做很多事情，多到自己根本应付不来。别人建议他们不要贪多，他们并不当回事。确实，如果有人泼冷水，他们就会变得气急败坏。阴晴不定也许是他们的主要特点。很多轻躁狂者情绪不稳定，忽而兴高采烈，忽而无精打采。

而且，轻躁狂者往往否认自己有问题，倾向于拒绝一切帮助，这让他们更难相处。因为轻躁狂者习惯伪装，所以他们很容易让别人相信他们一点问题都没有。如果他们不赶走抑郁感，任由自己沉浸其中，那么他们就会焦虑不堪，于是他们用愉悦掩饰悲伤、用亢奋掩饰落寞、用表面的开心掩饰内心的痛苦。在别人看来，他们的心情总是很好。

如何管理轻躁狂者

轻躁狂者显然不好管理，下面就以一个故事说明一下。这个故事是某财富 500 强公司销售部负责人讲给我听的，故事的主角是他的下属玛丽。

玛丽是我们公司的一大宝贝，她提出了很多新点子，在这一点上，没有谁比得上她。她的创造力和工作能力就是一个传奇。接到一个合她胃口的项目，她会做得非常漂亮。为了找到好的解决方案，她不知疲倦，每天工作到很晚。这个过程中，玛丽兴奋不已。而且，她还擅长调动别人的积极性。自己很投入，又能让别人投入，所以她总能制造奇迹。

但是，玛丽也有问题，她喜怒无常的性格引起了很多麻烦，多到大多数人都记不清了。有很多次，她天马行空般的创意制造的是混乱而非奇迹，那些时候，她的现实检验功能好像坏掉了。那种情况期间，她经常失控。她脑子里的弦好像断了，完全不顾社会规范。在社交活动中，她会说一些不相干的话题，讲与场合格格不入的笑话。那种情况期间，她经常心不在焉，讲话老是跑题。她的迷糊与她的热情一样具有传染性。她跑题的时候，如果我试着把她拉回来，她会非常不高兴，摆脸色，对我如此，对下属也是如此。

公司里流传着很多有关她的趣闻轶事。我记得——是听来的啊——有很多次，她提早下班去疯狂大采购，把钱花个精光。一次，她在二手车市场淘到一辆很旧的奥斯汀·希利（Austin Healey），心血来潮之下，第二天竟然开着那辆古董车来上班。她提过，她总想试试划水。可以想到的是，她这样大肆挥霍，经常入不敷出。她还嗜酒。很多次，午饭之后她喝得醉醺醺地回到公司。而且，她的形象会在一夜之间发生剧变，头天还容光焕发，第二天就憔悴不堪，就像几星期没有睡觉。

很多次，我们很为玛丽担心。当她情绪低落时，我们担心她想自杀。过度兴奋期过后，她总是非常讨厌自己。她为自己古怪出格的举动、酗酒、暴力、挥霍感到十分羞愧。在她情绪低落时，我和她谈过几次，肯定她对公司的贡献，指出她的出格举动（她只有在情绪低落时才听得进这种话）。

玛丽让人既爱又恨。我认识到她的情绪不稳定性并为此担心，但是我又看重她惊人的创造力。这真的很难权衡：我爱惜她是个人才，所以容忍她的种种怪癖。我对她的容忍引起了一些人的不满，当事情恶化时，我必须出面保她，我对她的出格行为总是睁一只眼闭一只眼。

工作场合的轻躁狂者

轻躁狂引起的后果包括毁掉前途、丢掉工作、众叛亲离、穷困潦倒、吸毒、酗酒，甚至住院和自杀（或企图自杀）。这些后果非常严重，所以人们需要保持警惕，看看身边的人（家人、朋友、同事）是否有轻躁狂倾向。然而，轻躁狂者善于伪装，身边的人经常被迷惑，否认存在问题。小贴士 2.1 列出了轻躁狂的预警迹象，方便大家尽早识别出有轻躁狂倾向的人。

小贴士 2.1　轻躁狂的预警迹象

轻躁狂的主要指标是什么？我们要根据什么标准判断出了问题？以下问题有助于确定一个人是否有轻躁狂倾向。

- 那个人是否有狂妄自大的想法、不切实际的计划、糟糕的判断力？
- 那个人是否话太多，而且语气咄咄逼人（到了让人觉得受冒犯的地步）？
- 那个人是否不顾场合地嬉闹、开玩笑？
- 那个人是否经常说“太爽了”“太痛快了”之类的话？
- 那个人是否看起来自尊膨胀？
- 那个人是否经常分心、思维跳跃、坐立不安？
- 那个人是否非常急躁，当事情不合己意就气急败坏？
- 那个人是否过度活跃，想一下子做很多事情？
- 那个人是否似乎有用不完的精力，睡眠需求急剧减少？

●那个人是否老想着与性有关的事情，经常轻率地与人发生性关系？

●那个人是否有非理性的理财行为，包括疯狂采购、胡乱投资？

如果问题已经严重到这个地步，那么他的朋友、同事和家人就不能马虎大意了，应该劝那个人变一变。光劝可能是不够的，也许还要进行某种形式的干预。如果那个人会自发地好转（经常是这个样子），那么任务就更复杂了。在好转期间，躁狂发作的严重性就会被看轻甚至遗忘，造成问题已经得到控制的假象。轻躁狂者本人及身边的人容易忽视问题的严重性。患有轻躁狂之类情感障碍的人，比患有其他身心疾病的人，更可能自杀。

可选的干预方式

让我们回到大卫·克莱因的案例，看看可以做些什么帮助他。有哪些干预方式可选？哪种最适合他？在考虑治疗这个情绪障碍的时候，我们必须接受，某些事情是不可改变的。轻躁狂行为的根源似乎是生理学方面的，与神经介质系统缺陷有关。由于某些尚未确定的易感基因，这些缺陷让神经介质系统不能抑制莫名其妙的情绪波动，不能提供情绪稳定性。除了基因因素以外，环境压力似乎也有份儿。轻躁狂是种慢性病，不容易断根，即使施以治疗。双相障碍的病因似乎有基因方面的。有关同卵双胞胎的研究表明，如果双胞胎中的一个患有双相障碍，那么另外一个患有双相障碍的可能性是很大的，即使不是双相障碍，也很有可能是轻躁狂气质（Bertelsen、Harvald 和 Hauge，1977）。

双相障碍也是相对常见的。诚然，这不是什么好消息，但幸好另外有条好消息与之中和：神经生理学研究的进步对双相障碍的影响比其他精神疾病都深。锂以及相关药物（比如碳酸锂、硫酸锂）是非常有效的抗躁狂药，能让人过上相对正常的生活。很多人服用这些药物后，取得了不错的效果。

然而，正如大卫的案例说明的一样，服药也有坏处。当轻躁狂者服用锂时，会发现自己和普通人没两样，也就是创造力下降、体验不到狂喜感，只有在境况不好时，他们才愿意这样。对一个曾经到过山顶的人来说，处在半山腰的滋味并不好受。服药后的生活更平静了，但是也少了几分精彩，少了几分乐趣。有这种想法的轻躁狂者也许会拿现状与以前的最好状态——就是他们最具活力、最富创造力、最开朗活泼的时候相比。他们怀念轻躁狂的高亢期（他们自己也迷上了他们最具活力、最富创造力、最开朗活泼的样子），也许就会停止服药。换句话说，轻躁狂状态让人上瘾。治疗是复杂的，因为一旦锂发挥作用，服药的人往往就会以为没有锂自己也能过得很好，拒绝进一步的治疗。让不想服药的人服药，不是一项简单的任务。毕竟，不想服药之人是无药可治的。

当然，最好是服药可以调节情绪但不会损害创造力。随着各种各样新的抗躁狂药被开发出来，这一愿望也许很快就会实现。现在，有关药物对创造力影响的研究，结果是相互冲突的。

然而，尽管药物治疗有很多副作用，但是不进行药物治疗的后果更严重。如果放任双相障碍发展下去，不采取任何措施，情绪波动就会越来越频繁、越来越严重。抑郁也许会加重，自杀风险加大。现代医学能让人从极度绝望和疯狂行为中解脱出来，患有情绪障碍的人有了更多的选择。

心理治疗结合药物治疗是非常有效的方式。一方面，药物治疗让人摆脱极端抑郁和狂躁发作引起的可怕后果。另外一方面，心理治疗帮助患者明白情绪波动的心理含义以及其可怕后果，说服患者服药，防止复发。治疗也可以看作一种预防性维护：轻躁狂患者主动采取措施减轻预期之中的情绪波动。

当然，建议做治疗比真正做治疗容易，因为轻躁狂者并非总是最佳的倾听者。在轻躁狂状态，他们往往对自己的病没有正确的认识。此外，不管是高亢期还是低落期，他们也许并不清楚别人对他们的看法。有件事值得强调一下，否认是轻躁狂者经常使用的防御机制，这一防御机制会严重损害他们的关键认知功能。在轻躁狂状态，他们不愿承认他们的行为属于适应不良。在轻躁狂状态，一切都好，没有问题。然而，就像玛丽的故事说明的那样，在抑郁状态，他们对自己的能力有更现实的看法，对自我有更深的认识；因为那个原因，他们情绪低落时更容易寻求治疗。

那么，如果看出某个同事有轻躁狂倾向，我们可以做些什么来帮助他？我们可以充当“情绪容器”（emotional container），这是心理治疗中的一个用语，意思是说治疗师要接纳病人的一切情绪，包括不满和愤怒，像大海一样包容病人的一切。做情绪容器，就是要在那个同事情绪高亢或心情低落的时候包容他，如果有必要，还要控制他。让一个冷静严肃的人和那个同事做搭档，是个比较好的办法。还可以采用“经理人角色阵”（executive role constellation），也就是组建成员各有特色、优势互补、互相牵制的经理人团队。在那个同事想把考虑欠妥的方案付诸实施时，其他经理人要加以劝阻。劝阻也许会让轻躁狂者忌恨，但好歹也会让他警醒。如果有轻躁狂倾向的人是组织最高领导者，那么最好设置一个非执行董事，制约其权力。

自助措施

轻躁狂者有很多自救方法。如果大卫熟悉轻躁狂的特点，与心理健康专业人士合作，制订治疗计划，那么他就会好转。他可以从一些常识性的情绪稳定策略开始。第一，考虑到他容易情绪波动（事实上，他情绪波动的可能性还是很大的），他应该自己掌握工作和生活的节奏。第二，在工作和生活中，他应该回避加重其病情的情境，创造有利于缓解其病情的情境。

除了这些自助措施之外，大卫还可以同时接受心理治疗或者某种形式的辅导。药物治疗是比较极端的措施，如果他的病情继续恶化，也是要考虑的。心理治疗结合药物治疗也许有助于他稳定情绪。

为了巩固治疗效果，大卫应该让妻子参与进来，帮助他稳定情绪。这一步说来容易做来难，但确实对治疗很有好处。如果婚姻真的无法挽回，他应该再寻找一位生活伴侣——就是能代替妻子充当情感容器、在他飞得太高时把他带回地面的人。在工作中，他需要与其他经理人相互制衡，正如我说过的那样，他需要一个好搭档，就是那种能让他走出狂躁状态、冷静下来的人，那种既能让他冷静下来又不损害其创造潜力的人（见小贴士 2.2）。

小贴士 2.2　应对策略

因为轻躁狂者几乎“听”不进任何意见，所以人们不知道拿他们怎么办。遇到有轻躁狂倾向的下属，很多人的应对策略就是听之任之；遇到有轻躁狂倾向的上司，很多人的应对策略就是越级告状，请高层把轻躁狂者调走。以上都不是什么好策略，下面这些做法值得试一试：

● 与组织里的其他人联合起来，防止轻躁狂者做出对别人、对组织不利的事情。这一策略不能解决轻躁狂者的病，但是有助于把轻躁狂者对别人、对组织的伤害降至最小。

● 创建支持性环境（如果轻躁狂者是高级经理人，那么这一干预措施较难实施）。在玛丽的案例中，上司和同事看出了玛丽的狂躁症状，例如，在不需要的时候还长时间加班，疯狂购物，酗酒——心生警惕。为了帮助她，他们创建了一个支持性环境，表扬她的成绩，说明他们真的关心她。赢得她的信任后，再指出她的某些行为是不恰当的。这种干预对她帮助很大。

● 互相搭配，共同进步。安排那种脾气很好、能够劝说轻躁狂者放弃考虑欠妥的方案的人做轻躁狂者的搭档。如果轻躁狂者的配偶与工作搭档相互熟悉，那么还可以让配偶参与进来，互通信息。如果轻躁狂者是CEO，那么董事会最好吸纳一个非执行董事，这很重要。

● 咨询人力资源部门的专家。同事可以充当中间人，帮助澄清轻躁狂者的病情，建议处理方案，比如休假、引介到员工帮助项目（EAP）。

● 帮助轻躁狂者稳定情绪。睡眠行为、性行为、理财行为方面的变化，过度自信或者过度热情，同时参与过多项目，判断力发生变化，这些狂躁发作迹象，亲近的人应该比较容易发现。在干预的早期阶段，比如联系心理医生，家人的作用也非常重要。他们可以鼓励轻躁狂者回避易加重情绪的情境，选择有助于其调节情绪的同事和组织（可以使用家庭咨询和治疗，因为较早进行侵入性治疗对稳定病情大有帮助）。

●帮助轻躁狂者学习有关轻躁狂的知识。对轻躁狂的了解是预防性维护的基础。如果轻躁狂者自己可以看出狂躁发作或抑郁即将发作的迹象，就能防患于未然。

●鼓励轻躁狂者寻求治疗。现在的可选方案是药物治疗配合心理治疗。心理治疗可以让患者了解情绪波动的心理含义和不良后果，药物治疗可以防止复发，家人、朋友、同事的支持可以起到情绪容器和提前示警的作用。

对组织的好处

具有酒神品质的经理人，既可能为组织创造奇迹，又可能给组织带来灾难。他们的决定和行动，最初也许被解释为大胆的、富有想象力的，最后也许会变成灾难性的。然而，轻躁狂者如果从错误中学习，培养反思能力，当警铃响起时能够刹车，创建具有情绪稳定作用的生活环境，那就能成为组织的巨大资产。他们丰富的想象力、强烈的成就导向、在逆境面前的积极态度，以及他们鼓舞调动他人的能力，非常有助于组织打造人才方面的竞争优势。

塞缪尔·贝克特在《等待戈多》中写道：“所有人刚生下来时都是疯狂的，大部分人随着年龄的增长渐渐变得理智，少数人则一直是疯狂的。”希望我们所有人都保留几分疯狂。没有疯狂，组织里的生活就会非常单调。此外，这种单调会导致自满情绪，让我们丧失创造力，丧失对人生不连续性的应对能力。

尾注

本章内容由以下文章集结而成：

● Kets de Vries，M.F.R.（1977）.The Dionysian Quality of Charismatic Leadership，INSED working paper.

"魅力型领导的酒神品质"，INSED 研究手稿。

● Kets de Vries，M.F.R.（1999）."Managing puzzling personalities：Navigating between 'live volcanoes' and 'dead fish'"，*European Management Journal*，17（1）：8–19.

"管理古怪的人：在'活火山'与'死鱼'之间周旋"，《欧洲管理杂志》。

注：所有人名都是虚构的。

第 3 章　述情障碍人格

嘴碎惹人烦。

——伏尔泰

引言

在本书第 2 章，我围绕轻躁狂高亢期的症状讨论了一种非常有魅力但有时难以相处的人。有种人与轻躁狂者截然相反，让他们比较难以相处的地方，不是情绪过多，而是没有情绪。我将在本章讨论这种人。这种人无法与别人深交，总给人一种冷冰冰的感觉。这种冷漠在工作、生活、学习等一切领域的人际关系中都有体现。他们从未表现出热忱、热情、热烈；他们的情绪没有什么波动；他们几乎感觉不到快乐；他们不苟言笑，严肃刻板。当这种倾向表现在工作之中，特别是当高级经理人有这种倾向时，就会影响其他同事的士气、主动性和生产率。

“死鱼”综合征

在精神病学中，述情障碍者一词指那种具有“死鱼”（dead fish）品质的人，即那种很难甚至不能理解自己情绪的人，那种不能觉察心情微妙变化的人。“述情障碍”一词最初是由波士顿一名主攻心身症状的精神病医生彼得·思夫诺斯（Peter Sifneos）于20世纪70年代提出的。这个词语来自希腊语，意思是“情感表达无能”。标签是最近才有的，但是临床观察和现象学观察很早就开始了。这些观察捕捉到了数个容易识别的特征，最后起了一个通俗易懂的名字。一言以蔽之，述情障碍指一组性格特征，包括无法用语言描述情感，缺乏幻想，过于实用主义，思考内容缺乏想象力。

受述情障碍控制的经理人，有着摧毁组织的力量。因为他们没有高绩效组织所要求的活力、感召力和想象力，所以他们不能调动别人的工作积极性，也不能激发别人的学习热情和长远发展热情。因为他们处理不好不连续性变化，所以他们会阻碍组织的发展。因为他们缺乏激情，所以整个组织也变得死气沉沉，创造力遭到扼杀，战略创新受到压制，组织绩效下降。

识别述情障碍

那么，什么样的人可以看作述情障碍者呢？下面这段话来自某位经理人，你见过他描述的那种人吗？

数年以来，我一直在和一个机器人共事。作为上司，他简直要把下属逼疯；作为同事，他够差劲。有时你真是哭笑不得。我可以给你举很多例子。他有个儿子，比我的儿子大一岁左右。那个孩子考上了一所很棒的大学，我对他说“你一定很为他骄傲”，他说“这跟你无关吧”。另外一次，我知道他参加了一次盛大的宴会，我的偶像——一位著名的小提琴家——也出席了那次宴会。我问他见到那位小提琴家没有，他说见到了。我继续问：“他怎么样？”你知道，我问这个问题的时候是多么激动啊，可是他回答说“个子很小”，真叫人哭笑不得。

彼得·思夫诺斯用“述情障碍”一词描述这么一种病：无法用语言描述情绪，习惯用行动表达情绪并避免冲突，更关注外在事件而非内心的幻想和感受，倾向于令人作呕地详细描述事件的来龙去脉，不描述他们本人对事件的情绪反应。经过研究，他和同事把述情障碍确认为一种交流障碍（Nemiah、Sifneos，1970；Nemiah，1977，1978）。

另外一位精神病医生亨利·克里斯塔尔（Henry Krystal），独立地研究有严重脑外伤后遗症的病人之后，也得到同样的结论。他注意到有述情障碍的人“不能区分不同的情绪”（1979，p.17），但是“就像有色盲的人一样，他们明白自己的缺陷，学会了借助其他线索增强区分能力”（1979，p.18）。

克里斯塔尔观察到，情绪“盲”超级适应现实，工作可以很出色。然而，他还指出，一旦“看透超级能干的表象就会发现，他们的思想非常贫乏、单调，他们严重缺乏想象力”（1979，p.19）。

克里斯塔尔指出，述情障碍者的同理能力受到损害，表现就是对人冷漠无情。他们在人际交往中缺乏人情味，喜欢与物打交道。克里斯塔尔的观察得到了其他研究者的支持，其他研究者报告，与述情障碍者打交道，人们只会觉得噎得慌、无聊、挫败（Taylor，

1977）。

因为述情障碍者关注具体而客观的事物，所以他们不使用隐喻、暗示、隐含意思；对于这些言语技巧，他们一窍不通。

述情障碍者对生活中的起起伏伏始终无动于衷，别人觉得天要塌了的事情，他们没有多大的感触。家人去世，伴侣不忠，朋友背叛，被人抢去升职机会——似乎没有什么事会触动他们。所有体验都滑入面无表情、一脸茫然的黑洞。

述情障碍是种交流障碍

下面是一位组织教练对一位经理人的访谈，从中可以看出与述情障碍者打交道是什么样子。

教　练：你能谈谈你的工作吗？

经理人：我负责规划部，自三年前的 9 月份就开始了。在那之前，我已经在公司干了两年半。在加入这家公司之前，我在一家大型百货连锁公司干了五年。我一直做同样的工作。作为规划部经理，我从其他部门以及子公司的负责人那里收集数据，期间要进行大量的电子邮件沟通。数据收集回来后，我整理数据，制订规划。我还向其他部门以及子公司的负责人提醒一些重要的截止日期，比如，9 月份的某一天，你可以在计划表上看到（指着计划表）。规划周期里另外一个重要日子在 10 月份。看看各部门、子公司的数据有什么联系？ 11 月份整合数据。当然，整个规划过程早就开始了。我老早就行动了，3 月份发一次电子邮件，6 月份再发一次电子邮件，提醒他们必须在某个日期之前提交一些临时信息。

教　练：你觉得人们对规划上心吗？人们觉得规划有用吗？

经理人：我不知道，但是每家公司都需要规划。

教　练：你喜欢你的工作吗？

经理人：我说过，我们需要规划。没有规划，组织就会乱套。

教　练：在工作中，你经常要与同事打交道吗？

经理人：要打交道，但是我尽量避免。我只对事感兴趣。我觉得电子邮件和备忘录对我很有用，使用这些工具，我能把工作做好，决不浪费时间。

教　练：组织里有没有什么事情让你烦躁不安，降低你的效率？

经理人：几乎没有。有了规划，一切进展顺利。

教　练：你能再谈谈你自己吗？

经理人：你还想听些什么呢？

教　练：我听说，公司重组董事会，你没有进去，但是一个以前在你手下干过的同事进了。你对这件事有什么感受？你很失望吗？

经理人：我不明白你的问题。

教　练：你觉得受伤吗？曾经的下属变成你的上司，你感到过不安吗？

经理人：我记得没有。组织里的生活就是这样，有起有伏。

教　练：你的身体好吗？

经理人：我有哮喘，时不时地发作一下。我的胃也有问题。

教　练：你知道你为什么会有呼吸和消化方面的毛病吗？你觉得这些毛病与你的工作有关吗？

经理人：好吧，我真的不知道这些毛病是怎么来的。确实，这些毛病很烦人。我这个地方会时不时地痛一下（指着胃部），有时地方会偏一点，每次过一阵就自己好了。不过，我不难过，我可以忍受。吃药似乎也有些用。

教　练： 工作之外，你有什么兴趣爱好吗？

经理人： 不多。我正在建车库。我喜欢瓦工活，喜欢摆弄砖块水泥。

教　练： 你结婚了吗？

经理人： 我结过一次婚，后来离了。一天，妻子告诉我她再也受不了我了。我现在还不知道到底什么地方出了问题。我以为一切都好。她就是有天冲我尖叫，然后离开了。她提出离婚，我不知道理由是什么，现在还不知道。

教　练： 你做梦吗，或者做白日梦吗？

经理人： 不，我不记得我做过梦。

教　练： 你有狂野的幻想吗？

经理人： 你说什么？

教　练： 狂野的幻想——你有过吗？

经理人： 我不明白。

教　练： 就是幻想一种完全不同的生活。例如，高更，在银行做了数年出纳后，决定做一个画家，于是抛弃妻子，跑到波利尼西亚岛上定居。

经理人： 我还是不明你的意思。

教　练： 你现在有什么感受？

经理人： 我不知道当你问我有什么感受的时候希望我说些什么。我告诉过你，我胃痛。

述情障碍的根源

所有研究都表明，作为一种交流障碍，述情障碍是相对普遍的。但是，就像任何其他临床症状一样，不同研究对普通人群中述情障碍的出现率有着不同的估计值。例如，一项以本科生为被试的研究估计，8.2% 的男性和 1.8% 的女性有述情障碍（Blanchard、Arena 和 Pallmeyer，1981），不过这个研究使用的测量工具，信度和效度是有问题的。但是，不管普通人群中述情障碍的出现率到底为多少，述情障碍的致病原因在很大程度上还是一个谜。是与基因有关，还是与发展有关？是个稳定的人格特质，还是一种因情境而异的应对行为？可能既是特质又是状态吗（Von Rad，1984；Ahrens 和 Deffner，1986）？这些问题一直没有找到明确的答案。

各种各样的研究提出了很多理论解释述情障碍的致病原因，有些是生理方面的，有些是心理方面的。从生理学角度解释述情障碍的研究者，认为述情障碍是左右脑之间的连接缺陷引起的。他们认为两个脑半球之间的"通信"（wiring）出了问题。从心理学角度解释述情障碍的研究者，把焦点放在个体早期与首要抚养者的关系上。例如，心理学家乔伊斯·麦克杜格尔揣测，述情障碍与某种教养方式有关，即如果母亲倾向于把孩子用作"药物"（drug），忽视孩子的情感需求，孩子就可能发展出述情障碍（1974，1980，1982a，1982b）。

婴儿不断向母亲发送信号，表达好恶。母亲对这些信号的回应，取决于母亲的心情。如果母亲因为悲痛和焦虑而忽视或者误解婴儿的哭泣、微笑和手势，就会把自己的需求和意愿强加在婴儿身上，让婴儿不断体验到挫折和愤怒。挫折和愤怒体验多了，婴儿就被迫发展出一种激进的自我保护方式（对婴儿来说，能用的也只有这种方式）：麻木不仁、冷漠无情（McDougall，1989，p.26）。

因为母亲阻止分离—个体化过程，所以婴儿表现出的任何探索欲望、任何自主行为，都会被消灭在萌芽状态。可以预测的是，这种经历会对以后的人格发展造成影响。述情障碍者的情绪区分能力和情绪言语表达能力从未恰当地发展过；不能识别情绪，进而就不能建构一套高度复杂的情绪信号。我们所有人在日常生活中都需要用到情绪信号，没有情绪信号，情绪就会被体验为危险的、可能失控的力量。述情障碍者忽视自己的心理和身体发出的悲痛信号。他们的幻想也许变得呆板；他们不了解自己的精神世界。此外，因为他们习惯了依赖状态，所以，也许他们不能借助自己的符号表征、幻想或梦化解内心冲突，而是学会借助外界刺激让内心世界结构化。他们需要别人告诉他们自己是何感受。

在述情障碍者身上，人类普遍的镜像（mirroring，以他人为镜，通过观察他人来理解自己）倾向发展到近乎荒谬的地步。用麦克杜格尔的话说，他们的感受会体现在“（与他们）打交道的人身上，这些人是（他们）的镜子”（1982a，p.88）。他们企图“在外部世界寻找替代物，来充当内心世界所没有的或受损害的符号对象”（1974，p.449）。

一般而言，述情障碍者关注具体的、客观的事物。他们是“心盲”（mind blind），没有任何同理能力或自我觉察能力，借助行动化解冲突（Neil 和 Sandifer，1982；Lesser 和 Lesser，1983；Taylor，1984；Taylor 等人，1999）。麦克杜格尔把他们这种模式称作“行动成瘾”（activity addiction）：“就像对药物上瘾一样，对日常工作以及其他活动上瘾（即使不感兴趣），无意识地希望不给放松或白日梦留有任何余地。”这些人一刻不停地“行动”（doing），而不是“存在”（being）或“体验”（experiencing）（1989，p.97）。因为述情障碍者拒绝、否认情绪，所以他们体验不到也意识不到内心冲突。他们可能看起来动作机械、姿势僵硬、面无表情。他们用外部世界的细节填补内心世界的荒芜。他们从未被允许体验自己的情绪情感。

述情障碍的分级

述情障碍不是一个全或无的现象，而是有一系列程度不同的表现。有些研究者区分原发述情障碍（primary alexithymia）和次生述情障碍（secondary alexithymia）。原发述情障碍，体验式思考真的存在缺陷，更持久，是两者当中比较难以改变的。次生述情障碍，一般是由某些发展限制造成的，相对容易改变。有些国家的人因为文化的原因，容易出现述情障碍，只要想想我们对某些国家的人的刻板印象（冷淡、不苟言笑、喜怒不形于色）就明白了。次生述情障碍可能是晚期经历造成的，包括工作中的经历。

在某些组织（不赞成任何情绪表达的组织），要想生存下去，必须表现出述情障碍式行为。另外，有些行业、有些部门偏爱有述情障碍的人。因为次生述情障碍比原发述情障碍有更强的因情境而异性，所以次生述情障碍比原发述情障碍更暂时。次生抒情障碍更普遍，确实，我们所有人都会在某些情境下表现出述情障碍式行为。

工作场合的述情障碍者

不同的组织有不同的文化，很多行为，放在某些组织是妥当的，放在另外一些组织就变成奇怪的。看到这一点，有述情障碍的人也许会感到安慰。组织行为规范（显规则和潜规则）有助于掩饰述情障碍式行为，能给述情障碍者提供一个包容的环境（Bion，1961）。述情障碍者往往是非常成功的人，特别是在大型组织内部，谨慎、说话得体、稳重、相对低调的人发展机会更多。很多组织喜欢沉稳保守胜过特立独行和标新立异，因为不冒险就不会犯大错。然而，重用这样的人不仅会给其他经理人树立坏榜样，而且还会助长平庸、逼走卓越。

两种组织似乎容易培养出述情障碍行为，一种是强制型组织（compulsive organization），一种是压抑型组织（depressive organization）。强制型组织是官僚主义的、内部聚焦的；一般有森严的等级结构，个人地位与工作头衔紧密相连；领导方式是逐级下达命令，要求严格遵守制度和流程。

压抑型组织在很多方面与强制型组织类似，只是有过之而无不及。压抑型组织往往没有方向感，固守一块所谓的成熟市场；其生存依靠保护政策，其特点是极端保守、目标模糊、缺少规划；在结构上，是官僚主义的、拘泥于仪式的、僵化死板的；领导出现真空，员工缺乏积极性和主动性，被动消极。很多国有企业属于这一类型，尽管它们可以在政府保护下这样运营很长一段时间。

这两种组织都为有述情障碍的人提供了理想的掩饰，因为这两种组织往往不允许表达情绪情感。

有述情障碍的 CEO

可以把表现出述情障碍倾向的高级经理人划分为几个不同的类型。

高寒雪山上的野人

有些高级经理人很不擅长处理情绪情感。他们觉得什么事一牵扯到感情就很麻烦，于是发展出一种淡漠的领导风格。然而，他们的淡漠会对组织造成严重影响。在某组织，员工们把他们的 CEO 描述成“夜帝（Yeti），即住在高寒地带、偶尔被人撞见的野人”。这个人很像独行侠，与人相处时，很不自在，看起来笨拙、僵硬、没有幽默感。如果他只是一个人单干，那么这种行为风格一点问题都没有，但不幸的是，他经营着一家大公司。他置身于公司的日常运营之外，企业文化和决策流程因此受到严重影响。下属不知道他对自己有什么期望，于是各自为政。结果就是缺乏协作、局部优化、内部矛盾激化、战略不一致，这些足以损害公司业绩。

电脑背后的机器人

技术革命助长了很多述情障碍者的行为风格。互联网让他们得以掩盖交流问题，通过电脑与人交流，他们交流得很顺利。他们就像机器人一样，恪守固定程序，回避真正的人际交往，所有的人际交往都是假的。他们通过电脑下达指令，而电脑似乎也能模拟人际环境。追求办公自动化的组织为这些述情障碍者提供了一个绝佳的包容环境；他们可以从事那种与事物打交道的工作，把注意力集中在概念、想法、数据和器械上。与机器打交道，就可以掩饰内心世界的贫乏。尽管很多述情障碍者在这样的环境下表现很好，但是他们的规行矩步、不懂变通，意味着他们缺乏好奇心和想象力。他们也许适应不了环境变化，这个缺陷会给组织带来致命打击。

社交场上的感应人

很难描述有他在场的氛围。他的到来，就像一个大人冷不丁地打开托儿所的灯，刚才还在狂欢嬉闹的玩具一下子定住了，变回了玩具。看看他对部门新人的影响吧。部门新人刚开始会说他是多么迷人，过段时间就会觉得不安、迷惑。了解他的过程就像在沙子里挖洞的过程，你以为就要见到水了，四周的沙子却突然塌了下来，于是前功尽弃。他似乎对人很感兴趣，总是问问题，总是笑。过了一会儿，你会认识到，他问你问题只是为了和你保持距离，他逢事就笑只是以防那事真的好笑，因为他天生没有幽默感，他的幽默感是装出来的。

上面那段话是一位高级经理人对一位同事的评价，从中可以看出，社交场上的感应人会营造出什么样的氛围。从很多方面来说，社交场上的感应人就是变色龙，迅速从外部世界拾取信号，相应地调整自己的行为。可以想到的是，社交场上的感应人非常适合从事服务行业，因为服务行业一般对从业者的情绪也有要求。然而，尽管他们非常努力，尽管他们具有表面的适应能力，但是他们的意志不坚定，做事缺乏定力。尽管他们会给人留下完全正常、适应力超强的初始印象，但是人们很快就会发现这层掩饰之下是极度的肤浅、伪装的热情。他们缺乏真诚。善变是他们唯一不变的性格，善变的结果就是假诚挚、假真诚。他们的超级适应力和顺从只有一个目标——避免处理情绪情感。貌似具有适应力，其实是对周围人的情绪和反应不敏感；貌似外向，其实是为了掩盖内心的空虚——正是内心的空虚让他们丧失创造力和洞察力。

遇上有述情障碍的上司

与有述情障碍的上司相处，不可避免地会遇到困难，从以下例子就可以看出。西蒙，一家保险公司的高级经理人。亚瑟，新来的，西蒙的下属。亚瑟这样描述：

从第一天开始，我就试着与西蒙搞好关系，但他就像木头人一样。与他交谈，费劲得令人难以置信，因为他很沉闷、很无趣，令人窒息。开始，我怀疑是不是自己出了问题——是不是问题在我。但是，在以前的工作中，与人建立关系，我从未遇到麻烦。与数个同事聊过之后，我了解到，他们也有类似的经历。他们觉得，与西蒙交流，就像面对一个吸收能量的黑洞。因为西蒙觉得表达情绪是如此的危险，所以他们给他起了一个绰号“铁皮人”（Tin Man），该绰号出自《绿野仙踪》。

诚然，我们谈话时，西蒙的所有话都很得体。他会说商场上的行话，但是仅此而已。实际上，我觉得他唱歌有词没调，也就是他说话不带一点儿感情色彩。他不是那种能激发别人潜力的人。他不知道“愿景”和“感召”为何物，所以他不能激发员工的潜能。他就是不知道怎样培养下属。绩效反馈是他另外一个做得不好的地方。他从未表扬我，即使我工作做得再好，据我所知，他也从未表扬别人。在大多数人的心中，只有在目标没有按计划实现时，他才会出现，手里拿着那个一尘不染的记事本。

西蒙认为，所有组织都对做事方法有所规定，员工必须遵守这些规定。违反规定是危险的。他最喜欢的交流方式是通过电子邮件，即使我的办公桌与他只有一步之遥。他避免任何形式的直接交往，即使我们团队内部出现矛盾。他要么假装看不见，要么让我们参考一些模糊的政策，自己解决。

在我的整个职业生涯中，我从未如此消极过。不管我提出什么新想法，西蒙总是会对我说要小心，警告我不要找麻烦。处理环境中的不连续性事件不是他的强项。可以说，“万事一步一步来”是他的座右铭。一次又一次眼睁睁地看着机会从身边溜走，我非常沮丧。最终，我放弃尝试任何新东西。西蒙的方法——不找麻烦——也许在过去很有用，但是到我加入公司的时候，行业已经变了。他的观望哲学变得如此危险，公司的优势地位岌岌可危。

不久，我开始出现停滞感，也就是觉得什么都没学到、不能尝试任何新东西。我最终决定调到另外一个部门，我还联系了猎头。碰到一个感兴趣的职位，我就立即跳槽了。毕竟，人生不是演习。在西蒙的手下多工作一天，就是多浪费一天的时间。有这种感觉的不止我一个人；公司还有很多能干的人跳槽了，因为觉得没有动力。

遇上有述情障碍的下属

做述情障碍者的下属，很快就会感受到他的沉闷和无趣；如果与他屡次交往都不顺利，就会心灰意冷。然而，做述情障碍者的上司同样很有挑战性，看看下面这个案例就知道。彼得，一家大银行的高级副总裁，正在考虑是否应该解雇理查德——他手下一个项目团队的负责人。

那时，公司新收购了一家银行，让我负责那家银行与我们银行的一项主要业务的整合工作，我留下了理查德。理查德一直在那家银行的调查部门工作，并购后，调查部门撤销了，于是，我决定让他负责一个研究东欧私有银行可行性的项目团队，以考验他的领导能力。项目现在已经立项几个月了，但是一点进展都没有。我让理查德写份进展报告，报告倒是交得很快，但是太粗略了。我看到的唯一一点动静就是，不断有人离开，项目团队的离职率高得吓人。

我发觉很难与理查德打交道，其中一个原因就是他说话办事总是不自然。起初我认为，他说话之所以不利索是因为他害羞，他做事之所以放不开是因为习惯了所购银行僵化的企业文化。但是现在，我认为我只猜对了一部分。了解所购银行的其他几个经理人后，我认识到，理查德的行为模式更大程度上是他的个性造成的。我不能指出理查德为什么看起来如此死气沉沉的确切原因，但是有时我真的很想踢他一脚，看看他有什么反应。仅仅与他谈话我就觉得疲惫不堪，因为我要费好大的劲才能让他有点儿人类反应。连幽默都没用，让他笑一笑简直比登天都难。

诚然，理查德的所作所为也挑不出错，例如，总能看到他忙忙碌碌的样子。但是，他到底在忙什么呢？看过他的报告后，我知道他没做多少事情。看了那可怜巴巴的一点儿成果后，我与其他团队成员谈过一两次话，他们显然也觉得他很难打交道。我觉得，他在扼杀他们的创造力，简直是一粒老鼠屎搅坏一锅羹。

我最后与人力资源部的相关人员谈过一次，她同意我的想法。她提到，她从其他人那里听说过理查德的团队有问题。实际上，她和很多人一样，认为理查德的团队根本不是团队。在她看来，把那群人连在一起的唯一东西，就是对理查德的憎恨。每个与她谈过话的人都说，理查德处理人事问题非常不灵活。她举了一个例子，这个例子涉及的事件我没有直接听说过。理查德的团队有个人，是个很好的员工，同时也是个单身父亲。一次，他的孩子生病了，他需要照顾孩子，于是跟理查德请假，最多离开几个星期，但是理查德没有准假。于是，他要求理查德允许他把一些工作带回家做，但是理查德对他的情况没有表现出丝毫理解与同情，而是告诉他，自己作为项目负责人在顶着极大的压力努力工作，他希望团队里的每个人都竭尽全力。规则适用于每个人，理查德说。第二天，那个人递交了辞呈。

与人力资源部同事的谈话让我理清了头绪。尽管我认为自己并非一个不讲情面的人，但是我知道，为了剩下的团队成员，我必须做些什么，这是我欠他们的。显然，理查德没有能力带领高绩效团队，但是我不知道这是否意味着他必须离开，我还想知道我是否能做些什么，帮他提高人际交往能力、情绪表达能力。如果他必须离开，我们可以把他换到一个适合他的岗位上吗？还是他无药可救了？

那么，述情障碍的主要指标是什么？小贴士 3.1 列出了一些典型的预警迹象。

小贴士 3.1　述情障碍的预警迹象

- 那个人与人交流是否存在障碍？
- 那个人是否令人作呕地描述细节，但从不提感受？
- 那个人用行动表达情绪吗？
- 那个人似乎不明白自己的感受吗？
- 那个人在讲述一件事情时，是否只提客观的时间、地点、人物、经过、结果，不提任何人的心理活动？
- 那个人是否为身体问题而烦恼？
- 那个人是否缺乏想象力，很少幻想？
- 那个人是否基本上不记得自己做过什么梦或白

日梦？

●那个人是否更喜欢动作片而非情感片？

●那个人的思维内容是否更多地与外部事件而非内心幻想或情绪有关？

●那个人是否大部分时间都觉得生活很无聊，很少表现出兴奋之情？

●与那个人说话，你是否觉得很无聊、很郁闷，迫切地想逃走？

寻找解决方案

有些经理人患上了或者容易患上述情障碍，不管是原发的还是次生的，这并非意味着他们是不可改变的。不过，改变很难实现，而且，不幸的是，没有什么速效方法。如果述情障碍者或述情障碍易患者希望作出改变，如果他们希望自己在组织里的生活变得有声有色，那么他们必须坚持不懈地努力。

从制度角度来看，组织可以制订相关政策，鼓励尝试与参与。为了培养这样的行为，组织还需要招聘富有想象力的新员工、训练并开发现有员工的想象力，这样，就可以避免组织里到处都是被冰山一样的经理人冻成冰山一样的员工。组织应该创建具有足够灵活性的体制和文化，给连续性适应和发展留有余地。组织应该竭尽所能地避免述情障碍成为文化的一部分。

应对策略

那么，在工作中，我们如何与述情障碍者打交道？答案取决于是与原发述情障碍者（致病原因主要是基因缺陷或脑外伤）还是次生述情障碍者打交道（致病原因主要是发展因素或社会文化因素）。小贴士3.2列出的策略也许有用。

小贴士3.2 如何管理有述情障碍的员工

● 把员工调到与其性格相匹配的岗位上。这个策略对原发述情障碍者和次生述情障碍者都适用，但是只适用于职位较低的员工，不适用于职位较高的员工，因为职位越高，人员管理职能越重要。我们当然不能把他们放入高绩效团队，也不能把他们放在需要管人的职位上，我们可以把他们放在一个不需要多少情绪卷入的职位上。每家公司至少有几个偏爱关注细节、做事严谨等品质，并且不需要经常与人打交道的职位，比如与数据处理有关的职位。

● 改变压抑的企业文化。如果述情障碍式行为是由压抑的企业文化导致的，那么跳出或者改变压抑的企业文化，述情障碍式行为就能改变。跳出好说，员工换家公司工作就是；改变则是一个大工程，需要一个高级经理人（极大可能是企业从外面引入的）以身作则，带头并鼓励别人表达情绪，释放创造力，培养员工管理愤怒和不满情绪的能力。如果高级经理人有说服力，也就是他们能让员工相信，表达情绪不会引起消极后果，而是会提高工作效率，那么他们就能促使其他经理人和员工作出改变。

●帮助次生述情障碍者提高处理情绪问题的能力。我们可以让一个比较善于表达情绪的同事与次生述情障碍者搭档，让前者帮助后者变得敢于表达。尽管很难（次生述情障碍者的行为模式也许根深蒂固），但还是可以改变的。述情障碍者也许会发掘出隐藏在深处的情绪表达潜力，就像铁皮人，一旦发现自己有心，就能学会敢于表达自己。这种变化非常有利于提高士气、激发潜能、让组织里的生活变得多姿多彩。

●鼓励述情障碍者（无论是原发还是次生）寻求外界帮助。通过 360 度反馈系统（也就是，让上级、同事、下级都提意见）进行绩效评价，在这方面非常有用。可以把评价结果拿给“问题员工”看，指出其“死鱼”行为。如果各方评价者一致认为某个人的风格不利于工作，那么那个人也许就会明白自己需要帮助。情绪表达存在困难的人，有很多治疗方案可选。例如，精神分析导向的支持性心理治疗有用，团体治疗和家庭治疗也有用。通过各种各样的干预，述情障碍者可以学会识别、容忍并且用语言表达各种不同的感受，他们还有机会锻炼反思性的自我观察能力。行为技术，比如生物反馈、放松训练、自生训练、想象训练和催眠，对两种述情障碍也都有用。这些技术能提高人们在压力情境下的控制感，而且能帮助人们觉察身体感觉和环境事件的关系。

●把述情障碍者转介到人力资源部。HR 的作用很重要，能够指出各种各样处理问题的方式。比如，让述情障碍者参加偏体验性质、针对个体和群体进行反馈的领导力学习班，或者让述情障碍者接受领导力辅导。学习班的人或辅导教练在恰当的时机给予反馈，可以帮助这些人变得更加敢于表达情绪。除了这些比较容易接受的解决方案以外，HR还可以建议述情障碍者接受如上所述的各种治疗。

尾注

本章内容由以下文章集结而成：

● Kets de Vries, M.F.R.（1993）.*Leaders, Fools and Imposters*.San Francisco：Jossey-Bass.

《领导者、傻瓜和骗子》，旧金山：乔西－巴斯出版社。

● Kets de Vries, M.F.R.（1999）.“Managing puzzling personalities：Navigating between ‘live volcanoes’ and ‘dead fish’”, *European Management Journal*, 17（1）：8—10.

“管理古怪的人：在‘活火山’与‘死鱼’之间周旋”，《欧洲管理杂志》。

第4章　骗子症

越大的骗子越能言善道，越贪的人越容易受骗，因为骗子总能找到傻瓜的弱点，投其所好，诱其上当。

——查尔斯·凯莱布·科尔顿（Charles Caleb Colton）

引言

纵观历史，我们一直为骗子人物着迷。过着骗人日子或者做着骗人勾当的人，似乎有着致命的吸引力。骗子之所以受欢迎，一个原因可能是，骗人的与被骗的，一个愿打，一个愿挨。骗子似乎经常能让我们在自己身上看到我们想看到，但在正常情况下看不到的东西。而且，在某种程度上（考虑到公共自我与私人自我的不同)，我们都是骗子，我们都在做戏（Goffman，1971）。戴上面具（facade）[①] 误导观众，是日常生活的必要部分。

当我们进入公共领域，比如组织，这种舞台角色变得更重要了（Goffman，1971）。和其他商务人士相比，企业家更可能扮演骗子的角色，因为创造活动（努力把幻想变成某种形式的现实）本身就

① 来自荣格心理学，指一个人呈现给外界的外表。——译者注

像是演戏。他们强烈地需要追求心中的愿景、说服别人接受他们的想法，于是，他们也许会歪曲事实、草菅现实。然而，即使他们的梦想非常不现实或者非常不明确，但是他们在兜售梦想的过程中产生的热情是很重要的，因为热情让他们成为变革催化剂，而且，如果变革成功，热情就是经济发展的主要源泉。

那么，一个人怎样变成骗子？骗子想要什么？为什么骗子会变成骗子？什么让骗子如此迷人？为什么骗子会如此具有自我毁灭性？我们所有人都有骗子的一面吗？

给骗子下定义

骗子的英文“impostor”实际上有两个意思，这两个意思经常同时出现。在《牛津英语词典》中，“impostor”有两个解释，一个是欺骗别人的人，另外一个是冒充别人的人。然而，有些情况下，这两个角色是结合在一起的，也就是冒充别人达到骗人目的。我们也遇到过那种冒充别人但不牟取利益的人，不过，冒充别人达到骗人目的的情况更常见。然而，在很多情况下，骗子行骗，牟利是手段而非目的，心理满足似乎更重要。此外，欺骗也许比我们想象的要普遍。临床研究表明，欺骗行为——从没有任何企图的欺骗行为，到别有用心的欺骗行为——也许是性格使然。

文学作品中的骗子

很多文学作品中都可看到骗子的身影。《旧约》中，雅各布

（Jacob）冒充以扫（Esau）赢得长子继承权[①]，也许是最著名的骗子故事。早期文学作品中另外一个广受喜爱的骗子是蒂尔·艾伦施皮格尔（Till Eulenspiegel）。这个德国民间英雄，自封为哲学家，其实是个职业骗子、小丑。据说，艾伦施皮格尔是有真实原型的，一个生活在14世纪的人（Oppenheimer，1972）。艾伦施皮格尔的意思是"猫头鹰镜"（owl mirror），这个名字象征着他在行骗的时候能"精明地照出"目标人物的性格，一点细节都不落下。

小说家也一直为骗子着迷。塞万提斯的著作《堂吉诃德》，刻画了另外一种骗子。该书讲述了一个上了年纪的骑士，读过太多浪漫故事后，变糊涂了，用幻想代替现实，演绎了一段充满幻想的人生，例如，他把风车当作假想敌，与风车战斗。然后是赫尔曼·梅尔维尔（1954）的《大骗子》（*The Confidence Man*），该书虚构了一个骗子世界，在这个世界里，所有人都在做戏。就像大骗子把受害者骗了一样，小说把天真的读者骗了。还有托马斯·曼（1969）的《大骗子克鲁尔的自白》，该书集中笔墨细致入微地刻画了一个典型的骗子。这个骗子非常可怕，因为他能随心所欲地扮演任何角色，赢得别人的支持和爱，他利用遇到的每个人，似乎没有一点罪恶感。

---

① 在《圣经旧约》第一章"创世记"里，Abraham是犹太部落的第一个长老，他有许多儿子，最有名的一个是Issac。Issac的老婆Rebecca生了一对双胞胎，第一个出世的叫Esau，第二个叫Jacob（希伯来文的意思是"跟着第一个的脚后跟"）。Issac更喜欢Esau，因为Esau是个斗士和猎手，而Jacob是个生活简单每天在帐篷里闲逛的人，但是Rebecca更喜欢Jacob。Issac临终的时候，根据传统要祝福长子，他就把Esau叫来，让他去打猎，把猎物烹调好来接受祝福。Esau走了之后，妈妈Rebecca就告诉了Jacob，让Jacob去冒充Esau接受祝福，因为那时候Issac已经眼瞎了，认不出是谁。这个计划的问题是Esau是身上多毛的人，Jacob是光溜溜的，一摸就露馅了，于是Jacob就在身上粘上一些鸟毛来冒充接受了祝福。——译者注

商业世界里的骗子

商业世界一个遗臭万年的骗子是导演了色拉油大骗局的安东尼·德·安奇烈斯（Anthony De Angelis）。他操纵几百万加仑并不存在的色拉油，导致华尔街的两家证券交易公司倒闭、美国运通的一家子公司破产、纽约和芝加哥日用品期货价格暴跌（Miller, 1965）。在这个案例中，德·安奇烈斯费尽心机撒弥天大谎，固然是为了谋取不当之财，但更重要的是，也是为了满足认可需求。那些商人、银行家、股票经纪人聪明吧？狡猾吧？他骗了他们，因此他比他们更聪明、更狡猾。在他实施诈骗计划时，没有一个人怀疑他以低到不可能再低的价格出售色拉油怎么能赚钱呢。投资家争先恐后借钱给他，让他用于下笔交易。因为贪婪，所以愿意相信，结果连最精明的商人也罔顾现实。最终，这些投资家同意德·安奇烈斯用大量色拉油做抵押，数量大得惊人，比政府报告的色拉油现有储存量还要大。但是，仍然没有人发现不对劲。经过八年的运营，泡沫破灭，德·安奇烈斯再也没有能力维持自己在植物油期货市场的地位。直到这时，当局才发现他的色拉油罐居然是空的。

另外一个与众不同的骗子是弗兰克·阿巴奈尔（Frank Abagnale），他曾经是全球头号通缉犯（Abagnale 和 Redding, 2000），他的事迹被改编为电影《有本事来抓我吧》（2002）。曾一度，26 个国家、50 个州都在通缉这个骗子。阿巴奈尔伪造支票骗取了 250 万美元，在接下来的 5 年伪装成各种身份（飞行员、医生、律师等）把这些钱挥霍一空，未被人识破。最不可思议的是，阿巴奈尔在 21 岁生日之前就完成了这一“壮举”。阿巴奈尔在布朗士维尔长大，他有少年白，相信制服是最好的行骗道具，于 16 岁时开始冒充泛美航空的飞行员。阿巴奈尔利用这个伪造身份免费到世界各地旅行，伪造支票诈骗现金。阿巴奈尔像个变色龙，能够适应任何环境。即使被捕，他也总能找到方法逃走。在被从瑞士引渡回美国的途中，阿巴奈尔成功地从机场脱身。后来，在亚特兰大监狱服刑时，阿巴奈尔凭借三寸不烂之舌逃了出去。今天，阿巴奈尔是个合法的生意人，开了一家防伪公司，全球 500 强公司大多数都在用他设计的支票。联邦调查局也服了阿巴奈尔的才华，居然把他招安，成为专门对付金融犯罪的顾问。

专门装病的骗子

还有一类特别的骗子，即由精神病学家归类出来的孟乔森综合征（M ü nchausen syndrome）患者。孟乔森综合征的名字取自神秘德国士兵兼冒险家巴伦·孟乔森，他生活在 18 世纪，后来成为很多传说里的英雄（Lehmann，1975；Swanson，1981）。孟乔森综合征患者，把医院当舞台，把医生当观众，演绎以攻击和依赖为主题的内心冲突。孟乔森综合征的特点是，不断捏造症状（从临床上看不出症状是假的）、病史和生活习惯史。患者夸大或捏造症状，是为了让医务人员调查和治疗，获得他们的关注、同情和安慰。

骗子是怎样养成的

已知最早的有关骗子的临床论文是卡尔·亚伯拉罕（1955）写的，描述的是一个新兵的军队历险记。作为军医，亚伯拉罕应某军事法庭的要求调查那个新兵。亚伯拉罕在个案史里提到，那个新兵有一点令他印象深刻，那就是非常善于赢得别人（包括监狱官）的信任。令亚伯拉罕尤其惊讶的是，新兵“编故事”的本领和“不受控制的浮夸欲望”（p.294）。亚伯拉罕解释说，那个新兵“小时候觉得没人爱，因此内心里有种强烈的欲望——向所有人证明自己是

‘可爱的’……不久又向自己证明、向所有人表示自己不值得人爱”（p.300）。

亚伯拉罕还指出，那个新兵还渴望有钱的父母，这种症状在临床文献中称作“身世幻想”（family romance fantasy）。很多人小时候幻想过，父母不是自己的亲生父母，自己实际上是贵族或皇室后裔，于是把父母看作骗子，亲生父母一定另有其人，更好、更通情达理。孩子若是觉得父母不够负责，不能满足自己的认可需求和独立需要，身世幻想就会被激活。身世幻想是补偿性地、自恋性地抬高自己，目的是调节自尊（Kaplan，1974）。身世幻想助长了个人神话（Kris，1975）——早期记忆与幻想的融合之物，组织着后来的人生经历。亚伯拉罕还指出，那个新兵有强烈的自虐倾向，原话是“他从未表现出有逃脱法律制裁的意图”（p.292）。

海伦·多伊奇（Helen Deutsch，1965）也探讨过骗子，她说，骗子冒充别人，“不是因为他们自己没有能力成事，而是因为他们必须藏在一个陌生的名字下实现一个多多少少贴近现实的幻想”（p.332）。她指出，“骗子的自我（反映在骗子真正的名字中）贬值了，负疚重重”（p.332）。难怪这些人觉得必须冒用一个更光辉、符合其华丽理想自我的身份行事。

多伊奇通过案例研究做出推断，骗子之所以行为异常，是因为小时候母亲给他们“喂食了过多”（overfeeding）的情绪，也就是母亲把所有情感都寄托在他们身上，让他们感到窒息。让情况变得更糟的是，父亲也许把未实现的愿望寄托在他们身上。多伊奇还指出，有些人取得成功后，觉得自己是骗子，并为这种感觉而苦恼。在案例研究中，她指出，她的病人“越成功，就越焦虑……升职后，他觉得自己是骗子，总是担心被人揭穿”（p.333）。

菲利斯·格里纳克（Phyllis Greenacre，1958）假定，骗子症有一些基本症状："第一，身世幻想经常出现；第二，身份感非常不稳定；第三，超我严重畸形（超我包括良心和理想自我）（p.96）。"她发现，"骗子聪明透顶，又愚蠢至极"，她为此深感震惊，于是评价说，骗子有着明显的自我暴露需求（p.27）。格里纳克认识到，观众的肯定反应对骗子建立现实的自我感非常必要。

格里纳克认为这种行为可以追根溯源到家庭背景——父母经常吵架，母亲对孩子占有欲过强，把孩子当作表演道具，而不是有着独立人格的人；与此同时，母亲也许看不起父亲，认为父亲没有用，让人失望。格里纳克假定，俄狄浦斯情境严重失衡，孩子（骗子是男性的情况下）似乎取代了父亲在家里的地位。她说，孩子被迫提早扮演大人的角色。为了维护这个地位，并且继续赢得大人的称赞，孩子将练就一套惊人的本领，即模仿大人行为的本领。不幸的是，练就这样的本领相应地要付出很大的代价：缺乏正常的独立自我，糟糕的身份感和现实感。

芬克尔斯坦（Finkelstein，1974）也讨论过骗子，并介绍了自己的一个病人。那个病人名叫泰迪，自称"伟大的泰迪"，忙着表演典型的身世幻想，展示自恋需求，使用的手段就是，例如，提高父母的地位。芬克尔斯坦强调，泰迪非常擅长幻想并发现观众的真正需求。否认、合理化、分裂等防御机制让他得以表演自己的无意识幻想（Klein，1988；Freud，1966）。此外，因为这些防御机制，所以他在行骗时丝毫不觉得自己是在行骗。在解释泰迪的行为时，芬克尔斯坦着重强调了父母的作用。芬克尔斯坦写道，泰迪的母亲是多么恶劣，毫不在意泰迪的需求，把泰迪当作自我的延伸，结果让泰迪变成了表演道具。她对泰迪的好只流于形式，因为她不关心真正的、实质的问题，只看重表象。另外，芬克尔斯坦对泰迪的家庭进行系统排列后发现，母子互动具有引诱成分，泰迪有种强烈的感觉：母亲对他的喜欢胜过对父亲的喜欢。

泰迪的父母给泰迪灌输了极其不切实际的自我形象，这成为泰迪后来欺骗行为的基础。另外，撒谎和做戏是所有家庭成员的共同行为模式。他们那一家子表面看上去幸福美满，但幸福美满只是假象，现实并非如此，大家都在表演。结果，很小的时候，泰迪就熟悉了演戏和欺骗。用芬克尔斯坦（1974）的话说，就是“‘他的’父母不仅鼓励他变成骗子，还为他提供了行为榜样，尤其是母亲经常撒谎、注重表象，父亲油嘴滑舌”（p.110）。泰迪欺骗、撒谎、做戏，是家传的。

艺术家骗子

把身份危机、语言运用能力、神话制造本领与创造力、悲惨结局集于一身的是 18 世纪的英国诗人托马斯·查特顿。查特顿的父亲是英国西部港口城市布里斯托尔的一位中学教师，查特顿还没出生，他就去世了，查特顿由母亲和姐姐带大。查特顿才华横溢、成名很早，不到 16 岁就写出了成名诗作。当时人们爱收集古史和家谱方面的资料，于是，查特顿模仿 15 世纪的英语词汇和拼写法，冒充 15 世纪的布里斯托尔僧侣诗人托马斯·罗利（Thomas Raleigh）写出一系列故事传奇，将之公布于世，并宣称该作品是他偶然发现的罗利手稿。骗局败露后，查特顿逃到伦敦。他在伦敦举目无亲，穷愁潦倒，但不愿向人借钱或乞讨，终于在绝望中自杀，年仅 17 岁。查特顿的诗写的是什么？

查特顿在诗中运用想象力构造了一部家族罗曼史，把 15 世纪的布里斯托尔市美化成一座光芒四射的中世纪大都市，其文化中心就是查特顿当过司事的那座大教堂。查特顿的文字驾驭能力超强，就像英语是他自己发明的一样。查特顿把15世纪的布里斯托尔商人、后成为布里斯托尔市长的威廉·坎宁（William Canynge）理想化成了圣人般的慈善家、勇士和人道主义者，深谙世故，过着苦行僧式的生活，委托僧侣诗人托马斯·罗利为布里斯托尔市写编年史，颂扬布里斯托尔市。有证据表明，罗利是查特顿自己的完美化投射，而大善人坎宁，是他父亲。（Olinick，1998，p.674）

可以说，任何小说家都在行骗（无害的），并且邀请读者配合他的虚构。这种欺骗是读者知情同意的，是一个愿打、一个愿挨的。查特顿的欺骗做过头了，超出了道德界限，他这样做只是为了治疗他的自恋创伤。生下来就没有父亲，（也许）母亲和姐姐对他期望过高，于是他不确定自己的身份，鄙视并掩饰自己的才华，被迫冒充别人编造并演绎出一部具有非凡疗效的个人罗曼史。

查特顿因骗局败露在耻辱中死去，但是他的名气和诗作留了下来；他的惨死给了其他诗人和艺术家以灵感。从他的诗作中，很多人不仅看到了他浪漫的想象，而且看出了他杰出的才华。威廉·华兹华斯说他是“了不起的男孩”，约翰·济慈说他是“英国文学史上最纯洁的作家”。

国家领袖骗子

在20世纪上半叶那个动荡的年代，政治领域出现过一个最大的骗子，那就是阿道夫·希特勒。

希特勒征服大量听众的秘诀之一是，他天生对听众的情绪非常敏感，能读出听众心中隐藏的激情、憎恨和渴望……

翰夫斯汤尔（Hanfstangl，希特勒外事新闻局局长）对希特勒的评价入木三分（1957）：（他）对人心的敏感，堪比精密地震仪对震动的敏感，或者堪比无线收音机对电磁波的敏感，因此能够准确看出整个国家最隐秘的欲望、最不可接受的本能、最难以启齿的痛苦、最不容于世俗的叛逆，并且大声说出来……他有种神奇的直觉……一针见血地指出听众的痛苦所在……（他）进入大厅，暂停一下，感受现场的氛围。突然，他爆发了。就像箭矢直击靶心一样，他的话语直达听众内心，触动听众最隐秘的伤口，无意识地解放听众，表达听众最深处的渴望，说出听众最想听的东西。（Bullock，1962，pp.373—374）

上面那段文字节选自艾伦·布洛克（Alan Bullock）希特勒传记的第七章。布洛克在这章研究了一个独裁者对整个国家的欺骗，考察了其不可思议的本领，他运用这些本领，“于1939—1941年期间，也就是他最风光的那段时期，成功说服大部分德国人民相信，他具有超人的力量和才能，是上天派来带领德国人走向希望之乡[①]的人”（p.410）。布洛克找到了希特勒成功的关键，也是其最终毁灭的关键，那就是，希特勒“是一个完美的演员、天才的演说家，能够沉浸在角色之中，让自己都对自己的话信以为真”（p.377）。

这描述的是一个在世界舞台上表演自己有关支配与力量的幻想、有关英雄崇拜与种族纯化的幻想、有关个人为臣与国家至上的幻想的人，他留给世人的恐惧，可说是前无古人后无来者：

① 希望之乡（promised land），上帝允诺给亚伯拉罕的地方，乐土、福地。——译者注

在他建造的鹰巢……在伯格霍夫[①]……他提出了几项令人难以置信的计划：基于欧亚腹地的地缘政治，建立一个庞大帝国；根据优生理论，打造一个精英种族；以建立新帝国为契机，让整个国家回到奴隶制社会。自写《我的奋斗》以来，希特勒就醉心于这些计划。在20世纪20年代末30年代初，这些计划往往被当作痴心妄想加以驳回……但是，在1941—1942年期间以及到那时为止，希特勒在各种谈话中仍然不断重申这些计划……希特勒用行动表明他能够把自己的幻想转变成恐怖的现实。入侵苏联，建立纳粹灭绝营，屠杀犹太人；虐待极地人、苏联人和斯拉夫下等人——这些，也起源于希特勒的幻想。（pp.374—375）

希特勒的欺骗之所以能够得逞，很大程度上是因为他善于编织幻想，而且善于说服自己相信自编的幻想。随着二战的进行，他变得越来越狂妄、越来越自大。他自诩为德国的救世主、改变世界历史的人物、没有普通人常有的那些弱点，渐渐地，他开始相信自己是不会犯错的。

当他开始被自编的幻想牵着鼻子走时——而不是让自编的幻想为己所用——他的天分让他堕落变质，他的直觉让他步入歧途。讽刺的是，导致其失败的原因正是造就其成功的原因，也就是他自吹自擂的能力、他自我说服的能力……没有人像希特勒那样肯定是被自编的幻想毁掉了。（p.385）

---

① 鹰巢（Eagle’s Nest，Kehlsteinhaus），在上巴伐利亚的上萨尔茨堡（Obersalzberg），靠近奥地利边境。附近的贝希特斯加登（Berchtesgaden）有他的另外一座别墅伯格霍夫（Berghof，山地小屋）。——译者注

在更深层的水平上，希特勒并不是德国人民渴望已久的救世主。相反，他对德国人民非常过分。谎话连篇、愚弄听众可以看成是一种攻击，一种报复——希特勒的攻击、报复是针对谁呢？他残暴的、不称职的父母？他不争气的祖国（一战结束，德国投降，他觉得祖国背叛了他）？二战期间，为了所谓的事业，他毫不犹豫地牺牲掉几百万德国人民；同样，在二战即将结束之际，他打算牺牲整个德国，而不是放弃权力、承认失败。

根据纳粹德国军备部长阿伯特·施佩尔（Albert Speer）的回忆，从施佩尔那确认了战败的消息后，希特勒的反应如下：

（他）继续用冰冷的语调说道："如果输掉这场战争，也将输掉人民。没必要担心战后人民要如何生存下去。相反，我们最好把最基本的生活资料都毁掉。因为事实表明，德国是弱者，未来只属于强大的东方国家。无论如何，这场战争之后，剩下的只有那些劣等人，因为优等人已经被杀死了。"（Speer，1970，p.557）

两天后，希特勒重申了这一态度——面对逼近的盟军，他下令实施"焦土政策"（scorched-earth policy）：

帝国所有军事、交通、通信、工业和后勤设施，以及所有资源"都要销毁。这等于是给德国人宣判死刑……如果真的实施的话，后果不堪设想：不知道要有多长一段时间，没电、没气、没水、没炭、没交通。所有铁路、运河、水闸、码头、船和火车头都销毁了。连没有遭到破坏的行业，也因为没电、没气、没水而无法生产。没有储藏设施，不能打电话——简而言之，德国一夜回到中世纪。（Speer，1970，p.560）

人生晚期，希特勒准备报废那个他花费如此多时间和精力、按照心目中的理想国（技术和建筑最发达、军事最强大、文化最优秀）打造出来的帝国。他最终穿帮了，他的愤世嫉俗、他对人民的无耻哄骗和残忍利用大白天下，这一天来得太晚了。

然而，希特勒对追随者花衣魔笛手般的诱惑力一直持续到了最后时刻（尽管受到冲击，但是多多少少完好无损）。施佩尔，虽然被羞辱、被降职，但还是冒着生命危险回到柏林与元首做最后的告别：

我强烈渴望见到他，这一渴望再次背叛了我对他的矛盾情感。理智上，我知道希特勒必须死，而且早该死了。过去的几个月，我做了很多违背其命令的事情，之所以这样是因为，我想阻止他灰飞烟灭的企图……然而，这一渴望也再次带出我对他的矛盾情感……我越来越怜悯这个垮台的独裁者……一方面是责任、忠诚、感激，另外一方面是憎恨（我个人的悲剧是他造成的，国家的灾难是他造成的），这些都是针对一个人：希特勒。（Speer，1970，pp.601—602）

很多年后，施佩尔才能正视自己对希特勒的矛盾情感，才看透了希特勒对德国人民的欺骗——施佩尔在施潘道（Spandau）监狱服刑 20 年，期间，他主动自我反思：

1960 年 8 月 24 日……在施潘道，我把所有事情仔细回想了一遍又一遍，渐渐地明白，我效忠的那个人，并不是德国人民的守护者，并不是德国辉煌的重建者，并不是企图征服整个欧洲但没有成功的壮志未酬者，而是一个病态的怀恨者。爱戴他的人民、他不断提到的德国辉煌、他描绘的帝国蓝图，所有这一切对他而言其实什么都不是。我还记得，读到他遗嘱的最后一句，我是多么震惊。他企图让我们所有人效忠的，说到底，不过是对犹太人深深的憎恨。（Speer，1970，pp.353—354）

骗子：性格速写

到目前为止，我已经介绍了好几种骗子，看看这几种骗子的共同特征，再结合其他文献对骗子的观察，我们可以看出，骗子往往来自那种有着欺骗、撒谎、作弊、伪装传统的家庭。真正要紧的是表象，而不看实质；和睦往往流于表面，演技是最重要的。这样的人，拥有一个，怎么说呢，一个受激过度或者负担过重的自我（Kohut 和 Wolf，1978）。他们从未学会调节自大的自我形象或者理想化的父母形象。他们想让世人根据他们的理想成就而非实际成就对待他们。现实和想象没有整合好。

有些骗子，小时候似乎是父母的代理人，父母把自己很多不切实际的希望和幻想寄托在他们身上，让他们去实现。此外，有些骗子，小时候也许受到了父母的怂恿，父母无意识地鼓励他们做出反道德或反社会行为（Johnson 和 Szurek，1952），在他们表现出不被社会接受的欲望时，父母并不加以限制。骗子的原生家庭，母亲也许炫耀孩子，用孩子满足自己的自恋需求。与此同时，母亲也许过度诱惑孩子（Dupont，1970）。母亲经常贬低父亲，说父亲没用。这种家庭环境也许会造成俄狄浦斯问题，最终导致自我同一性发展出现问题，即不能完成与年龄相称的自我同一性发展任务（Gottdiener，1982）。孩子会表现出与生理年龄不相称的大人行为。

这样的孩子后来可能不清楚自己的真正能力，成为自我欺骗式自恋主义的牺牲品（Kets de Vries 和 Miller，1985）。

骗子很小就学会了使用各种技巧模仿大人的行为，以获得并维持别人的关注。成年以后，这种能力依然存在。因为早期的这种训练，所以骗子变得善于让观众配合他的幻想，让他显得比实际更强大。骗子还表现出那种有时被称作“幻想性谎语癖”（pseudologica phantastica）的症状（Fenichel，1954；Deutsch，1965），也就是，幻想的内容——通常是为了打动观众而精心编造的——屏蔽了真实的记忆。幻想性谎语癖、病态说谎（pathological lying）和一般意义上的说谎是不同的，在幻想性谎语癖、病态说谎中，现实检验功能的中止时间很长，长到足以允许人把幻想表演出来。编造“真相”也是一种掩盖真相、避免痛苦的方式（Weinshel，1979；Spence，1982；Blum，1983）。说谎具有自我保护功能——把具有威胁性的内心冲突隔离起来。人总是喜欢编造个人神话来组织人生经历。

临床证据表明，骗子在冒充别人时感觉要好很多。尽管他们本人非常有才干，但是他们拒绝、贬低自己的身份。他们一直没有成功地完成分离—个体化任务，即变成独立自主的个体，这是发展出稳定身份感的前提（Mahler、Pine 和 Bergman，1975）。这样，可以说，骗子经历着严重的身份危机（identity crisis）（Wijsenbeek 和 Nitzan，1968）。此外，对某些人来说，成为骗子，就是战胜非常恐怖同时非常诱人的负面身份。父母以及其他重要他人经常告诫孩子不要成为什么什么样的人，这个什么什么样的人，就是负面身份（Erikson，1959；Gediman，1985）。

身份感动摇的一个必然结果就是，道德观、价值观不成熟。他们做戏、伪装，不干实事。骗子似乎总是站在舞台上，一会儿扮演这个角色，一会儿扮演那个角色（Bursten，1973；Martin，1988）。

这样做，他们就能像小时候做游戏那样继续幻想，他们需要观众来肯定他们的身份感和现实感。

骗子很小就发现了语言的力量。像过去的行吟诗人或者小说作家一样，他们知道怎样编织幻想。兰格尔（Langer，1953）提出“助记模式”（mnemonic mode）的概念，指的是“能够编造令人信服的幻想，即不管幻想多么脱离现实，也能让幻想看起来是真的”（p.291）。使用的手段就是，制造悬念、炮制噱头、多用比喻、屡用排比、引经据典。骗子讲起故事来，那叫一个文采飞扬，听众想不信都难。兰格尔提到，行吟诗人擅长用引人入胜的故事打动听众，让听众不由自主地问“后来呢，后来呢”，并在头脑中构造出——可以说是——逼真的三维画面。骗子也是这么做的。因为他们具有很强的同理能力，所以他们能够捕捉细微的线索，看出听众的好恶，投听众之所好，把听众想听的东西糅进故事里，增加幻想的可信度。波特（Porter，1987）研究过江湖术士的语言，部分揭示了他们是如何蒙骗别人的。江湖术士的手段就是花言巧语、阿谀奉承、一再保证。他们喜欢卖弄伪科学，喜欢装神弄鬼，喜欢“旁征博引”（征的、引的都是不好查证的东西），他们喜欢暗示“咱上头有人”。在描述自己的伟大计划以及事成之后会给人们带来多大的益处时，他们非常乐观，正是这种乐观对听众有很强的煽动力。

也许，有人会说，在象征意义上，骗子扮演着我们记忆深处对我们有求必应的母亲，满足着我们与母亲融为一体的渴望，满足着我们那个小时候无时无刻不在、长大后几乎被遗忘但从未真正消失的愿望——得到母亲的所有关注。对骗子而言，观众的这种贪婪是另外一个可以操纵利用的地方。从这个意义上说，喜剧演员菲尔德（W.C.Field）的话“你骗不了老实人”是十分有道理的。骗子和观众，一个愿打、一个愿挨，他们之间是一种无意识的共谋。观众被取悦，认为骗子会带来自己想要的东西，而骗子需要观众来填补内心的空虚，肯定某种身份感。当然，在动荡年代，人们特别容易上当受骗，因为那时人们特别渴望救世主，这时骗子就可以华丽丽地出场，扮演救世主的角色。

但是，做戏，特别是持续不断、一刻不停地做戏，是一件耗神耗力的事情。戏做得越久，骗子越想放弃。这也许可以解释，为什么骗子的行为是不稳定的、具有自我毁灭性。很多骗子有受虐狂表现。一方面，他们很聪明，很会唬人，很会伪装；另外一方面，他们很愚蠢，容易暴露自己（Grand，1973）。自我暴露往往是无意识的内疚感和身份感动摇导致的。

案例研究：企业家骗子

如果骗子做了企业领导人，企业会变成什么样子？为了回答这个问题，让我们看看臭名昭著的瑞芳·萨尔瓦多－赛义德（Refaat El-Sayed）。在落马之前，萨尔瓦多－赛义德是瑞典生物科技公司 Fermenta 的董事长。曾一度，瑞典的金融部门、工业部门、媒体和普通大众非常喜欢萨尔瓦多－赛义德，因为他虽然是瑞典首富，但是为人低调、生活简朴、视金钱如粪土。经常有人拍到他在斯德哥尔摩郊区一座小小的公寓里喝着可口可乐、吃着比萨，或者与一支业余球队踢足球。萨尔瓦多－赛义德因此成为瑞典广大移民群体的骄傲，鼓舞着他们（他是从埃及移民到瑞典的）。1985 年，在瑞典电视台举办的全民投票活动中，萨尔瓦多－赛义德当选为“瑞典年度人物”（Swede of the year）。不幸的是，先是有人举报他从未获得博士学位（他说他获得过），接着又有人陆续揭穿他的其他很多谎言，结果，小小的爆料演化成不可收拾的丑闻。Fermenta的股票，曾经是投资界的宠儿（本益比曾经不可思议地达到56），结果价格在一年内暴跌90%，毁了瑞典的很多个人和机构（Sundqvist，1987；Wittebort，1987）。

萨尔瓦多－赛义德的早期经历鲜为人知。他于1946年出生在埃及，是家里最小的孩子，父亲是个老师。他的母亲来自捷克斯洛伐克，在他一岁时去世。根据他自己的说法，他有两个哥哥、两个姐姐，两个哥哥都死在埃及—以色列战争里。父亲再婚，又生了九个孩子。萨尔瓦多－赛义德去过捷克斯洛伐克两次，参加青少年营。1966年，他离开埃及到瑞典读大学，在那之前，他在开罗的一家农业学校就读。在瑞典，他去过俄罗斯多次，参加夏令营。1972年，他结婚了，妻子是一位社会工作者。

尽管萨尔瓦多－赛义德在介绍自己的背景时，有虚有实，但是有一点是清楚的：他早年过得非常困惑、非常混乱。母亲在他很小的时候就去世了。母亲是外国人，有着不同的文化背景和生活习俗，这有利于培养他的好奇心，同时给他带来了很多困惑。让他的困惑感变得更强的是，他有一个继母和很多同父异母的弟弟妹妹。我们只能揣测这两个女性分别在他的人生里扮演了什么角色，也不清楚他的父亲对他人生的影响。但是可以肯定的是，有一位男性——他的祖父，对他的人生观、价值观和世界观的形成有着重要的影响。

根据萨尔瓦多－赛义德自己的说法，他从很小就自给自足，像个小大人了。从这句话中，我们可以推断，与年龄相称的发展实际上没有发生。他一定很快地学会了如何不依靠任何人生存。他讲过，他很早就知道如何采取主动，他能够抓住别人的注意力、担任领导角色。

尽管我们永远不会知道他的家庭动力是什么样子，但是我们可以推断，他去过捷克斯洛伐克和俄罗斯多次，也许正是因为这一点，所以他决定移民到瑞典，去抓住自己真正想要的东西，努力稳定自己的个人身份感和文化身份感。他后来的行为表明，他的困惑感也许从未消失，还表明他很难区分现实和幻想。“想要相信”（wish to believe）的欲望变得如此强烈，以致损害了现实感。

在发展事业的早期阶段，萨尔瓦多－赛义德表现出强烈的企业家精神。他在一家生物科技公司做顾问，拥有好几项专利。1973 年，他开办了一家名为 Microchem 的公司，结交了一些人，与这些人的交往对他后来的事业发展很有用。1981 年，萨尔瓦多－赛义德瞄上了瑞典制药公司阿斯特拉（Astra）旗下的青霉素工厂。这家工厂就是 Fermenta，当时处于亏损状态，阿斯特拉打算卖掉它。萨尔瓦多－赛义德没有钱，于是空手套白狼。他运用高超的演讲技巧，结合几个假想的避税手段，成功地让阿斯特拉相信他有偿付能力，用一瑞典克朗购得 Fermenta 的控股权。当时，Fermenta 在制造用于生产青霉素的原材料，而青霉素原材料市场萧条，因为全球有很多家青霉素原材料制造厂，生产能力过剩。萨尔瓦多－赛义德最初的计划是把工厂转型为奶牛疫苗制造厂，奶牛疫苗利润很高。然而，他其实从未实施这个计划，而是集中精力买进各种抗生素公司。

令人吃惊的是，Fermenta 开始盈利，这很大程度上是有益的汇率波动造成的。1984 年，萨尔瓦多 – 赛义德决定让 Fermenta 上市。在招股书中，他说他拥有化学博士学位。公司上市之时，瑞典股市正在经历前所未有的上涨，而且，瑞典缺少生物科技公司。结果，Fermenta 超额认购 16 倍。

1985 年，Fermenta 迅速扩张。萨尔瓦多 – 赛义德在相关行业创办新公司、入股别人的公司或者与其他公司联手打造市场。他的想法是成为抗生素行业的巨头，这样他就可以影响全球价格。与此同时，他成功地吸引了瑞典商界几位颇有名气的人士加入他的董事会。

在以上描述中，萨尔瓦多 – 赛义德给人的印象似乎是精力充沛、忙忙碌碌、完全面向未来的。有些人说他总在变化，意思是说他难以理解。他说话很快、带口音、跳跃性强、经常前后不一致，他的一些习惯和行为在很多人看来非常古怪。但是，就像汉斯 · 克里斯蒂安 · 安徒生的著名童话《皇帝的新装》一样，尽管人们不了解他——或者说也许正是因为人们不了解他，所以——很多人认为他是天才。在瑞典背景下，这个反传统的外来者让听众神魂颠倒。

萨尔瓦多 – 赛义德还精通读心术。他热情、慷慨，因此非常有吸引力。他非常善于把自己伪装成能够满足听众需求的样子。他引用图表、数据，把听众迷得七荤八素。这些品质让他成为一个高超的谈判家。

一般人建功立业谋求的是紧随其后的财富或权力，但是萨尔瓦多－赛义德对财富或权力不感兴趣。他把自己打造成反英雄，这反而为他赢得了更多的关注。他需要万众瞩目、他需要受人爱戴，做一个反英雄正好可以有效地满足这些需求。最终，正如沃尔沃（Volvo）的一位发言人说的那样，萨尔瓦多－赛义德这样做，并非无心为之，而是处心积虑地，“多多少少愚弄了整个瑞典社会——政治家、商人、金融分析师、金融记者”（Wittebort, 1987, p.96）。最后，大家认识到：萨尔瓦多－赛义德兜售的是他自己的梦想和承诺；Fermenta 股价上升，里面有很多水分；Fermenta 不是一家高科技公司，而是一家非常普通的工厂。萨尔瓦多－赛义德一方面口才甚佳，另一方面懂得利用别人的贪念，结果，他成功地赢得了每个人的关注。

与此同时，表面看来，Fermenta 股价在飞速上涨。发行价格为 21.25，一年半后，即 1985 年年底，股价就飙升到 213。萨尔瓦多－赛义德拥有 44% 的股份（79% 的投票权），一跃成为瑞典最富有的人，至少是名义上最富有的人。1986 年 1 月，萨尔瓦多－赛义德宣布要做一笔大交易，事业达到顶峰。在沃尔沃的支持下，Fermenta 领头整合了瑞典的制药 / 生物技术业，获得业界几家一流企业的控制权。宣布这笔交易后不久，一家名不见经传的报纸刊登了一篇看似无害的文章，质疑萨尔瓦多－赛义德是否真的获得过博士学位。

对很多人而言，这种小小的欺骗很难接受。相关人士开始并不相信，后来仔细调查了萨尔瓦多－赛义德的各项活动。沃尔沃交易计划落空，“社会主义梦想”（socialist dream）（他是这么叫的，因为他能用所谓的社会主义手法玩资本主义游戏）成为泡影。他的一系列违规做法被揭露出来，包括长期合同付款预先入账、资本交易记作利润、拆东墙补西墙式融资。瑞典商业银行（Svenska Handelsbanken）旗下的投资公司工业投资（Industrivärden）发现，Fermenta的资产价值被大大高估了。

它还发现，Fermenta的某些利润是由从未发生的交易带来的。萨尔瓦多－赛义德非常积极地操纵Fermenta的股价。他是一位真正的舆论大师，一手编造了自己白手起家的故事。只要有记者来采访，他就大谈特谈合并、收购等计划，以影响Fermenta的股价。

然而，似乎萨尔瓦多－赛义德并不觉得自己做错了什么。和其他很多企业家一样，他很难区分什么是他的、什么是公司的。他也许会这样将自己的行为合理化：他所做的一切都是为公司好。从某方面分析，他也许是对的（尽管他不择手段，但是他似乎没有通过Fermenta牟取私利）。实际上，萨尔瓦多－赛义德如此认同Fermenta，以致他不愿与Fermenta分开，在仍然可以卖掉Fermenta股票的时候没有卖掉Fermenta股票为自己捞钱。他把现实与幻想混为一谈，似乎表明他的现实检验功能受到了损害。他伪造文凭，当然会毁掉他自己，因为像他这样一个公众人物是非常容易被揭穿的。

深入分析萨尔瓦多－赛义德的行为，我们会发现他表现出骗子的很多特点。比如，他有高超的表演技巧，他擅长利用别人的贪念，他擅长打消别人的疑虑，他擅长描绘美好的愿景，他擅长蛊惑人心。他一会儿扮演普通人，一会儿扮演商业巨头，表明他身份感不稳定。为了解决自己的困惑，萨尔瓦多－赛义德把 Fermenta 引入歧途。他的个人神话给他带来越来越多的麻烦。他自己的问题和他公司的问题交织得太深了。自我欺骗最终导致他的落马。

英雄的角色并不是非常稳定，很多英雄最后被人视作坏蛋。萨尔瓦多－赛义德故事的自相矛盾之处在于，幻想人人有份，但是幻灭之后，只有他一个人受到谴责。我们可以说，Fermenta 的投资者也有错，他们的贪婪害了他们。最终，当萨尔瓦多－赛义德不再能够满足大家的幻想时，就变成了替罪羊。一般而言，像萨尔瓦多－赛义德那样的人是社会的活力之源，他们能够看到别人忽略的机会，他们有助于社会发现现有制度的不足之处。萨尔瓦多－赛义德故事积极的一面在于，丑闻促使瑞典政府改革了金融制度。我们可以假设，萨尔瓦多－赛义德并不是故意的，而是受到一股潜意识力量的驱动。不管如何，萨尔瓦多－赛义德犯罪了。最后，他获得 14 项金融罪名，被判五年监禁 [《国际先驱论坛报》(*International Herald Tribune*)，1989，p.12]。

从很多方面来说，萨尔瓦多－赛义德的行为与典型企业家的行为没有什么不同。很多企业家身上可以看到类似的行为模式，特别是当企业家精神阴暗面显现的时候 (Kets de Vries，1985)。所有企业家都需要梦想，但是企业家往往不擅长区分梦想和现实——现实不能无限地扭曲。

作家切斯特顿 (G.K.Chesterton) 曾经说过："真正有造诣的骗子是最可怜的天才，就像荒岛上的拿破仑。"然而，大多数骗子做不了多长时间的拿破仑。是人就会有弱点，他们的弱点最终会让他们暴露。

要想不上骗子的当，对我们而言，最大的挑战就是保持理性，当有人对我们许以爱情、财富、幸福的时候，不要脑子发热、被他迷惑。但是很多人强烈地想要相信。当贪婪占据了头脑，理性就迅速消失，就像最近的很多商界丑闻说明的一样。实际上，当一个人说“相信我，我会满足你的所有需求”时，我们是很难抵抗的。贪婪是一股可怕的力量，我们很难与之抗衡。然而，当贪婪出现时，我们就要冷静一下，睁大眼睛看一看，与旁观者谈一谈，弄清到底是怎么回事。

尾注

本章内容由以下文章集结而成：

● Kets de Vries，M.F.R.（1990）.“The impostor syndrome：Developmental and social issues”，*Human Relations*，43（7）：667—686.

“骗子症：发展问题和社会问题”，《人际关系》。

● Kets de Vries，M.F.R.（1993）.*Leaders，Fools and impostors*.San Francisco：Jossey-Bass.

《领导者、傻瓜和骗子》，旧金山：乔西 - 巴斯出版社。

● Kets de Vries，M.F.R.（2005）.“The Dangers of Feeling like a Fake”，*Harvard Business Reviews*，83（9）：186—116.

“觉得像骗子，有什么危险”，《哈佛商业评论》。

第 5 章　神经质骗子：觉得自己是骗子

一生之中不管何时，你唯一的义务就是忠于你自己。忠于别的人或别的事，不仅是不可能的，而且是假救世主的标志。

——理查德·巴赫

引言

本书第 4 章描述的那种善于蛊惑人心的人不过是骗子的一种。各种研究者区分“真正”的骗子和“神经质”（neurotic）骗子（Aarons，1959；Gediman，1985）。真正的骗子就是第 4 章描述的那种人，他们的身份感建立在做戏而非成就之上。神经质骗子是不同的，他们是那种非常成功但是觉得自己是骗子的人。这种“神经质骗子症”不是虚伪的谦虚，而是天分的反面，它让很多有才的、勤奋的、能干的领导者——取得巨大成就的男男女女——认为自己不配获得那样的成功。这些人经常被贴上“神经质高成就者”（neurotic overachiever）的标签，在某些要求非常苛刻的职业中，神经质高成就者很常见。

神经质骗子觉得自己愚弄了大家，还觉得自己不如其他人想的那样聪明能干。他们把自己的成功归因于运气、勤奋，或者其他肤浅的外部因素，比如，长得好看。有些神经质骗子勤奋得令人难以置信，时刻绷着一根弦。他们不相信自己真的有才干、有能力，他们总是担心自己的骗局被揭穿，还担心自己会辜负大家的期望，然后遭到大家的唾弃。说到这里，我想起精神分析大师唐纳德·温尼科特（Donald Winnicott）曾经描述过一种人：有着“虚假的自我”（false self），努力隐藏并保护自己核心的人格，是适应失败导致他们具有欺骗性的虚假自我。

盖德曼（Gediman，1985）建议，根据无能感和虚假感的严重程度，把骗子划分为不同等级，“从有意无意地以欺骗为目的而冒用某个虚假身份的精神病骗子，到各种各样身份感容易动摇的人”（p.912）。“神经质”骗子似乎觉得很难接受 / 相信自己的才干和成就。

什么让他们觉得自己是骗子

童年时期的一个任务是分离—个体化，在分离—个体化过程中，“婴儿的原发自恋（primary narcissism）——相信自己和父母是无所不能的——渐渐消失，也就是说，原发自恋必须被独立自主替代”（Mahler、Pine 和 Bergman，1975，p.266）。觉得自己是骗子的人，分离—个体化过程往往出过问题，不过程度比真正的骗子轻很多。然而，他们从未实现真正的分离。这些人从未觉得真正独立，缺乏具有凝聚力的自我感。他们觉得自己的成就是假的、空的，进而觉得内疚、恐惧、压力重重。他们把自己看作骗子（Clance 和 Imes，1978；Clance，1985）。他们付出令人难以置信的努力，以证明内心里的这些声音是错的。

我对 CEO 以及其他高级经理人的临床访谈表明，骗子感可能源于特定的家庭结构。某些功能不良的家庭，尤其是那种父母特别强调成就、缺乏温情的家庭，孩子往往会变成神经质骗子。在这种环境下长大的孩子似乎认为，只有他们变得非常出色，父母才会注意到他们。随着时间的流逝，这些人往往会变成没有安全感的高成就者。

这种人往往对别人的拒绝特别敏感，特别害怕社交失败，依赖需求从未消失。他们似乎"吸收"了父母过高的期望，但是从未恰当地"同化"那些期望。在很多情况下，他们也许感到焦虑、抑郁、自卑。

觉得自己是骗子的女人

1978 年，佐治亚州立大学（Georgia State University）的心理学教授保利娜·克拉伦斯（Pauline Clance）和心理学家苏珊·艾梅斯（Suzanne Imes）提出"骗子现象"（impostor phenomenon）一词。在研究高成就女性时，克拉伦斯和艾梅斯发现，女性来访者似乎无法内化并接受自己的成就。相反，她们把自己的成功归因于意外、运气、关系、毅力、魅力，甚至假装能干的能力。

女人在一个其原生家庭认为并不适合女性的职位上做得很成功，就容易觉得自己是骗子。女人通常都要经历的性别社会化过程——比如，在选择职业时，家人告诉她，女孩子应该选择做护士或秘书——往往会加重这种成就超过家人期望时的欺骗感。

当女人达到人生的关键点，即就业、结婚、生子之时，内心困惑就会发展成真正的神经质骗子症。传统型母亲（只相夫教子不外出工作的母亲）养大的女人，在面临与就业、结婚、生子有关的选择时，往往很难作出决定。女人往往会有意无意地拿自己选择的角色与母亲扮演的角色作比较。职业女性选择不待在家里而是追求事业——这种生活方式十分不同于她们童年时期见证过的女人的生活方式——往往让她们觉得自己是孩子的坏母亲、丈夫的坏妻子。

举例说明一下。荷兰一位杰出的女性高级经理人（在荷兰，没有几个女人做到高级经理人职位）向我讲述了她的事业和家庭冲突：

当我决定上大学攻读企业经济学时，大部分人认为我不过是心血来潮、突发奇想：上过几年大学后，更有可能找到一个好夫婿。我确实找到了一个好夫婿，但是结婚后，我还是继续学习，获得了学位。一边带孩子一边学习，在当时几乎是闻所未闻。很多人对我指指点点……但是真正让很多人恼怒的是，我决定去工作。我怎么能一边做母亲一边工作呢？我怎么能心安理得呢？我想，大多数人认为我不负责任。

当然，我承受着巨大的压力。我记得，成长过程中，我看到我的母亲扮演着什么角色。我的母亲是个典型的家庭主妇。显然，跑出去干事业，我就是一个坏母亲。幸运的是，现在在荷兰，女人既有事业又有家庭是很常见的现象。但是当时，我承受着很大的压力，随时有可能放弃。

尽管我的事业很成功，而且在我看来我的家庭也经营得很好，但是我仍然怀疑自己是否能两者兼顾。我总是觉得内疚（尽管我竭尽全力与内疚感作斗争）。我总是有一种感觉，觉得自己实际上什么都没做好。男人也许觉得很难明白我在说什么。

性别角色社会化并不是唯一一个让女人比男人更容易成为神经

质骗子的因素。在男人主导的商界获得成功，加重了女人的不安全感，因为女人获得成功时，不仅她们自己觉得她们是骗子，而且很多男性同事觉得她们是骗子，把她们的成功归因于平权行动计划[①]而不是她们的能力和才干。另外，男人经常——有意无意地——把女人排除在他们的非正式沟通网络之外。尽管很少有男人公然表达女人受到了"特殊对待"的观点，但是有很多男人含沙射影地攻击女人，这让女人更加害怕"运气"不会长久。结果，如果她们认识到这一点，她们就比男人更可能隐藏才干、装傻，来处理别人的嫉妒和自己不时体验到的自我怀疑感。

克拉伦斯和艾梅斯（1978）假设，觉得自己是骗子的女人可以分为两种。根据她们的研究，第一种是家庭神话（family myth）的受害者，所谓家庭神话，就是家人给兄弟姐妹分别贴一个标签，比如，一个是聪明的，一个是可爱的。尽管"可爱"的女孩接二连三取得好成绩，但是家人继续认为"聪明"的那个孩子智商更高、能力更强，即使他或她（往往是他）的学习成绩差很多。这样，"可爱"的女孩就会怀疑自己的真正能力，并且纳闷家人到底正确与否。

第二种的经历恰恰相反，家人把她夸得像仙女一样，搞得她好像任何方面都比别人强，从智力到性格再到长相。她小时候的逸闻趣事比比皆是，主题都是她多么多么的强。然而，与此同时，她也有搞不定的事情、也经历过失败。因为不论什么方面父母都夸她，所以她开始怀疑父母的看法，最后怀疑自己的看法。

男人也可能怀疑自己的真正能力，之所以怀疑往往是因为他们无意识地觉得内疚——做得比父亲好就觉得内疚——这种内疚感源

① 平权行动计划（affirmative action program），美国针对弱势群体（女性、少数族裔）在入学、就业方面实施的一系列优惠政策。——译者注

自童年经历。有句话怎么说呢，“大树的阴影下什么也长不大”。有个厉害的父亲并非总是好事，这会导致焦虑，因为担心永远达不到父亲的标准。另外，如果确实做得比父亲好，还会担心遭到父亲的嫉妒（然后报复）（Schafer，1984）。这些情况表明，对这些人来说，俄狄浦斯问题从未解决好。童年时期的这些担心（也许有几分真实），往往是在家庭、学校、社会的暗示下产生的，而且也许会一直保持到成年时期（Kets de Vries，1989）。如果成功之后名利双收，生活环境与小时候大不相同，这些担心就会加重，变成真正地担心分离、疏远、拒绝。

说到骗子的性别差异，有个现象值得提一下，这个现象与性有关。男人几乎不可能伪装高潮，但伪装高潮对女人而言是轻而易举的（Roach，2008）。很难达到高潮但出于各种原因伪装高潮的女人，也会在生活的其他方面觉得自己是骗子。

和真正的骗子一样，觉得自己是骗子的人也会为了赢得别人的认可而曲意逢迎。在人际交往中，如果预计别人会拒绝自己，这些人就会奉承、巴结、讨好别人。对这些人而言，别人想听什么就说什么，是一种获得别人的认可、推迟可怕的穿帮时刻的策略。

害怕成功

这种思考和做事方法让我想起弗洛伊德在 1916 年的论文《那些被成功毁掉的人》（*Those Wracked by Success*）里描述过的那种实现夙愿就生病的人。但是，弗洛伊德描述的那种被成功毁掉的人和我说的那种觉得自己不真诚、是骗子的人还是有区别的，前者比后者程度更甚，有自虐行为，可以说是“以败制胜”（victory through defeat）（Reik，1941）。他们的“成功神经症”（success neurosis）导致他们面对自己的成就时觉得不开心，至少在某个意识水平上不开心。另外一个观点是，把他们的行为看作一种叛逆，就是青春期叛逆（和父母作对，父母要我怎么样，我就偏不怎么样）的延续。

那些“被成功毁掉的人”和那些觉得自己是骗子的人都有强烈的受虐和自我毁灭倾向，他们这样做是为了让自己痛苦（Grossman，1986；Simon，1987）。过去，这种行为也许是为了吸引父母的关注或者是对残暴父母的一种消极认同。在这种背景下，一些研究者确认出一种“灰姑娘情结”（Cinderella complex）（Dowling，1981），指的是某些等人拯救自己脱离苦海、希望有人疼爱的女人的自虐倾向。然而，不积极自救而是等着别人来救的策略会让人付出惨重代价。

出乎意料的是，神经质骗子的一个特征在那些家人并没有对其寄予多大期望的人身上也很常见。在社会弱势群体（往往从事蓝领工作）中，父母也许因为孩子的抱负与家庭期望不一致而很少鼓励孩子。职位升得大大超过原生家庭期望的人，总有一种不安全感，觉得自己太成功了。因为父母期望与内心抱负、实际成就之间的不一致，所以这些人总是担心成功不会长久。因为害怕超过父母，所以这些人的神经质骗子症可能在父母去世之后还长久地存在。

出生顺序也与神经质骗子症的出现有关。头生子更可能觉得自己是骗子，这反映了初为父母的人缺乏经验、神经兮兮、对第一个孩子期望过高。例如，在父母自己都感到棘手、没有安全感的领域，父母经常期望年长的子女照顾年幼的子女、给年幼的子女做榜样。

工作场合的神经质骗子

几年前，某电信公司的一个经理人来看我，他那时刚刚升职，进入了董事会。下面，我就叫他汤姆·霍姆斯吧。霍姆斯是个年轻的英国人，在牛津读的大学，先学古典文学，后学商业，以排名前5%的优异成绩毕业。霍姆斯非常聪明，但是他担心自己不能胜任新职位。

霍姆斯的难题，说到底是，他怀疑自己就是不够好，而且总是担心自己总有一天会被揭穿。然而，与此同时，他似乎又急着暴露自己，总是干一些显示自己是大草包的事情。例如，他私生活很放纵，走马灯一样换女人，酗酒，还酒后驾车，几次险些酿成重大交通事故。工作中，他觉得自己越来越难集中注意力，决策能力也越来越差。他担心——理由充足——CEO 以及董事会其他成员会注意到他在工作中的问题。什么时候他们会认识到，把他纳入董事会是一个严重的错误？

被恐惧、压力折磨一段时间后，霍姆斯终于受不了了，于是辞职，在另外一个规模较大的公司找到了一份职位较低的工作。然而，他确实很能干，所以没过多久公司就让他担任某国分公司的负责人，大家都知道，这种职位是通往高层的垫脚石。在这个新职位上，霍姆斯的怀疑感又冒出来了。他担心自己不够能干、被人揭穿，于是不到一年就辞职了，又换了一家公司。在那家公司，尽管霍姆斯绩效优异，但是高管层看过他的履历表之后得出结论认为他还不适合进入高管层。霍姆斯之所以不想进入高管层是因为，在内心深处，他担心自己是个骗子，最终会穿帮。

听霍姆斯讲述他的悲惨经历，我认识到，他是一个神经质骗子。我觉得，他需要看到他现在的行为与他过去的行为之间的联系，他还需要认识到他的某种行为模式，这种行为模式在成长过程中的某个阶段也许有用，但是现在不管用了。他还需要建立自信，对自己的能力做出更切合实际的评价。我建议他去拜访一个心理培训导向的领导力教练，同时参加我的高级经理人学习班“领导力之挑战”（见本书第4篇引言）。我觉得，他最好与一群高级经理人相处一段较长的时间，一起探讨某些个人话题和组织话题，以建立自我效能感。小组讨论可以给他带来启示，让他认识到并不是只有他一个人觉得自己是骗子。此外，这些互动还能让他意识到他实际上是多么能干。进行这样的干预之后，他的事业有了突飞猛进的发展。

组织各个层级都可以看到神经质骗子。一般而言，不安感从毕业之后的第一份工作就开始了，因为那时人们急于证明自己，心中充满焦虑，尤其缺乏安全感。从中层晋升到高层是另外一个难熬的时期，因为从专才向通用管理人员转变，经理人必须克服很多困难。但是，对神经质骗子而言，最大的挑战是从高级经理人晋升为CEO。

我和很多高级经理人和CEO合作过，发现只要不做一把手，神经质骗子就会干得很好。通常，与做CEO相比，做高级经理人时，自我怀疑感和焦虑感较轻，因为高级经理人的职责是提供支持和指导，还不是人们的注意焦点，但是，一旦成为CEO，一举一动都有很多人注视着。人们期望，CEO什么事都能一个人扛着。

不同的职业，神经质骗子症的发生率似乎有所不同。例如，在学术界和医务界，神经质骗子很常见，因为学者和医生要想成功，必须让人觉得自己是聪明的。但是，在商业界，像汤姆·霍姆斯那样的人也很多。我利用管理学教授、顾问、领导力教练、心理治疗师和精神分析师身份，在单个和成群的高级经理人身上研究神经质骗子症。我的经验表明，当代组织里，很多人都患有神经质骗子症——我总能碰到那种觉得自己是骗子的人，特别是与一流咨询公司和投资银行的高级经理人合作时。非常有趣的是，高级经理人的神经质骗子症似乎也会“传染”给那些给他提建议的人，即战略咨询公司的顾问。很多战略咨询顾问的任务是，让往往没有多少安全感的客户成为其各种各样股东心目中的“英雄”。这些顾问其实也没多少安全感，担心自己是否真的好到足以能为“本身就很出色的”客户提建议。

担心怎样变成现实

神经质骗子是怎样失控的呢？导火索往往是完美主义。轻度的完美主义是巨大成就的动力源泉。良性完美主义者，没有无能感，成功时快乐，失败时不迷茫。然而，神经质骗子很少是良性完美主义者。他们是绝对完美主义者，好高骛远，目标落空时有自虐想法和行为。他们怀有一个信念：勤奋出好活。因为这个原因，完美主义经常把神经质骗子变成工作狂。他们担心“骗局”穿帮，于是给自己布置很多任务，让自己忙个不停，以克服内心的不安全感。对他们而言，工作—生活平衡是个没有意义的概念。神经质骗子经常有自虐自毁之举，给别人可乘之机。他们认识不到他们也许对自己、对别人太过苛刻了，经常是苛刻到了有损长期成功的地步。他们如此不要命地工作，往往会过早地倦怠。

神经质骗子设置一个不可能目标后，恶性循环就开始了。为了实现目标，他们努力工作。可是不管怎么努力，他们也实现不了目标（没人能实现）。失败后，他们自责自罚，觉得自己是骗子。为了缓解骗子感，他们又设置了一个不可能目标，再次拼命工作，再次失败……如此循环下去。罗伯特·皮尔斯就是这种情况的代表。皮尔斯在一家著名的投资银行做交易员，表现出色，被公认为非常有天分。为了不让大家觉得他徒有虚名，他给自己设置的业绩目标越来越高。最初，每次实现目标，皮尔斯都得意洋洋，但是了解到有人比他挣得更多后，他就沮丧不已。于是他沉浸在自责中，而这种自责对他自己的事业和公司的业绩没有一点儿好处。

因为神经质骗子对自己的成功怀有如此矛盾的心态，所以他们往往看起来非常谦虚。当然，谦虚是种美德，而且，从职业生涯管理角度来看，谦虚可以看作一种有效的自我保护策略。轻描淡写自己的成就，别人就不会那么嫉妒你，不会那么关注你的成功，不会对你有那么高的期望。谦虚还意味着稳重，而稳重的人容易赢得别人的鼓励和支持。

但是，对神经质骗子而言，谦虚的自我保护功能可以从另外一个方面来理解：为江郎才尽之后的退出做准备。失败（至少是潜意识水平的失败）是理想的退出方式。想想年纪轻轻就获得普利策奖的记者，如果别人让他们“再来一次”，他们能怎么办呢？伟大成就毁了很多神经质骗子，因为伟大成就会导致无能。

我先前说过，对很多神经质骗子而言，问题的核心是，他们害怕成功和名气会以某种方式伤害他们——变成“大人物”后，家人、朋友以及其他人对他们的喜欢就会大大减弱；如果他们依旧是个“小人物”，家人、朋友以及其他人就会继续喜欢他们。安布罗斯·比尔斯（Ambrose Bierce）在《魔鬼词典》里写道，成功“是对伙伴犯下的不可饶恕的罪孽”。嫉妒是股非常强大的力量。希腊剧作家埃斯库罗斯（Aeschylus）曾经说过：“很少有人在祝贺飞黄腾达的朋友之时不心怀嫉妒的。”

因为这个，所以神经质骗子可能会千方百计、别出心裁地毁掉自己成功的事业。好像他们想被揭穿一样。也许帮助别人揭穿自己是一种主动的焦虑应对方式。

例如，迈克・拉森，一位高级经理人，几年前与我合作过，他就有这种倾向。拉森做了多年医学研究人员，因表现出色被一家专门研制非处方药的全球公司请去做研发总监。然而，接受这个很有挑战性的职位后，拉森一直没有消失的穿帮恐惧损害而非促进了他的绩效。做研发团队的成员是一回事，做研发团队的负责人完全是另外一回事。做了研发总监后，他更受人关注了，因此更焦虑了，越焦虑，他越想做得更好，但是他不懂授权，事必躬亲，管理不善，结果，他的不安感更强烈了。

拉森认识到自己在给自己挖坑，但是又很难寻求帮助。他害怕这样做就是向同事表明他是一个骗子。为了避免被揭穿，他龟缩在自己的世界，苦苦思索同事怎么看他，担心辜负同事的期望，遇到决策就拖延。结果就是，他白天焦虑不堪，晚上睡不着觉，老是担心犯错；因为担心犯错，所以他不愿尝试、发展、学习。

和大多数神经质骗子一样，拉森的现实检验功能出错了。这种认知扭曲导致他放大每次挫折——一遇挫折就觉得天要塌了、自己没救了。拉森错误地以为只有他一个人容易失败、自疑，这增强了他的不安感和孤立感。和其他神经质骗子一样，拉森总是把事情往坏的方面想，无法把自己的成就归因于自己的能力。拉森还通过另外一种方式自毁前途：小题大做，杞人忧天。

拉森在接受研发总监职位后才发现，他是多么怀念职业生涯早期有导师的日子。导师帮他处理工作压力，教他在压力下维持心理平衡。但是升职以后，他发现很难让人给他提建议、挑战他的错误想法。结果，他做出了一系列错误决策，他领导的研发团队表现非常不好。最后，公司把他降职了。

神经质骗子可能如何影响组织

神经质骗子可能会毁掉自己一心想取悦的组织。他们敬业负责、追求卓越，这对组织里的其他人是很好的榜样。然而，因为他们如此渴望成功，所以他们可能变得没有耐心、待人粗暴。因为他们对自己极为苛刻，所以他们对别人也很严。他们把员工逼得太紧，也许会让组织弥漫着“白色恐怖”，这会不可避免地导致组织出现高离职率、高缺勤率以及其他不良症状。此外，他们那么卖力地工作，会威胁到别人。而且，因为没人指导他们如何做一个有效的领导者，所以他们一般在领导力开发、接班人培养方面做得不太好。

然而，更糟糕的是，神经质骗子的领导风格可能会对决策制定造成不良影响。有些觉得自己是骗子的经理人害怕相信自己的判断，这种过度谨慎的态度容易传遍整个公司。例如，神经质骗子CEO也许会压制员工的企业家精神。如果他连自己的直觉都不相信，他为什么要相信别人的？

讽刺的是（很多战略咨询顾问也是神经质骗子），神经质骗子CEO们可能还会对咨询公司上瘾，因为他们需要中立的第三方提供安慰，减轻不安感。当然，咨询公司是有用的，但是，神经质骗子很容易变成被顾问操纵的木偶。例如，拉尔夫·戈登，一家全球工程公司的CEO，就是这样的。在我的一个学习班上的一次小组讨论中，戈登解释说，往工程方向发展实际上并不是他自己的选择，而是他父亲的选择。戈登向父亲做出让步，接受父亲的安排，进入商界，但是在公司里工作，他从未觉得自在过。戈登做上高管后，就开始依赖顾问，而有些顾问利用他的不安感狠狠地宰他。顾问简直就像毒品，不仅让他损失了很多钱，而且让他产生了依赖感。

如果神经质骗子所在组织是“败则罚”型，那么以上行为模式将尤为突出。如果企业文化不允许犯错，那么领导者的焦虑感就会更严重，更可能出现神经质行为。

看看琳·奥韦尔，她起初在一家咨询公司工作，后来跳槽到一家著名的媒体公司。做顾问时，她一直表现出色，但是，到媒体公司负责欧洲分公司后，情况就变了。尽管奥韦尔是一个很有想法的人，创意层出不穷，但是她害怕失败，于是采取了一种似乎与企业文化恰恰相反的管理方式。例如，媒体公司一直提倡分权化管理，但是奥韦尔却在欧洲分公司实行集权化管理。但是，真正激起众怒的是，她把大部分事情的决策权都抓在自己手中。她追求完美，要求立即得到结果，这意味着她厌恶授权，她的团队生产率受到损害、创造力遭到扼杀。奥韦尔的领导方式让同事们担心，而且，她浑身是刺（听不进批评，不管是真正的还是感觉到的）的态度惹恼了很多同事。若是有人质疑她的建议、报告或决定，她就立即进入防御状态、恶语相向。此外，因为担心别人发现她能力不足，所以她每次开会前都要准备很长时间，企图把别人可能提出的问题都想好。这样小心翼翼地准备，她就必须更勤奋，加班加点地工作，周末也很少休息，而且，她希望别人和她一样勤奋。

奥韦尔的骗子感深深伤害了组织。渐渐地，奥韦尔的团队中陆续有人申请调到其他部门，还有一些人在悄悄地准备跳槽。留下来的人也对奥韦尔怀有敌意，被动地应付她，他们认为与她理论纯属浪费精力，于是把所有决定都留给她做，不管她做什么决定都既不反对也不好好执行。结果，曾经是行业龙头的欧洲分公司每况愈下，年底利润率降至为零，让公司坐实了奥韦尔确实无能的想法。最后，欧洲分公司卖给了一家竞争对手。奥韦尔的神经质不仅毁了她自己的前途，而且毁了一家本来运行得很好的公司。

寻找解决方案

尽管到现在为止描述的画面都很黯淡，但是神经质骗子症并非是不可避免的人类境况（human condition）。消灭神经质骗子症，早期预防是关键。如果父母认识到对孩子期望过高有很多坏处，那么孩子以后就不会经历那么多痛苦。后期诊断出神经质骗子症，也是有治疗方法的。经验表明，心理治疗干预和领导力辅导对改变扭曲的自我认识非常有效。

然而，管理骗子感的最好——往往也是最合适的——方式是学会正确地评价自己。在领导力教练和心理治疗师的帮助下，神经质骗子可以启动自我发现与改变之旅。良师益友也能帮助神经质骗子正确地认识自己。

然而，如果经理人看起来无法主动采取措施处理自己的骗子感，那么经理人的上司就需要介入。约翰·斯托达德就是这种情况。约翰·斯托达德是一家大型电信公司某分公司的经理，是在自己 CEO 的建议下来找我的。他告诉我，他纳闷自己是否需要一些有关如何提高领导有效性的建议。360 度反馈表明，他有完美主义倾向，事必躬亲，不善倾听。还有一些材料表明，他没有耐心，下属压力很大，员工士气很低。与我讨论这些问题时，约翰认识到他对自己和下属非常苛刻是因为他把父母对他的严格要求内化了，于是他决定改变。他开始在工作中尝试新的行为方式，收到了积极的反馈，大大提高了自我效能感。一年后我见到约翰时，他非常自豪地提起，员工士气有了很大的提高，这些变化正是因为他学会了不再那么苛刻。

像约翰的 CEO 一样，好的上司会注意到下属的神经质骗子症迹象，包括害怕失败、害怕成功、完美主义、拖延、工作狂。在绩效谈话中，上司应该（和蔼地）指出直接下属的危险迹象，还应该解释为绩效担忧可能恰恰会降低绩效，以及强调工作—生活平衡。

尤其是上司需要指出，每个人都会偶尔有不胜任的感觉，这个时候就需要进行自我调整、学会放松。神经质骗子做得最坏的一件事（尤其是在刚刚升职之后）就是与资深同级比较，这一定会导致自责自罚。

与此同时，上司必须让下属深刻地认识到成绩与努力的关系。上司不仅要在下属做出成绩时提出表扬，而且还要承认良好的企业文化就要允许犯错。明智的组织不会惩罚“聪明的”错误，确实，从错误中学习应该成为企业文化的一部分。错误能提供更多的学习机会和个人成长机会，上司需要帮助神经质骗子认识到，害怕失败是正常的，不需要缓解这种害怕。

当 CEO 是神经质骗子

当 CEO 是神经质骗子，情况就更复杂。有些 CEO 觉得很难向良师益友或下属寻求建议，因为这个原因，很多高绩效组织现在设有领导力辅导项目，以帮助 CEO 更好地应对。在发现 CEO 的神经质骗子症迹象时，领导力教练比较方便给 CEO 提建设性意见、加强 CEO 的自我效能感。参加领导力辅导项目，与其他 CEO 探讨自己的问题、接受其他 CEO 的支持，不仅会对 CEO 自己产生深刻的影响，而且会对 CEO 领导的组织产生深刻的影响。

经常有人说，一个人的优点也是其缺点，对组织而言，事实也是如此。在大多数运行良好的组织里，面对绩效不佳者，经理人有办法应付、开除，或者进行培训，提高其绩效；可是面对貌似没有问题的人，经理人却无能为力。从本质上说，神经质骗子是很难被别人看出来的，因为他们一直都很成功。但是，实际上，几乎每个领导者都或多或少地有着神经质骗子倾向。所以，经理人更有理由去留意自己、下属和潜在接班人。识别不出、处理不好神经质骗子，会给个人和组织带来严重后果。

尾注

本章内容由以下文章集结而成：

● Kets de Vries，M.F.R.（1990）.“The impostor syndrome：Developmental and social issues”，*Human Relations*，43（7）：667—686.

“骗子症：发展问题和社会问题”，《人际关系》。

● Kets de Vries，M.F.R.（1993）.Leaders，*Fools and Impostors*. San Francisco：Jossey-Bass.

《领导者、傻瓜和骗子》，旧金山：乔西－巴斯出版社。

注：所有人名都是虚构的。

第 6 章　组织傻瓜：帮助领导者戒狂戒骄

愚者说，智者听。

——非洲谚语

引言

在领导者的内心世界，狂妄是个重复出现的主题，原因显而易见——权力往往伴随着过度骄傲和傲慢自大。很多领导者想当然地认为自己可以凌驾于为一般人制定的规则之上。但是，怎样指出领导者的狂妄迹象呢？怎样预防领导者被人蒙蔽、只看到自己想看到的东西呢？怎样与领导力固有的退化力量作斗争呢？怎样在组织背景下处理这些问题呢？

我要说，处理这些问题的一个有效方式就是，重新诠释一个古老的角色——傻瓜的角色。通过充当领导者和追随者之间的调解人，傻瓜能够促进深入沟通（也就是沟通不停留在表面）、有意无意地提醒点拨大家，从而帮助领导者戒狂戒骄（Geertz，1973，1983；Kets de Vries 和 Miller，1987）。

傻瓜角色

历史上，在帝王面前扮演这个角色的是朝堂傻瓜（court fool）。当然，我说的傻瓜，并不是指白痴，即愚蠢或没脑子的人。我指的是恰恰相反的一种人，即合理合法地装疯卖傻的聪明人。这种傻瓜的命运和领导者的命运纠缠在一起，变成千方百计提醒领导者权力易逝、做人之本的人，还变成现实的守护者，用看似荒谬的方法阻止领导者的愚蠢行动。

说到提醒领导者权力易逝，我想到了一位罗马征服者，他在每次攻城胜利后都要举行一个仪式：小丑和做半人半兽打扮的人围着他的战车又蹦又跳，并且大声辱骂他；奴隶把朱庇特·卡皮托利努斯（Jupiter Capitolinus）之冠戴在他的头上，并且一遍又一遍地低声提醒他"你只是一介凡人"（Willeford，1969）。

文学作品普遍认可朝堂傻瓜这个角色。在《君主论》中，马基雅维利主张，统治者必须指定一批讲真话的人：

> 朝堂之上，到处都是溜须拍马之人；人都容易为自己所做的事情感到自豪，很难抵御别人的阿谀奉承……要想抵御阿谀奉承，唯一的办法就是让别人明白，对你讲真话不会冒犯你。但是，如果人人都能对你讲真话，那就没人敬畏你了。因此，英明的君主应该采取第三种方式，从朝堂里选拔一些聪明人，让他们专享讲真话的权力——但只就你询问的事情讲真话，在其他事情上不可以。（1977，p.67）

哲学家伊拉斯谟（1971）也有类似的言论。在《愚人颂》中，伊拉斯谟解释了为什么御批傻瓜是帝王的最爱：

> 聪明人只会给君主带来痛苦，他们对自己的学识充满信心，有时言语犀利，伤害到君主的面子；小丑则会投君主之所好，插科打诨、逗乐解闷。让我告诉你，傻瓜还有一样不容轻视的本领，他们是唯一坦率直言、敢讲真话的人，什么比真话更宝贵呢？
>
> ……事实是，帝王确实不喜欢真话，但是，如果讲真话的是我所说的傻瓜，结果会大相径庭。他们可以讲真话，甚至公然辱骂帝王，帝王还得乐呵呵地听着；确实，让聪明人掉脑袋的话，从小丑嘴里说出来，则有令人惊讶的娱乐效果。（pp.118—119）

傻瓜是英雄

作为一种社会角色，傻瓜得到了普遍认可。我们都见过傻瓜，也许有时自己还扮演过傻瓜。此外，我们还从人类学研究、神话、传说、小说和戏剧那里了解到傻瓜，当然在这些研究和文学作品里，傻瓜的名字是五花八门的，有“clow”、“trickster”、“jester”、“buffoon”、“comic”、“Harlequin”、“Pierrot”等（这些词语有一个共同的中文意思“小丑”，对应于中国古代的伶人、弄臣，比如汉武帝身边的东方朔）。

人类学家尤其关注仪式傻瓜（ritual fool）扮演的角色，他们研究了非洲、亚洲、大洋洲、北美洲、南美洲和美索阿美利加的“trickster”（Steward，1931；Bunzel，1932；Charles，1945；Radin，1972；Makarius，1969，1970，1973）。在他们的描述中，“trickster”是具有魔力的人。他既是失败者又是英雄，他是人类的镜子，他把不可解释的东西与熟悉的东西联系在一起，他在混乱现象中发现规律。他具有神秘的洞察力和预言力。荣格（1969）把“trickster”

描述成“宇宙中一种原始的存在，本质上是神兽，一方面因为魔力而优于人，另外一方面因为无理性和无意识而不如人”（p.144）。比较不同文化里这种神秘生物扮演的角色，我们看到“trickster”是怎样变成人类境况的象征的：他把狡猾和愚蠢结合在一起，拙劣地表现人类的驱动力、需求和弱点，既好笑又可怕。

正如威尔福特（Willeford，1969）指出的那样，“大部分被我们视作傻瓜的人，看起来都疯疯癫癫，不管是真的还是假装的”（p.23）。这种人大智若愚，通过装疯卖傻警醒世人。

人类学研究表明，我们可以把自己的弱点、理想和恐惧投射到“trickster”身上，因此“trickster”是一个非常重要的社会角色。更有甚者，比如威尔斯福特（Welsford，1935），把傻瓜称作教育者，“因为他让观众把隐藏很深的愚蠢显露出来”（p.28）。通过树立负面榜样，傻瓜强调着什么是有价值的、最好的处事方式。祖尼印第安部落的小丑“koyemci”，就是一个例子（Bunzel，1932；Charles，1945）。“koyemci”不仅是小丑，而且属于占统治地位的祭司阶层。在仪式庆典中，这些神圣的小丑——祭祀——神神叨叨的滑稽动作为原本被压抑的恐惧和焦虑提供了宣泄途径。

很多文化把傻瓜的角色制度化，反映在“clown”、“buffoon”或者“jester”等职业中（Swain，1932；Welsford，1935；Klapp，1972；Lever，1983）。傻瓜有套固定的行头，帽子和拐杖，象征着君主的王冠和节杖。在（无伤大雅的）疯癫或愚蠢的掩饰下，“jester”可以说原本不能说的话。例如，在莎士比亚的《皆大欢喜》中，“jester”装疯卖傻，大智若愚（第5幕，第4场）。他用笨拙、夸张、走神、隐瞒、手势、笑话传达信息（Bergson，1928）。克瑞思（Kris，1938）把“jester”叫作活漫画。“jester”变成报忧的工具。

最著名的傻瓜也许是莎士比亚的《李尔王》里的傻瓜。尽管他看起来蠢笨至极，但是只有他有洞察真相的智慧和敢说真话的勇气。年事已高的李尔王意欲把国土分给三个女儿，两个大女儿口蜜腹剑，骗取了李尔王的欢心，小女儿实话实说惹恼了李尔王。于是，李尔王把国土分给了两个大女儿，赶走了小女儿。那个聪明的傻瓜，作为旁观者，知道三个女儿中谁是虚情假意、谁是真情实意，也看清了李尔王的愚蠢之处。朝堂傻瓜成了享有豁免权的批评家，一个矛盾的人物，既让人瞧不起又让人喜爱。他是没有私心、说真话的人。他经常用幽默的方式来说一些原本不可说的事情，在《李尔王》的例子中，是反复诉说国王不愿相信的事情：女儿们的真实面目。

伊拉斯谟和莎士比亚都指出，帝王的权力需要傻瓜的愚蠢。帝王和傻瓜就像帮助彼此保持心态平衡的双胞胎。帝王和傻瓜的依赖关系解释了权力的两面性。谚语“傻瓜敢为天使之不敢为”的意思不止一个。明智的傻瓜往往是唯一能打击帝王狂妄气焰的人。同样重要的是，明智的傻瓜（“sage-fool”，有时叫作“morosophe”，是两个希腊单词“明智的”和“傻瓜”合成的）（Lever，1983），对预防领导病非常重要。傻瓜将起到“嬉笑怒骂”的作用。

幽默的好处

幽默用温和的方式处理冲突，化解剑拔弩张之势。幽默是件强大的武器，可以让位高权重之人接受或认识原本排斥的真相。幽默有助于人们把握分寸，避免人们把自己太当回事。幽默还有揭示功能——揭示潜意识层面的东西——因此可以充当某种安全阀。幽默的这种功能可以用来控制领导力的潜在破坏性。

幽默往往是提醒领导者不要太狂妄的好方式，也是变相谈论禁忌话题的好方式。精神病学家乔治·瓦杨（George Vaillant，1977）曾经说过，“人类的各种防御方式中，幽默是真正优雅的。很少有人否认，幽默——像希望一样——是人类用来对抗潘多拉盒子灾难的强大武器”（p.116）。同样的内容，用俏皮话说出来，与用普通方式说出来相比，效果是不一样的。结果，人们往往选择用幽默的方式表达很难直言、可能惹祸的内容。

傻瓜的言行表明，他们有意无意地知道自嘲的作用。他们认识到，自嘲也许能让别人好受一些。看到傻瓜的滑稽表演，我们也许能够卸下自卑，觉得自己好歹还是强过一些人的。当然，扮演傻瓜也是有风险的——有可能成为替罪羊，有可能被邪恶势力利用。这些风险对傻瓜而言，就像粉尘对煤矿工人一样，是职业危害。

人类学家拉德克利夫·布朗（Radcliffe-Brown，1952）把戏谑看作可以接受的无礼之举，一种化解潜在冲突的方式。弗洛伊德（1905）有过类似的言论。他注意到，社会允许人们用幽默表达带有攻击意味或性意味、容易引发焦虑的愿望。特别是，社会允许人们用幽默表达负面情绪，进行攻击和报复（Levine，1961；Rose，1969）。但是，幽默也能掩饰其他很多情绪，比如悲伤、绝望、恐惧、后悔、欢欣和憎恨。

弗洛伊德（1927）还确认出一个事实：“幽默不是顺从的，而是叛逆的。”（p.103）在很多情况下，人们用幽默报复权威人物。傻瓜变成无政府主义者，运用幽默让违反规章制度的举动显得不那么讨厌（Goffman，1967）。然而，傻瓜的叛逆也有顺从和隐秘的性质，是非暴力反抗（Bergler，1937）。但是，通过这种方式，幽默也变成了安全阀（与幽默本来的叛逆性质自相矛盾），一种社会调控工具（Levine，1961；Berlyne，1964；Block，1987）。尽管傻瓜嘲笑现有秩序，但是他们所做的事情实际上是在改良现有秩序。日常惯例的打破始终只是暂时的。正如波里奥（Pollio）和埃杰利（Edgerly）（1976）在幽默研究中指出的一样，“在这个反道学家角色中，傻瓜充当了一种控制机制，通过强调他所无能为力的来强调他所讳反触犯的。把不是傻瓜的人叫作傻瓜，就是给他施加社会压力，迫使他遵守社会规范”（p.214）。

傻瓜是怎样养成的

傻瓜为什么想抓住观众的注意力呢？为了理解这一点，我们需要看看傻瓜有哪些烦恼。费希尔（Fisher，1981）用投射测验和其他测验研究过职业喜剧演员和职业小丑的内心世界，发现了数个重复出现的主题。根据他们的研究，真正的喜剧演员“否认事情真的像表面看起来那样糟糕或危险”，他们“为尺寸着迷……对小特别敏感”，对“上—下方位敏感”（p.35）。看到投射图案，喜剧演员联想起小时候的一些情境。很小的时候，他们就学会了自己照顾自己，认识到了不能指望父母给他们提供任何情感支持。费希尔指出，喜剧演员用荒谬的言行传达着一个信息：他们曾经受到过荒谬的对待。

对于很多潜在傻瓜而言，主要的困境似乎是：还是孩子的时候，他们就被迫提早扮演大人的角色。他们自己的能力与别人的期望之间的这种不一致，也许会让他们觉得渺小、无能、无用。这些感觉是难以接受的，所以喜剧演员装疯卖傻、插科打诨、嬉笑怒骂，以否认不愉快的感受。而幽默是个有效的工具（Fry 和 Allen，1975）。幽默是一种防御，一种处理对自身境况荒谬性之愤怒的方式。幽默还是一种缓解抑郁感的方式，一种通过吸引别人的关注来证明自己并不像看起来那样无能或那样坏的方式。喜剧演员非常关心平等问题。在他们的滑稽表演中，好与坏、小与大、大人与小孩或者上与下之间的区别都模糊了，所有人都变成一样的。

组织傻瓜

组织有很多防止权力滥用的制衡方法。分层管理体系的某些方面可以用作杠杆，某些规章制度具有约束功能，另外，组织一般有很多股东，权力可以分散开来。

尽管有这些保障措施，但是从根本上说，组织并非真正的民主机构。组织里的很多重大事情是由少数几个高层人物秘密决定的。所以，组织有时需要帮助来防止权力滥用、确保决策制定以现实为基础。提供这种帮助的人，可以是一个敢于挑战组织领导层、能够帮助组织领导层从另外一个角度看问题、不屑于阿谀奉承的人。

就像朝堂傻瓜靠装疯卖傻向帝王报忧是玩火一样，在组织里通过渲染、夸张和幽默谈论讳莫如深的话题也是有危险的（Malone，1980）。将无意识的东西带出水面，可能在组织中引发爆炸性反应。

很早的时候，在一篇有关“野蛮”精神分析的论文中，弗洛伊德（1910）就探讨过这个问题。他认为，生硬地揭开一个人潜意识层面的东西，也许会让那个人恼羞成怒、拂袖而去（如果是帝王的话，甚至会动杀机）。为了避免不良后果，进行精神分析时，必须遵循以下两个原则：

第一，病人必须有所准备地自己去碰触内心深处被压抑的东西；第二，病人必须对医生形成足够的依恋（移情），这样才不会逃离。

只有遵循这两个原则，才有可能识别并控制导致压抑和忽视的阻抗。因此，精神分析干预绝对要求医生与病人相处很长一段时间。医生企图第一次咨询就“冲击”病人，唐突地告诉病人自己发现的秘密，从技术上来说是行不通的。

弗洛伊德其实在说，进行心理治疗时，为了让潜意识层面的东西更容易浮现出来，治疗师和来访者必须首先建立合作关系。建立合作关系，需要一定程度的信任。此外，必须在恰当的时机有分寸地提醒点拨（Kets de Vries 和 Miller，1985；Kets de Vries，2006）。类似的，明智的傻瓜必须认识到，在给定时间内，领导者只能接受有限几条不愉快的信息。幸运的是，阐述敏感话题时，幽默非常有助于缓解紧张氛围。幽默能消除听者的戒备心，让听者更容易听进劝告。

捷克作家雅洛斯拉夫·哈谢克（1972）的小说《好兵帅克》给出了一个很好的例子。在这部伟大的讽刺作品中，哈谢克刻画了一个看似愚蠢、不时捉弄腐朽的奥匈帝国及其军队的英雄帅克。从某个意义上说，帅克代表了深受官僚主义迫害的人。帅克表面上愚蠢，实际上非常聪明、非常睿智。帅克深谙人性，经常用犀利的语言让别人认识到自己的行为是多么荒谬。帅克是典型的明智的傻瓜。帅克使用模棱两可的话语、按字面意思执行命令，揭露了很多规章制度的愚蠢之处。他把上司们耍得团团转，成功打击了上司的狂妄气焰。

明智的傻瓜这个角色既可以由组织内部人员承担，也可由组织外部人员承担。一般说来，对内部人而言，这个角色更难承担，因为风险更大。朝堂傻瓜必须当心做得太过、赔上性命，组织傻瓜同样也要采取温和的方式：在谈论非常敏感的话题时，要从领导者前途的角度晓以利弊。举报者（揭发权威人物不道德或不合法做法的人）的结局一般都不好。

当我认识到发生了什么事，我很生气。他们的做法是不合法的，尽管不是犯罪，但是不负责任。上面天天下发文件说办公资金减少并号召我们节约成本，但是，浪费资源的现象比比皆是，严重程度令人难以置信。我找上司反映情况，他置若罔闻。于是，我写了举报信。公司已经让我提早退休了，我没有什么好失去的，但还是采用了匿名方式。很不幸，他们不知怎地了解到举报人是我。结果，单位里处处有人为难我，家里的日子也不安宁，外面守着大批记者（有报社的、有电视台的）。最后，单位没什么变化，文件照发，资源照浪费。我冒着巨大危险检举，结果只是给媒体提供了一则新闻。公共服务部门的官僚习气没得治了。（对公共服务部门工作人员的采访，英国）

如果无法向组织上层反映问题，或者反映了问题得不到回应，又或者觉得在组织里被孤立，举报者就很有可能向外部机构揭发组织的问题，比如诉诸媒体。这样做，几乎会不可避免地遭到来自各方的打击报复，特别是如果组织没有保护举报人的政策和措施的话（这一点会让人一开始就放弃举报打算）。讽刺的是，也是令举报人痛苦的是，他们举报违规现象是出于正直和良心，结果反而招致别人怀疑他们的正直和良心，甚至让别人指责那些违规现象是他们一手造成的。报忧往往会招致杀身之祸啊！举报人是没穿防护衣工作的傻瓜。

近来最著名的一起举报人遭打击报复的案例是，2002 年，安然员工莎朗·沃特金斯揭发安然前 CEO 肯尼思·雷的会计违规做法。安然丑闻中，公司高层携款逃跑，数千员工的多年积蓄和退休金消失殆尽。为某国会委员会作证时，沃特金斯讲述了自己的遭遇。雷是安然的创始人，屡次强调安然员工不管碰到什么问题都可以直接去找他。沃特金斯把这句话铭记在心，于是向雷反映安然内部的会计违规情况。两天后，安然高层决定终止她的雇佣合同，并就相关问题咨询了律师。她迟迟不见安然采取纠正措施，于是最终向媒体求助（McLean 和 Elkind，2003）。

在组织里，明智的傻瓜这个角色往往由顾问承担。组织要求（不一定是明文要求）顾问扮演很多角色，明智的傻瓜只是其中一个。经常，组织和顾问都不清楚顾问在履行什么职责，也不清楚让组织实事求是是多么的重要。偶尔，高级经理人认识到“家有一傻，如有一宝”。我见过的公司中，有的就让顾问通过搞笑短剧、讽刺小品等形式传递不受欢迎的消息。然而，一般而言，这样的消息传到中层就不传了，高层往往听不到。

顾问经常发现，客户组织的真正问题并不像客户最初定义的那样，客户说出来的需求与客户的真正需求存在很大差距。出现问题后，客户容易在别人身上找原因，很难看到自己的责任。客户往往极不愿意提出并面对真正的问题。把某些不能拿到台面上讲的问题说开来（顾问扮演傻瓜，充当催化剂），非常有利于问题的澄清（Kets de Vries 和 Miller，1984；Kets de Vries，2006）。

然而，这并非意味着，明智的傻瓜不能由组织内部的某个人来充当。有时，扮演这个角色的是一个德高望重的高级经理人。有些组织甚至把这个角色制度化，设立内部顾问、某种督察专员（按照斯堪的纳维亚传统，叫“ombudsman”）或者没有具体职务的高级经理人。偶尔，扮演这个角色的是一个职位稍低但很会演戏的人。

实际上，有些组织偏爱职位较低的人扮演这个角色，比如，像帅克那样的人。

然而，一般而言，这样一个不受欢迎的角色，外部顾问承担起来更容易，因为万一惹恼了领导者，最坏的结果不过是永久终止咨询关系。确实，外部顾问简直是天生用来做组织傻瓜的。通过装疯卖傻、问一些看似幼稚的问题，顾问可以促进领导者对组织某些问题的理解，促进组织发生变革。这里，幽默很有用，特别是在提意见和建议的时候。

有时，CEO 会认识到，为了避免与实际脱节，他需要定期听取外部意见。法国金融家、企业家、政治家贝奈德·塔皮把这当作一条领导原则。他在自传《赢》(Gagner) 中写道：

> 连最睿智、最精明的领导者身边也免不了一些唯唯诺诺、唯上级马首是瞻的人……这些人什么都不说，即使看见领导者把组织引入歧途，因为他们不敢说……伟大的领导者会运用意志力克服只想听好话的本性，打造一种敢讲真话、敢唱反调的文化。对我而言，坦诚相对和我所说的“创造性紧张”(creative tension) 是绝对必要的。因为这个原因，我建立了一个朋友圈，经常询问他们的意见，频繁程度不亚于向我自己的团队。朋友圈里的人形形色色，有记者、商人等，他们与我没有利益关系，不是我的员工，会劝我悬崖勒马——这是最重要的。如果你的身边没有一个劝你悬崖勒马的人，那么你就不是一个合格的老板。
>
> 为了选择合适的人跟在身边（那些也想“赢”的人），你必须了解你自己；要包容不同意见，要弄清自己的优缺点。(1986, pp.126—127)

某汽车制造兼零部件供应公司，明智的傻瓜这个角色是由生产和运营副总裁扮演的。这个人是从生产一线一步步成长起来的，非常熟悉组织的内部流程。他工作效率很高，因为务实而非常受人尊敬。一方面因为他自身的背景，另外一方面因为公司有着很强的市场导向，所以他升得很快。不过，他好像并没有因为升职过快而惴惴不安，因为他显然很喜欢自己现在的职位。因为他对其他任何高级经理人都没有威胁——他对争权夺利没有一点儿兴趣——所以很多人都愿意听听他的意见。公司有人力资源总监，但是他非正式地承担着人力资源总监的部分角色。

公司CEO退休、母公司指定了一个接班人后，那个副总裁的作用更重要了。原因很多。第一，新CEO是从一个非常不同的领域调过来的，对公司和行业不是很了解。第二，新CEO对下属非常粗暴，当事情没有完全按照他预计的那样发展，他就会立即叫停，把下属骂个狗血喷头。在一次高层会议上，大家吵得不可开交，会后，两个老将被免职，弄得公司上上下下一片恐慌，人人自危。因为他喜怒无常、阴晴不定的性格，所以大家都不愿和他争论，即使觉得他的决策会损害公司利益。

为了缓解大家的焦虑情绪，让大家把注意力重新放在公司战略上，生产与运营副总裁开始在高层会议上频频插科打诨。他用幽默的方式让CEO冷静下来，并且告诉CEO，他觉得怎样做对公司最好，而且大家都是这么想的，只是不敢说出来。

CEO很想把工作做好又不知道该怎样做，因此很焦虑，而生产与运营副总裁幽默但不出风头的风格确实能让CEO冷静下来。在生产与运营副总裁的影响下，高层会议发生了转变。用幽默的方式提出严肃的问题，大家就能用平和的心态讨论问题。其他经理人勇气渐增，最后终于敢自由发表意见。当CEO说了伤人感情的话，搞僵了局面时，生产与运营副总裁就会迅速出现做和事佬。

在另外一个组织，某外部顾问扮演着类似的角色。公司请他来梳理设计部的工作流程，他建议建立某种“臭鼬工厂”（skunk work）。在这个例子中，“臭鼬工厂”具体是指成员分散在各地的设计项目团队。结果证明，这一做法效率很高，而且带动了全公司员工的积极性。于是，公司继续请那个顾问帮忙设计并实施新的绩效评价体系。该公司的 CEO 是一个非常孤傲的人，很难接近，但是他很欣赏那个顾问的工作，开始把那个顾问引为知己。

CEO 认为高层会议效率太低，于是让那个顾问跟着他们开几次会，看看问题在哪里，提出改进建议，优化决策流程。那个顾问很快发现，讨论枯燥乏味、信息沟通不畅、创意遭到扼杀的原因在于大家都敬畏 CEO。于是，他决定，假装什么都不懂，提各种幼稚的问题，以帮助他们澄清议题，不时幽上一默以调节气氛。结果证明，他的这一做法非常有效，经理人确实能放松下来，发言更积极，讨论更激烈，好想法层出不穷。后来，公司邀请他定期参加高层会议。

傻瓜的价值

这些例子阐释了明智的傻瓜是如何发挥调解作用的。当明智的傻瓜成为掌权者的平衡物，就形成了一种“经理人角色阵”（Hodgson，Levinson 和 Zaleznik，1965），这是一个高度有效的防护装置，可以预防组织病。通过幽默，“傻瓜”和“帝王”深入互动，处理控制、竞争、被动和主动等人生根本问题。领导者需要傻瓜，傻瓜需要领导者，两者密不可分。

乔治·萧伯纳曾经说过：“每个君主都需要一个跟他唱反调的

人来让他保持清醒的头脑。”明智的傻瓜就是这样的人。他或她的作用很重要，有助于防止组织脱离正轨、脱离实际，更为重要的是，他或她能帮助领导者戒狂戒骄。

尾注

本章内容由以下文章集结而成：

●曼弗雷德，1990。“组织傻瓜：帮助领导者戒狂戒骄”，《人际关系》，43（8）：751—770。

●《领导者、傻瓜和骗子》，旧金山：乔西 – 巴斯出版社。

REFLECTIONS
ON CHARACTER AND LEADERSHIP

第 2 篇 领导力病理学

引言

有人建议我把第 2 篇的题目定为“当领导者变坏了”，这个题目很俗，但大致准确概括了本篇各章的主要内容。

几年前，我看过一部动画片，里面有个情节记忆犹新。两个小孩打架，被妈妈拉开后，一个指着另外一个告状：“她先骂我 CEO 的！”过去，在人们眼中，在企业做领导者，多光荣啊，因为领导者是为企业、为所有股东谋福利的。大多数领导力研究强调的都是领导力积极、变革的一面，搞得好像领导者思想境界都高、做事都符合道义似的。但是，现在就不同了。有些研究开始关注领导力阴暗的一面，就是那些滋生于权力的东西。这“达斯·维达”[①]的一面，因自我膨胀、特权主义而萌生，因自恋主义、自我欺骗、贪婪、多疑、权力滥用而壮大。领导力心理病理学认为，不良人格与大权独揽结合在一起（几乎必然）会给企业和社会带来灾难。

与经理人合作，你就会发现，他们的行为并非一直都是理性的。实际上，非理性行为在组织里普遍存在，而且，企业领导者比心理学家通常研究的那些被试要复杂得多。患有精神疾病的人实际上相对容易理解一些，因为他们的情况比较极端。高级经理人的精

① 美国大众文化里无可取代的反派角色。——译者注

神健康状态要微妙很多。他们不能太疯狂，不然成不了高级经理人，但是他们确实有异于常人的地方。当我试着理解高级经理人时，我经常发现，他们的行为模式与童年经历有关。需要说明的是，听我这么说，高级经理人往往并不高兴，他们认为，他们的一切行为都在他们的意识控制之下，在他们看来，说他们有潜意识几乎是在骂他们。但是，我们都有盲点，决策者人格非理性的一面会严重影响他的管理风格和他所在的组织。

我发现，很多经理人在试着弥补自恋创伤（narcissistic injury）——童年时期，太疏远、太矛盾或者太溺爱的父母对其自尊造成的伤害。有着自恋创伤的人，极度渴望别人的认可和肯定。为了对抗内心的无助感和无用感，他们总在寻找听众。而且我发现，一般而言，他们不知道他们的某些行为是为了弥补自恋创伤（很重要的一个原因是，他们不愿承认自己的行为也受潜意识的影响）。为了让经理人认识自己的弱点（经理人非常擅长隐藏弱点，不让自己和别人发现），我有时会让他们描述从童年开始直到现在，不时出现在他们脑海中的最关键的负面声音。他们都承认，连最成功的人都承认，有个声音总是挥之不去，那就是“你并没你自以为的那样好，你将一事无成，你是骗子”。那个声音也许来自挑剔的父母，也许来自小时候的自己（因为认识到自己不可能达到父母的期望），将影响一个人的行为模式和人际关系。

一旦某个带着自恋创伤的人获得权力，可笑的事情就会发生。因为这样的人往往有着无穷的魅力，追随者开始把自大妄想（grandiose fantasy）[①]投射到他的身上，一切突然变得荒诞不经。当

---

① 以自负、自感伟大或优越为内容的病态信念。常伴有其他幻想性妄想，可作为偏执狂、分裂症（常为偏执型）、躁狂症和脑器质性疾病（特别是麻痹性痴呆）的症状。某些人格障碍的病人有出现这种妄想的素质。——译者注

然，这也意味着追随者把自己置于易受伤害的位置，受制于领导者。

14 岁左右时，我通过亲身经历发现了这个道理。我和哥哥每个夏天都去参加荷兰的一个青少年营，和其他所有人一样，我们一般在那待上三周。但是 14 岁左右那一年，我和哥哥整个夏天都在青少年营度过。三周后，老营员走了，新营员来了，我和哥哥决定举办一个迎新仪式。我和哥哥在场地中央放了一个大浴缸，在浴缸里装满冰冻水。然后，我和哥哥对新营员说，青少年营有个传统，新来的都必须在浴缸里浸泡一下。我永远忘不了那一幕，60 个男孩（大部分人都比我们大）听话地排成一排，一个一个地爬进浴缸、泡一下、爬出来。营长恰好路过，于是对那些男孩说，新营员有 60 个，老营员只有我和哥哥两个。“恐怖统治”突然结束了，我和哥哥受到了应有的惩罚。但是，这件事情给我留下了深刻的印象，让我认识到，人们是多么服从心目中的权威。

事实上，有些权威人物连杀了人都能逍遥法外。我见过的某些公司，弥漫着恐怖氛围，所有人都惴惴不安，进了这种公司，就像进了集中营。曾经有个经理人告诉我：“每天走进办公室，稍微动下手指头，我就可以让 10000 人的生活痛苦不堪。”我想问问那个经理人：“你为什么要那样做呢？”

答案在于，纵观历史，各种各样的暴君都面临一个永久困境。不管从事什么职业，不管权力有多大，他们都要时刻提防被人暗算。多年以来，我一直想知道暴君是怎样养成的。卡利古拉（罗马暴君）或希特勒的人格结构是什么样的？他们的行为模式是如何形成的？什么让他们变得如此残忍？这个世界上的一些权威人士为什么会堕落变质，成为暴君？工作场合里的残忍领导者（与暴君相比，情况较轻，人数较多），内心世界是什么样的？为什么有些领导者似乎丧失了人性？他们为什么以及如何在企业里制造恐怖氛围？在本篇，我将着重讨论让领导者成为领导力囚徒的某些心理力量。这些心理力量也许会造成压力，引发焦虑和抑郁，进而导致不负责任、没有理性的行为，影响组织的文化和决策模式。

不管在什么背景下，暴政与权力都是密不可分的。托马斯·杰弗逊曾经写道："人一旦觊觎官职，其品行就开始堕落。"权力是细菌，一接触就染病；权力是麻醉剂，一用就上瘾。很多本来很理智的人，一旦拥有权力，就会突然出现病态行为。我们都有阴暗的一面，这一面只在某些情况下显现，从我和哥哥那次机会主义的、短命的"恐怖统治"中可见一斑。我怀疑，认识到自己有潜在的暴力倾向，我们大多数人都会大吃一惊。

幸运的是，我们很少有人有机会把暴力倾向发展到夏卡·祖鲁那个地步。多年以前（具体是哪一年，我已经记不清了），我在哈佛图书馆学习，偶然在《科学美国人》上看到一篇文章，讲述的是 19 世纪非洲一位臭名昭著的国王，夏卡·祖鲁，是如何把战争现代化的。这篇文章引起了我的兴趣。在南非，人们仍然敬畏夏卡·祖鲁。在我看来，夏卡·祖鲁是堕落领导者的原型。他的很多行为都让我想起萨达姆·侯赛因。事情一件接一件，在我意识到的时候，我已经写出了一本书的草稿，本书第 9 章就是从那本书里节选的。

在第 9 章，我将讨论独裁统治下领导者和追随者之间不同寻常的关系，以及这一关系的一个特点——周期性自我毁灭。我将着重讨论独裁统治的后果，比如，百姓受苦受难、社会道德败坏。我还将着重讨论独裁型领导者（despotic leader）用来巩固权力的各种手段，比如，进行思想改造、制造疏离感、寻找替罪羊，等等。夏卡的故事给了我们很多宝贵的启示，有助于我们理解现代领导力。最后，我就如何阻止独裁型领导者大权独揽提出了一些建议，并且展望了一下第 3 篇的内容。

第 7 章　领导力的囚徒

千军易得，一将难求。

——中国谚语

引言

在前面的章节中，我介绍了几种不同的经理人。我考察了“活火山”、“死鱼”，审视了组织中的骗子，包括真正的和神经质的。此外，我还讨论了明智的傻瓜，即一股帮助高级经理人戒狂戒骄、避免高级经理人脱离实际的力量。高级经理人如果丧失了现实检验能力，就可能给组织带来严重问题。走上领导岗位，行为就可能变得古怪。有句话不是说“上帝想毁掉谁，就会先赋予他权力让他疯狂”吗？亚伯拉罕·林肯有句话也很在理，他调侃说：“几乎所有人都能克服逆境，但是如果你想检验一个人的品德，就赋予他权力吧。”为了理解人们获得权力之后会怎样，我们必须走进领导者的内心世界。

在大多数情况下，领导者的内心世界对研究者而言还是一个谜，所以很难对他们的行为进行主题分析、确认出明显的模式。但是，因为领导力对整个社会都很重要，所以我们必须坚持不懈地想方设法弄清高级经理人的内心世界，这样做很有价值。尝试弄清哪些心理力量在起作用时，我们必须关注几个问题。例如，为什么一些人走上高位后就堕落变质？为什么看起来聪明、可爱、适应良好的经理人变成CEO后就突然出现古怪的行为？一个人成为高级经理人后，可能出现什么问题？这些问题都没有简单的答案。先看看一个例子吧，这个例子阐释了我所说的那种非理性行为。

案例研究：罗伯特·克拉克

罗伯特·克拉克在做Solan公司的总裁以前，一直很受欢迎。他的工作能力、助人精神、敬业态度和创造力给上司留下了深刻印象。最终，他当选为前CEO的接班人，事业发展至顶峰。

克拉克上任不久，就采取措施实现了公司以前一直未能实现的很多目标，受到很多赞誉。然而，渐渐地，在最初的热情消退之后，他的很多老同事都说，他的性格好像变了。他变得不好亲近了；以前颇受好评的广纳谏言和参与管理政策取消了。他变得越来越独裁、没耐心、不顾别人的感受。与他意见相左的下属都受到排挤甚至被他解雇。敢对他说真话的人越来越少，唯唯诺诺的人越来越多。

克拉克的转变对组织的影响很快显现出来。骨干经理人不干正事，一门心思讨他欢心、勾心斗角。没人关心业务，没人关心战略。士气降至历史最低水平，财务状况不断恶化。

克拉克怎么了？原来是几股心理力量——他自己的以及追随者的——在起作用，制造出许多问题。为什么会这样呢？原因有三个：

●高处不胜寒。做 CEO 和做一般高级经理人可不一样，没有同级，没有上级，只有下级，而下级敬畏他，因此 CEO 分外孤独。苦闷时没人交流，无助时没人支持，沮丧时没人安慰。正常的依赖需求得不到满足，容易变得焦虑。

●盲目崇拜。追随者都有意无意地期望领导者超级能干——几乎具有天赋神力。领导者很难拒绝来自追随者的这些积极“投射”，于是认为自己真的像追随者所想的那样永远正确、强大无比。出现这种情况，现实检验功能就可能中止。

●害怕失败。有些领导者对成功怀有内疚，又害怕成功不会长久，因此担心别人嫉妒，这也许会无意识地导致失败。有些领导者也许会自毁前程。他们也许变得太焦虑而不能做决策。有个词叫“乐极生悲”，套用一下——“胜极生败”，放在这里再合适不过了。

在某种程度上，每个人都有这些反应和感受。有些人一旦获得权力，行为就会变得病态，历史上这样的例子数不胜数。政治领袖，比如扫罗王、卡利古拉、希特勒；企业领导者，比如霍华德·休斯、霍林格国际的前董事长康拉德·布莱克和沃尔特·迪斯尼的前 CEO 迈克尔·艾斯纳。

我并不是说，所有企业领导者成为一把手后行为都会变得病态。有些人一有权力就变坏，有些人不会，两者之间的区别在于，后者能够创建坦诚沟通的企业文化，与现实保持接轨，轻而易举地应付这些心理力量。很多领导者非常擅长处理领导角色带来的压力；确实，有些以前相当不起眼的人走上领导岗位后变成了伟大的领导者。然而，有些领导者就是处理不了压力；心理退化力量太强大了。

领导者与追随者互动的心理机制是怎样的？要想回答这个问题，可以从临床视角看看心理防御过程、移情关系、原始群体过程、不良的焦虑和攻击性管理方式。

案例研究：腓特烈大帝

在芒斯特伯格（M ü nsterberg）的那晚，我做了一个奇怪的梦——我不知道为什么，但是我经常做这个梦。总之，我梦见父亲带着六个士兵在夜里闯入我的房间，命令士兵把我绑起来、带到马格德堡（Magdeburg）。“但是为什么呢？”我问住在拜罗伊特（Bayreuth）的姐姐。“因为你不够爱父亲。”这时我就醒了，浑身是汗，好像刚刚被人从河里打捞起来（Koser，1900，p.45）。

腓特烈大帝的故事为我们了解领导者的内心世界提供了丰富的材料。它让我们看到，领导者小时候经历过的一些事情、领导者经常做的一些梦，会怎样影响领导者后来的行为。它还让我们看到，恐惧、焦虑、对抗、内疚和嫉妒如何塑造领导者的人格结构和动机系统，认同对象的重要性以及认同对象如何影响领导者成年之后的行为。

腓特烈大帝，普鲁士国王，于1760年1月19日做了这个梦，当年他48岁。简单分析一下这个梦，可以看出塑造腓特烈人格和成年之后行为方式的关键内心冲突。

梦就像时间维度的望远镜，可以让人看到很久之前发生的事情（Freud，1900，1933），这里似乎就是如此。冰冻三尺非一日之寒，人格的形成是经年累月的，但是从一个人处理某些关键事件的方式往往可以看出这个人内心剧场的重要场景。上面描述的那个梦极有可能反映了腓特烈30年前的一段记忆，也许，在他还是小王子时，他的内心经历过某种蜕变。

腓特烈的这种蜕变也许发生在一次逃跑未遂事件之后。腓特烈曾经策划过一次行动，企图逃出普鲁士，逃出父亲的魔掌，但是没有成功。那次逃跑是长期积累的对父亲不满情绪的大爆发。腓特烈的父亲，按照自己的意愿塑造腓特烈，尽管出于好意，但是让腓特烈倍感压迫。腓特烈的父亲不管腓特烈的个人意愿，给腓特烈安排了很多课程，学得不好就狠狠惩罚。腓特烈的父亲想不惜一切代价把腓特烈训练成一个军人，让腓特烈爱上从军。腓特烈受母亲和一位姐姐的影响，对艺术感兴趣，而腓特烈的父亲认为，这个爱好脂粉气太浓，勒令他放弃。父亲严厉得不近人情，腓特烈深感不满，可是稍有反抗就遭到暴力镇压。受到身体和心灵的双重虐待，腓特烈出现了被害妄想，陷入重度抑郁状态。

在腓特烈的父亲看来，腓特烈的叛逃是针对他的一次阴谋。腓特烈的父亲天天与阴谋打交道，成了偏执狂，认为大臣、妻子、儿子一有机会就会暗算他、背叛他（Asprey，1986）。不出所料，腓特烈笨拙的逃跑计划落败了。一天晚上，腓特烈的父亲带着士兵拦下了腓特烈，把腓特烈捉了回去，关在柏林附近一座小城堡里。直到那时，年轻的腓特烈才开始明白父亲把他相当冲动、幼稚的举动看得多么严重。腓特烈彻底明白这一点，是在看过十分骇人、十分恐怖的一幕之后。在腓特烈的父亲的授意下，看押腓特烈的人安排腓特烈观看“共犯”（腓特烈很好的朋友）被砍头。关押造成的剥夺和观刑造成的震惊严重影响了腓特烈的精神状态，让腓特烈与父亲的关系发生了转折。

打那以后，腓特烈的行为发生了明显的变化（Lewy，1976）。叛逆不见了，取而代之的是对父亲的服从和部分认同。腓特烈说过“关押是一段宝贵的经历，对他成为国王很有好处”，可以看出是合理化防御机制在起作用。后来，父亲去世，腓特烈悲恸欲绝，这可以看成是另外一种防御机制在起作用，最有可能是“认同施暴者”（identification with aggressor）（Freud，1966，p.139）。

继承王位后不久，腓特烈就准备向世人证明自己——被父亲压迫这么多年后，他是多么渴望建立威信、争取荣耀。腓特烈刚做国王的时候做的那些事情，清楚地预示着他后来的领导风格和决策风格。

腓特烈掌权之后，把军队从一群不守规矩的士兵变成了一台运行良好的战争机器。他的行为非常清楚地表明，他能把私人生活里的冲突外化，在公共舞台上表演出来。当初父亲是怎么训练他的，他就怎么训练士兵。他运用装备标准化、任务专门化这两个手段实现了对军队的终极控制。腓特烈有个黄金法则：士兵对长官的畏惧应该超过对敌人的畏惧，并且利用这个法则来让士兵服从命令。与此同时，他骁勇善战、关心下属，这极大地鼓舞了士气。他的这种领导方式好像确实管用，从他成功入侵西里西亚、大大扩张普鲁士领土就可以看出来。腓特烈的战术对当时的战争学产生了很大的影响。

与运用铁血手腕治理军队形成鲜明对比的是，腓特烈也是一个开明的君主。他推行司法改革，建立新工业，鼓励教育创新。他与伏尔泰通信，他写诗、写散文，题材广泛，包括历史、政治、军事、后勤和哲学等等。他会吹长笛，写过进行曲和协奏曲。

我们也许永远也搞不清楚腓特烈在关押之后突然发生转变的心理动力具体是什么样的，但这不妨碍我们看到一个事实：腓特烈随后莫名其妙地能用颇具创造性的方式把治军和所谓的脂粉气很浓的兴趣结合起来。他化解了内心冲突，成为一位真正有效的领导者。在他的魅力型领导之下，普鲁士发生了巨大变化。他是一位伟大的国王、一位伟大的将军、一位富有想象力的政治家，当然对得起“魅力型”这个描述，最终在33岁的时候赢得“腓特烈大帝”的称号。要是腓特烈的父亲知道了腓特烈的这些变化，一定会大吃一惊。

外化内心冲突

有效领导的一个秘诀是，领导者自己关心的问题需要与社会关心的问题达成某种一致性。真正有效的领导者之所以那么坚定、那么强大，是因为他们能够指出社会的根本问题。埃里克·埃里克森

（1958，1969）以马丁·路德和圣雄甘地等著名人物为例阐释道，这样的领导者试图为所有人解决他们起初不能为自己解决的问题，内部的、私人的冲突转化成了外部的、公共的忧虑。

政治学家哈罗德·拉斯韦尔（1960）在其精华之作《精神病理学与政治学》中已经确认出公共危机与私人危机的联系。拉斯韦尔说，政治人的显著标志是把个人抱负寄托在公共事业之上，并且借“为公众谋福利”的冠冕理由实现个人抱负。这些人在公共舞台上表演内心冲突，这一外化过程的有效性取决于：

领导者是否能够利用并操纵给定文化的各种神话以及与这些神话有关的活动和价值观，把自己与给定文化的神圣象征联系在一起，进而把自己的要求合法化。（Willner 和 Willner，1965，p.77）

这样，集体象征成为自我象征的代理人（Lasswell，1960，p.186）。因此，部分领导现象似乎是神话制造过程，要理解领导者在神话中的角色，必须在过去、现在和未来之间创建连续性。

领导的一个方面似乎是“文化管理，部分是有意识的、凭理智的，部分可能是无意识的、凭直觉的”（Willner 和 Willner，1965，p.83）。演讲、典礼、仪式是用于文化管理的工具。在现代社会，大众媒体深深影响着领导有效性。我们可以看到，对领导者而言，一项关键的技能就是使用各种宣传手段和民意测验，竞选、造势、拉票使用的手法与拍摄影视剧使用的手法没有什么不同

寻找权威

除了哈罗德·拉斯韦尔以外，大部分政治家都不大关注领导者

与追随者之间的心理动力，不过，弗洛伊德晚期某些有关社会问题的作品可以帮助我们更好地理解这个话题。弗洛伊德（1921）说，领导者之所以有吸引力是因为，在象征、潜意识水平上，领导者代表着原始父亲的回归。心理动力似乎是，一方面，追随者在幻想中用潜意识版本的领导者理想自我代替自己的理想自我；另一方面，领导者促进追随者的现实自我与理想自我的调和。现实自我与理想自我的调和可以减轻紧张感、产生欣快感。追随者把自己的要求与禁忌卸下并安在领导者身上，就觉得自己与领导者是一个共同体。领导者变成了群体的良心。追随者不再为要求和禁忌烦恼，不再感到良心不安。群体理想自我形成了，开始为所有人服务——有了群体理想自我，个人责任感就退位。现在，不仅追随者认同领导者，而且追随者之间互相认同，因为有着共同的认同对象。弗洛伊德指出：

> 我们知道，普通大众强烈需要一个权威，崇拜他、向他鞠躬、受他统治甚至受他虐待……我们安在伟人身上的所有性格都是父性性格……决断力、意志力、行动力等等，都是用来描述父亲的……但是，最为重要的一点是，伟人的自主性、独立性和谪仙般的淡漠也许会变成残忍。你必须崇拜他，你必须信任他，你还会不由自主地敬畏他。（Freud，1939，pp.109—110）

弗洛伊德把领导者与追随者之间的互动比作男女坠入爱河或者催眠师让催眠对象陷入恍惚状态。这种认同出现后，追随者就会沉溺于简单而强烈的欣喜情绪，也许还会拜倒在领导者的魅力之下。尽管弗洛伊德没有明说，但是这一心理过程的核心是移情。领导者助长了移情反应。

移情

我们在本书第 2 章提到过移情现象，它可以看成一种“虚假连接”（false connection）（Breuer 和 Freud，1893—1895）。一个人不是根据现实情境对另外一个人作出反应，而是视其为自己过去生活里的重要他人（父亲、母亲、兄弟姐妹，等等）对其作出反应。这样，移情是对过去的关系进行调整（Greenson，1967；Langs，1976）。正如腓特烈大帝的案例表明的那样，在大多数情况下，过去的经历会影响我们现在的行为。所有有意义的关系都存在移情成分，所有人际交往都同时包含现实反应与移情反应。

作为权威人物，领导者是这些情绪反应的主要出口。领导者可以轻易激活追随者与过去重要他人之间未解决的冲突，未解决的冲突如果被激活，退化行为就可能出现：就像在童年时期认为父母或其他重要的人无所不知、无所不能一样，追随者认为领导者无所不知、无所不能。我们可以在概念上把移情划分为三种：理想化移情（idealizing transference）、镜像移情（mirror transference）和被害移情（persecutory transference）（Kets de Vries 和 Miller，1984a）。

理想化移情

所谓理想化移情，就是依靠强大的理想化对象获得满足。个体总想恢复不复存在的完美状态，这一“失乐园”信念自早期童年的某一天就开始了，在这天之前，个体错误地以为自己是绝对自给自足的，因此感到满意，在这天之后，个体认识到自己需要依赖别人，因此感到无助。为了对抗无助感，个体需要找到一个看似无所不能、完美无缺的人，与之融合（Kohut，1971；Kohut 和 Wolf，1978）。与自己崇拜的人建立关系，个体就会好受一些。把自己的观点和价值观投射到另外一个人身上并且认同这个人，是一种肯定自身存在、增强自尊的方式。

镜像移情

所谓镜像移情，就是通过别人对于自己的反应体验到被关注。除非亲身经历过，否则很难想象，成为别人过度崇拜的对象意味着什么，即使在确实值得别人崇拜的时候。太多崇拜会让领导者飘飘然，领导者最终也许会相信，自己真的像别人所想的那样完美、那样睿智、那样强大。让这一信念变得更为牢固的是，领导者确实经常能够把某些梦想变为现实。当然，镜像移情与理想化移情之间的区别只是概念上的。实际上，镜像移情与理想化移情是同时发生的。

没有哪个领导者可以永远承受得住追随者的理想化移情，因为再优秀的人也有马失前蹄的时候。我们可以想象，领导者兑现不了诺言时会出现什么情况。追随者是浮躁的、易变的。似乎没有折中办法。如果领导者满足不了追随者的依赖需求，更有甚者，如果领导者冷酷无情、只知利用追随者，那么追随者就会不满、愤怒，对领导者充满敌意，明里暗里与领导者作对。

被害移情

当追随者把愤怒发泄到领导者身上，或许领导者也会把愤怒发泄到追随者身上。压力重重之下，领导者也许开始觉得总是有人想害自己，于是想方设法揪出或真实或假想的谋逆之人，予以打击报复。正如前面说过的那样，偏执狂是帝王病。

这三种移情反应相互作用之下，经常会出现一种叫作“认同施暴者”的防御机制（Freud，1966；Kets de Vries，1980）。这一防御机制可以解释，为什么追随者在痛恨领导者暴行的情况下仍然被领导者吸引。说到底，一切都是追随者的错觉，追随者坚持这些错觉，是想克服自身的恐惧。在追随者看来，领导者是无所不能的；追随者认同领导者，就能把那种无所不能整合到自己身上。

隐藏在这一整合背后的是，追随者无意识地希望自己可以变得像施暴者一样强大。这样，追随者在幻想中把自己从无助的受害者变成强大的主宰者。这样，追随者也许变得像领导者那样不在乎别人的感受，欣赏领导者特有的权力象征。与此同时，追随者对领导者的感情在爱戴、依恋与恐惧之间交替。自然而然地，采取这种防御机制的追随者会内化领导者的观点，无条件地支持领导者，即使领导者力图实现的计划是不切实际的、宏大浮夸的，即使领导者力图粉碎的阴谋、打击的敌人是假想出来的。

个体的这些移情模式和防御机制是非常容易带入群体的。

群体退化

群体行为容易退化到非常严重的地步：非黑即白式思考变成主要的思考模式，迁怒变成司空见惯的现象，节制能力和反思能力丧失殆尽。弗洛伊德说：

> 群体特别容易轻信、受外界影响，群体没有批判能力，对群体而言，没有什么是不可能的。群体的思考，用的不是概念而是形象、不是推理而是联想（就像个体进行自由联想时，头脑中冒出一个又一个形象似的）。群体的感受，总是非常简单、非常夸张。所以，群体不知怀疑和不确定为何物。（Freud，1921，p.78）

不过，把群体退化潜力阐释得最清楚的是精神病学家兼精神分析师威尔弗雷德·拜昂（1961）的研究。他通过观察总结出群体的两个共同点：

●群体有“工作”（work）层面。这一层面以现实为基础、以目标为导向，行为模式是理性的、有意识的。这里，领导者的职责是，为群体成员提供完成任务所需的目标和价值观。

●群体还有“基本假定”（basic assumption）层面。这一层面处于更原始的水平，由潜意识的愿望、恐惧、防御、幻想、冲动和投射等构成，行为模式是非理性的、无意识的。基本假定层面的反应，像移情反应一样，是从焦虑应对方式衍生出来的。

群体的工作层面相当于个体的意识层面，群体的基本假定层面相当于个体的潜意识层面。拜昂把群体基本假定层面的反应分为三类：配对（pairing）、依赖（dependency）和斗争—逃跑（fight–flight）。非常有趣的是，前面描述的移情模式与基本假定层面的这些反应模式有很多相似性（Kets de Vries 和 Miller，1984b）。实际上，基本假定层面的反应也许是从移情反应衍生出来的。例如：

●配对与镜像移情对应。群体一直有个乌托邦式的理想：存在一个救世主，能把群体从怨恨、毁灭和绝望中解救出来。被群体选作救世主的人，承担着为群体谋幸福的任务。他们成为群体的变更自我（alter ego），承载着群体的无所不能感（Kohut 和 Wolf，1978），反映着群体的愿望。

●相比之下，依赖与理想化移情对应。加入群体后，个体体验到身份丧失感和非理性的破碎感，随后也许体验到无助感，然后也许希望得到领导者的滋养和保护，继而对领导者的能力产生不切实际的幻想。

- 最后，斗争—逃跑与被害移情对应。与被害移情一样，在斗争—逃跑反应中，群体幻想存在某个敌人，群体必须选择与敌人作斗争或者逃跑。但是，斗争—逃跑反应并非只针对外部敌人。如果群体认为群体内部某个人（也许是领导者）不够格或者不完美，群体也会出现斗争—逃跑反应。这样，当领导者满足不了追随者不切实际的要求或者过高的期望时，追随者就会生气。

基本假定层面的这三种反应模式可以相互转化（Klein，1977）。当领导者满足不了群体成员过高的期望，群体也许就会出现叛乱。我们不该忘记，追随者是浮躁易变的。结果，群体也许会退回到斗争—逃跑模式。最后，因为斗争—逃跑模式会引发焦虑，所以群体成员也许最后会转入配对模式，幻想出现一个救世主把群体从怨恨、毁灭和绝望中解救出来。

实际上，领导者身上出现某些古怪的非理性行为，很大程度上是由这些具有扭曲作用的反应模式造成的（Jaques，1955；Menzies，1960）。这些反应模式平时处于半沉睡状态，在危急时刻容易被唤醒，造成很大压力，让有些领导者很难承受。

案例研究：泰德·豪威尔

下面举例说明一下这些心理力量是如何影响领导者的。电子仪器公司Larix，CEO意外死亡，于是委托猎头公司物色一个接班人。猎头公司大力推荐泰德·豪威尔，同一行业某公司的高级经理人。Larix董事会看中了豪威尔的内行背景，选他做了 CEO。

豪威尔上任后不久，Larix 董事会发现他不擅长处理工作压力。入职第一周，豪威尔就做出很多轻率的决定。不过，除了这些以外，起初一切都进行得比预期要好。第一，公司的一个主要竞争对手破产，空出很大一块市场。另外，公司的一个员工提出一个很棒的营销方案，豪威尔立即采纳，结果非常成功。一些经理人感到不安，因为豪威尔的想法从来没有得到董事会的肯定，尽管如此，在以上两件事情的促进下，Larix 还是扭亏为盈了。

不幸的是，胜利让豪威尔昏了头，他不顾员工、顾问和银行家的反对，推出一个非常冒进的计划。他还有其他草率的举动，比如，仅仅为了追求更舒适的环境而把公司总部搬到另外一个地方，为公司购买了一架昂贵的飞机。这两个举动对公司财务造成很大压力。对他这些举动提出异议的经理人都被他解雇了；建议他改变方针的顾问也遭受了同样的命运。最后，公司只剩下愿意为他的冒进计划叫好、接受他火爆脾气的谄媚者。

不出所料，这些不切实际的计划和挥霍浪费的举动让公司陷入财政赤字。然而，豪威尔不愿承认这是他一手造成的。在董事大会上，面对质疑，他为自己辩护，觉得自己没有做错什么，把所有责任都推到前任身上或者被他开除的那些员工身上。在他看来，好转指日可待。然而，越来越多的董事会成员无法接受豪威尔的行为。最终，董事会成员因为接受不了不断亏损的局面和豪威尔的专横、偏执行为，设法把他除名了。

和罗伯特·克拉克一样，泰德·豪威尔是一个貌似适应良好、在以前的工作中表现都很出色的人。然而，做上CEO后，豪威尔的工作压力大大增加，开始出现非理性行为。突然间变得那么受人关注，豪威尔飘飘然了，现实感明显遭到扭曲，以为自己真的像别人认为的那样无所不能。当豪威尔交不了差、遭到董事会质疑时，就变得愤怒、偏执。

领导者的疏远和攻击行为

做领导者，意味着不可避免地要忍受孤独，而且是那种身边有很多人围着但仍然会体验到的孤独，这是权威的本质。为什么呢？一个主要原因是，领导者所做的决定不可能总是让所有人满意，他们有时必须伤害追随者。因此，为了在决策制定中保持中立立场，他们觉得最好与追随者保持距离。自然，这会增加领导者的神秘性。追随者会把自己的幻想投射到领导者身上。更严重的是，有些领导者还会制造出自己不需要任何人的假象。

但是，疏远是要付出代价的。领导者也许能暂时满足追随者的依赖需求，但是他们必须忽略自身的依赖需求，而依赖需求得不到满足时，就会产生挫败感（Kernberg，1978）。有些领导者很难处理这些挫败感。人类普遍都有依赖需求，希望与人建立情感连接，希望与人形成依恋关系（Harlow和Harlow，1965；Bowlby，1969）。依赖需求得不到满足，分离焦虑也许就被唤醒，形成一股强大的退化力量。除了领导者自身的这一退化力量之外，追随者还对领导者移情，影响领导者的内心世界。很多领导者没有足够的安全感，不知道谁能帮助自己处理这些心理力量。自大妄想、被害妄想、偏执行为就会抬头。结果，领导者也许采取前面提到过的更为原始的防御机制：分裂、寻找替罪羊。此外，处于领导职位，就更可能把这些挫败在公共舞台上表演出来。

在组织里如何管控领导者

考虑到领导者对组织的巨大影响，我们需要严肃对待影响领导力的退化力量。除了让领导者定期进行心理健康检查这一不切实际的想法或者为高级职位设置明确任期以外，还能做些什么来防止权力滥用呢？

建议一，从组织结构入手，设置多个关键职位以分散权力，也就是让各项大权分别掌握在不同人的手中。要想分散权力，就必须采用扁平的、灵活的组织结构，因为这样的结构允许横向沟通，鼓励不同级别的员工互相协商、交流想法，有助于抑制过度的移情反应。

实施这样的扁平结构必然导致以下结果：组织需要进行人力资源管理创新，以容忍多元化；组织需要创建一种不唯上只求实的文化，鼓励员工发表意见、挑战领导者；组织需要创建一种变革文化，定期进行内部审计。审计也可以让外面的顾问来做，因为一般而言，当局者迷、旁观者清。

建议二，实施高级经理人管理培训项目。高级经理人管理培训项目，包括像INSEAD与欧洲管理和技术学院（European School of Management and Technology）举办的那种群体辅导项目，现在越来越普遍（Kets de Vries、Korotov和Florent-Treacy，2007）。这样的项目让参与者有机会在一个相对没有威胁的环境中交流思想、互相提意见、讨论各种行动方针。这样做，可以增强现实检验功能。

建议三，监控组织里的权力和权限分布情况。实行这个措施，董事会要发挥关键作用。越来越多的组织要求董事会成员承担法律责任，甩手掌柜已经成为老黄历了。现在与以前任何时候相比，董事会能够更好地发挥防止权力滥用的作用。董事会在接班人的培养和发展方面有很大发言权，这对预防权力病很有好处。其他势力也能防止权力滥用，比如大型机构股东、政府、媒体、工会，甚至银行。

尽管组织可以采取以上预防措施，而且组织存在惰性，但是我们不该低估前面描述的那些退化力量的破坏力。领导者可以运用手中的权力轻而易举地挫败以上预防措施。此外，足够矛盾的是，尽管这些退化力量可能引起非理性行为甚至病态行为，一般情况下会让领导者堕落变质，但是，在特殊情况下，正是这些退化力量造就了领导的有效性。

领导者的罔顾现实、一意孤行、残忍暴行，有时也是非常有用的。在某些情况下，领导者的偏执行为，可以对下属或民众起到很好的恐吓作用，让他们不得不臣服于自己。

但是，这样的情况非常少见，而且，也许会出现不良后果（至少长远来看）。因此，一般而言，有必要采取足够的措施防止权力滥用。这里，领导者和追随者都要承担任务，双方都有责任监控自己的行为，努力克服阻抗、识别出自己独特的行为风格。不能这样做的人，极有可能成为领导力的囚徒。领导者永远也不该忘记，自己的首要任务是明确现实。最后引用丘吉尔的一句话（中国也有类似的古谚）：“差劲的领导者，骑虎难下啊！”

尾注

本章大部分内容以同名文章在杂志上发表过，请见：

● Kets de Vries，M.F.R.（1990）."Prisoners of leadership"，*Human Relations*，43（8）：751—770.

"领导力的囚徒"，《人际关系》。

1. 所有人名和组织名都是虚构的。

第 8 章　独裁主义精神：理解暴君的内心世界

人们总会找到某种带头人，把他供奉起来，培养成伟人……暴君就是这么来的；暴君最初都是以保护者的形象出现的。

——柏拉图，《理想国》

几乎任何拥有无限权力的人都会变成暴君。纵使最温文尔雅的人也有可能成为尼禄那样的暴君。

——托马斯·贝利，《笔记本里的叶子》

引言

纵观历史，十个政府里有九个多是专制政府，实际上，民主政府相当罕见。历史上的独裁者，远的有卡利古拉、尼禄、帖木儿、穿刺者弗拉德、夏卡·祖鲁和伊万四世，近的有阿道夫·希特勒、墨索里尼、伊迪·阿敏、尼古拉·齐奥塞斯库、萨达姆·侯赛因、奥马尔·穆阿迈尔·卡扎菲。这些领导者，尽管有的被奉为建国者，但是大都犯下过滔天罪行，特别是希特勒等人，他们身后留下了无数人的尸体。

恐怖统治通过运用不受道德和法律限制的专制权力来达到目的、让人臣服。权力容易让真正的独裁者凌驾于道德和法律之上、漠视人权和个人自由、随便剥夺别人的尊严和自尊。简而言之，独裁式领导者，就是一个人大权独揽（不受法律或其他制衡机制的限制），任意制订规则，制造恐怖氛围，迫使民众臣服，随意行使权力，而且在大多数情况下，违背公众的利益。独裁者妨碍公正，剥夺民众的平等权，阻挠民众追求卓越，压制民众的潜能。

我之所以在本章讨论这些内容，是为了让读者更好地理解独裁统治，帮助弄清恐怖统治为什么会继续存在。迄今为止，没有什么人探讨过恐怖统治。我希望，帮助人们了解恐怖统治的机制，多多少少有助于防止将来哪个国家被某个领导者独揽大权、出现极权主义统治。

澄清术语

大多数人在探讨这个主题时，区分对待“专政”、“独裁”、“暴政”、“威权主义”和“极权主义”。我恰恰相反，我是混着使用这些词语，因为要想区分这些词语的不同，必须另写一篇文章。不过，其他人有个做法值得肯定，他们根据思想控制力度的不同把非民主政府划分为很多形式，最轻的是非常传统、相对仁慈的威权主义（Authoritarianism）统治，最重的是像德国纳粹主义那样的极权主义（Totalitarianism）（Walter，1969；Reich，1990；Chirot，1994；Herschman 和 Lieb，1994；Glass，1995；Robins 和 Post，1997）。本章的大部分讨论是两者兼顾，但是特别关注最极端、最具侵犯性的极权主义。

1. 极权主义

前面提到的那些人，用“极权主义”这个词指思想控制力度最强的非民主政府。在极权主义统治之下，民众绝对服从政府，集体利益完全凌驾于个体利益之上。统治者利用入世思想或神权思想宣扬一套有利于其统治的绝对价值观，达到让民众臣服效忠的目的。极权主义统治力求入侵并控制民众的社会生活、经济生活、政治生活和家庭生活，剥夺民众的个人自由。因为这样的政府企图改变人的本质，所以他们实施思想控制和德育控制。换句话说，政府不仅压迫民众的行动，而且压迫民众的思想。

极权主义通过恐怖氛围来维持统治，这样，对政府控制的任何反对都被视作对统治的威胁。结果，这样的统治比其他统治更可能"自食其果"。为什么这么说呢？因为统治者怀疑谁有叛逆之心，就会迅速拿下他，判其流放、监禁或死刑，这样，支持者就会越来越少。这样的统治需要不断制造新"敌人"来维持凝聚力（Friedrich，1954；Arendt，1973）。

2. 威权主义

区分极权主义和威权主义的人认为，威权主义的侵犯性较轻。尽管也有压迫，但是没有思想控制。这样的统治，不宣扬未来乌托邦国家的好处，也不想改变人的本质。威权主义统治者的目标要世俗得多，仅仅是留住权力。威权主义统治者的特点是，积累财富、出卖革命、发展武装力量、时有偏执表现。威权主义统治者力求保住与权力相生相伴的财富和特权，为了实现这个目标，他们不惜采用任何压迫手段（Boesche，1996）。

尽管两种统治对政敌都极其残忍，但是在威权主义国家，政府的压迫主要针对那些被视作政敌的人。政府不愿（也没法）控制每个人方方面面的生活，所以对普通百姓日常生活的干预是有限的。威权主义的基础是贪婪而非意识形态，所以威权主义统治者并不宣称自己代表某种历史命运或者掌握着绝对真理，也不致力于改变社会生活方式、改变人的本质。

暴政的前奏

有人聚居的地方，就存在权力滥用的可能性。发源于大河流域（比如尼罗河、底格里斯河、幼发拉底河、长江、黄河和恒河）的早期文明，采取的都是中央集权统治。然而，粗略回顾一下历史，我们会发现，中央集权统治非常容易变质。例如，古埃及、古美索不达米亚、古中国、古印度和前哥伦布时期的中美和南美，居于统治机构中心的都是一位专制的、往往是独裁的统治者。然而，我们还可以看到，中央集权统治的崛起和不可避免的衰落。

独裁者往往是那种成功趁乱上位（比如利用战争或阶级斗争上位）的领导者。这里有一个很好的例子。德国，希特勒利用一战后的国耻和近乎内战的阶级斗争一步一步窃取国家权力。而民主传统或民主制度缺位或落后的社会，政体千疮百孔或司法制度失效的社会，遭遇严重经济危机的社会，似乎尤其容易出现暴政。这些社会状况，尤其是结合在一起时，会促使一个嗜权的领导者独揽大权。

刚刚脱离殖民主义统治而独立的国家尤其容易出现暴政，从20世纪出现了几个历史上最残忍、压迫最严重的政府就可以看出。这样的国家，制度是强加的，没有文化根基，因此特别容易出现独裁统治。非洲、亚洲和中东的历史上，这样的例子屡见不鲜。20世纪80年代以来，在伊拉克以及几个非洲国家，新独裁主义蓬勃发展，进一步说明了这一点。

以前的殖民国家或半殖民国家独立以后，人们一般对未来抱有极高的期望，然后，一旦认清美好希望与残酷现实之间的差距，就深感失望。巨大的贫富差距（既有国家内部的，也有国与国之间的）、猖獗的腐败现象（现在，媒体发达，腐败曝光率更高），让人们更加不满。

上述所有社会状况会在社会内部制造疏离（alienation），而疏离能为暴政铺路。当社会制度瓦解，没有什么可把握，人们就会寻找拯救他们于水火的救世主。这种情况下，人们其实也在寻找强大的领导者有望提供的“包容”（containment）。“包容”是精神分析大师唐纳德·温尼科特提出的一个概念，指能够缓解存在焦虑和疏离感的支持性环境（Winnicott，1975）。人们可以在一次又一次的群众运动中找到所有这些东西。群众运动，不管基于什么意识形态，一般能够促进团结，终结孤独和焦虑，带来希望。

暴君的动力

很多人都探讨过专制统治者，尤其是哲学家。例如，柏拉图，是有历史记载以来最早讨论暴政的人之一。他看到暴政就联想到不和谐和疾病，认为暴君就是被不断疯长的欲望控制住的人。根据他的说法，“昏、色、疯”是暴君不同于别人的地方。统治者变成暴君，“实际上，就是变成曾经偶尔出现在其梦中的形象，没有什么事物——不管多么恐怖——会让他顾忌，禁忌不会，杀人也不会。统治者若是被自己的欲望控制住了，就会变得无法无天”（Plato，1955，p.348）。换句话说，暴君白天做了我们大多数人只敢夜里在梦中做的事情。柏拉图总结说，把梦境表演出来，满足自己最阴暗的欲望，暴君就陷入欲望、满足、更多欲望交替出现的恶性循环。

暴政如何运行

作为独裁统治特色的恐怖行动和暴力行动分为两种：指向外部的（来自国外的敌人）和指向内部的（来自国内的敌人）。两种往往都会导致大屠杀和种族灭绝。

● 指向外部的恐怖行动是用于威胁甚至消灭来自国外的敌人。一般而言，独裁者把敌人看作需要用光明势力去摧毁的黑暗势力。独裁者用贬义词描述敌人，把敌人刻画成豺狼虎豹或者草芥蝼蚁。经过这种去人性化处理，独裁者的爪牙就更容易对敌人痛下杀手。毕竟，虐杀的不是人，而是一种叫作“敌人”的物种罢了。

● 指向内部的恐怖行动大肆渲染生活在独裁统治之下的恐惧与焦虑。独裁者从本国民众中划分出一部分人（或几部分人）作为内部敌人，运用各种各样的残酷手段打压他们，剥夺他们的自由，扼杀他们的思想，强迫他们服从。

很多暴君认为，自己有权使用恐怖手段和暴力手段（不管是针对内部敌人还是外部敌人）。对独裁者而言，行为规范是为别人制定的。独裁者陶醉在自己的幻想世界中，丝毫不关心别人的需要，觉得自己可以凌驾于一切之上。他们认为，上天赋予了他们生杀予夺之权，换句话说，他们有权为所欲为。这种特权感如果传播开来，就特别可怕：领导者本人的私欲、野心、妄念变成国家的意志（就像希特勒和本·拉登那样），这样，民众开始支持领导者所倡导的扭曲的、危险的意识形态（Kets de Vries，1989）。

独裁者只有把握好分寸，恐怖统治才会成功。一方面，太重的话，很快就会摧毁一切，没有什么可迫害了；另一方面，太轻的话，就得不到想要的那种顺从。暴君与迫害对象之间的关系平衡并不好维系：传统的社会机制需要调整，但是不能摧毁。

独裁统治如何得以为继

提个有趣的问题："为什么有些社会能度过最初的独裁期变成自由社会，而有些社会则永远处于独裁统治之下，独裁统治是如何演化的？"

马基雅维利把独裁统治视作建国过程的一个自然阶段，只有在建国者实现其首要目标之后，独裁统治才会结束（Machiavelli，1966）。然而，很多领导者对暴君角色上瘾，在政权巩固之后仍然不能减轻暴行、改变统治方式。马基雅维利认为改变是可以做到的，但是很多统治者做不到，而是紧握权力不放，直到局面最终失控。他们变成了魔法师的学徒。[①] 因为统治者贪恋权力，所以这样的国家永远成不了法治社会。

不过，很多政治学家都像马基雅维利一样认为，独裁统治不过是很多国家在通往民主的道路上经历的一个暂时阶段（Boesche，1996；Friedrich 和 Brezezinsky，1965），因此，民主理想家严厉地谴责非民主政体，是没有多少道理的。他们一再告诫，不管你喜不喜欢，过分单纯的西方政体并不适合尚处于发展初期的社会。在发展中国家，因为民众思想老旧，所以民主政体也许非常没有效率，根本比不上过渡期的暴政。民主不仅提供自由，而且要求自由，这些社会的民众还没准备好做自由人。

---

① 电影《魔法师的徒弟》，主角米老鼠米奇学艺时偷戴了魔法师的帽子，并施法术让一只扫把产生灵性代他提水。当水满为患不能阻止时米奇便用斧头劈碎了扫把，未想碎屑又演变出更多的扫把，不停地挑水，结果几乎将整个房间淹没，而惊慌失措的学徒怎么也控制不了局面，直到魔法师归来才化险为夷。——译者注

这些政治学家承认独裁统治有阴暗的一面，但是马上又指出，独裁统治也有很多优点。尽管独裁者压迫国民，但是他们也保护国民不受外人欺负，结束内乱、统一国家、引入法制、打击腐败。有些独裁者甚至大力发展公共事业，提供教育、住房、医疗、交通等服务，让国家繁荣昌盛起来（或者至少制造出繁荣昌盛的假象）。

这些人没有承认的是，专制统治有可能演变成全面的暴政。我要说的是，基于权力的统治尽管有积极的一面，但是其消极的一面几乎必然会起作用。随着时间的流逝，大多数有独裁倾向的领导者变得越来越狂妄、越来越自恋、越来越觉得自己有权为所欲为。

独裁者的工具箱

现在，我们来分析一下，除了显而易见的暴力手段外，暴君还有哪些其他手段来巩固权力、让民众臣服。在暴力之外，也许最厉害的武器是意识形态。

强大的意识形态

汉娜·阿伦特（Hannah Arendt）认为，极权主义独裁者的一个主要手段就是，引入有着一套绝对价值观的意识形态，即政治信仰，来替代传统信仰（Arendt，1969）。这样的意识形态往往宣称，它能为非常重要的社会难题和历史难题提供答案。社会学家罗伯特·J. 利夫硕（Robert Jay Lifton）说过：

极权主义意识形态背后是人类对万能之物——超自然力量、政治党派、哲学观念、伟大领袖或者精确科学——孜孜不倦的追求，祈求它会带来全人类的终极团结，消灭死亡恐惧和虚无恐惧

（Lifton，1961，p.436）。

这样的意识形态往往只能为人类境况提供一个值得称道的乌托邦式解决方案，不过，不同极权主义制度的意识形态有着不同的目标。例如，一战后的苏联力求建立一个没有阶级的社会进而造福所有人，希特勒领导下的德国企图建立一个基于雅利安种族优越性的千年帝国。讽刺的是，独裁者在宣传改进社会这一目标的过程中，往往会摧毁社会道德体系。一般而言，极权主义实体的领导者会建造庞大的官僚机器来制度化他们所谓的基于美德的世界观。

尽管外界经常把独裁者看作邪恶统治的煽动者，但是实际上，支持他们的意识形态往往在他们掌权之前就出现了。最初，一群落寞失意的知识分子或者神权政治家构想出一个乌托邦社会。接着，为了巩固有关完美社会的构想，这群人又建立起一门伪科学或者极端主义宗教。这门伪科学或者极端主义宗教承诺，为忠实信徒提供救赎，即带领他们进入希望之乡。为了获得进入希望之乡的资格，信徒必须克服“非信徒”设置的一系列障碍。这些非信徒，最好的待遇是被叫作“作恶者”，最坏的是“下等人”（Erikson，1963；Des Pres，1976）。信徒的使命就是想尽一切办法与作恶者、下等人作斗争。随着时间的流逝，信徒越来越多。然后，冒出一个党派（也许是早就存在的，也许是刚刚成立的），拥立那门伪科学或者极端主义宗教为党的意识形态。最后，党派里出现一位独裁者，把乌托邦构想变成暴政。

独裁者利用意识形态把民众聚到一起，让民众自以为是在为同一个神圣目标奋斗，制造出虚假的团结感，打击个体主义。因为个体化过程（成为一个独立自主的人）很早就开始，所以在极权主义社会，家庭被视作培养服从意识的重要场地。毕竟，小时候不知道自由为何物的人，长大后就不大可能因为缺乏自由而抗议。因为早期教化如此重要，所以很多极权主义政府还利用学前教育与中小学教育进一步培养民众的服从意识。有些极权主义统治甚至把孩子从其父母身边带走。例如，纳粹德国，曾在20世纪30年代至20世纪40年代做过实验，成立“少年队”，“希特勒青年团”，“德国少女联盟”等组织，集中训练孩子。这些组织就是用来给青少年洗脑的，给他们灌输纳粹的意识形态，甚至让他们检举揭发自己的父母。

基于意识形态的极权主义国家的领导者会想尽一切办法发展教民。他们想传播他们的教义，不过只面向“值得”感化的人。领导者坚信，接受了他们的意识形态，不管是入世思想还是神权思想，民众就会开化。他们像真正的宗教领袖一样不遗余力地传播教义、吸收信徒：意识形态是脆弱的，需要不断得到别人的肯定来坚定信念、制造团结感、巩固正义感。抵制感化的人，对意识形态是一种威胁，让被感化的人觉得不舒服。抵制感化的人，提醒着忠实信徒意识形态并不稳固，往往会激发愤怒和暴力。

不管是哪个党派采取了极权主义意识形态，一般都会假装自己很民主。例如，它一般会强制民众参与政治，特别是投票。但是，众所周知，在极权主义统治下，有投票权并非意味着有选择权，因为只能选一个党派，而且那个党派还圈定了候选人。极权主义统治通过政治压迫剥夺民众的选择权。执政党及其领导者限制民众批评政府的权利，限制在野党开展反对活动的权利，限制某些群体、协会和政党集会（甚至存在）的权利。民众的第一要务就是忠于党、忠于国家。执政党和民众之间所有原本合法的缓冲机制都要被废除，这意味着暴君需要颠覆现有制度，特别是司法制度，来实现绝对控制。传统组织，比如工会、其他党派和独立媒体，以及其他不管什么协会，都要被摧毁。执政党允许、鼓励甚至强制民众参加自己发起的政治运动、加入自己旗下的组织，禁止民众加入其他党派、参加其他党派的活动。

因为天授神权有很强的威慑力，所以极权主义统治常常把入世导向和精神导向结合在一起，垄断对入世思想和宗教思想的解释权。然后，极权主义国家的意识形态变成全体国民的宗教信仰，就像在希特勒统治之下的德国一样。

恐怖的特务机构

独裁者的另外一个手段是，利用国家军警力量在普通大众中间制造恐怖氛围，辅以建立收容所或集中营拘留、监禁、折磨乃至处死政敌。在真正的独裁统治下，秘密警察以法律的名义迫害民众，但自身行为不受法律约束，只对独裁者负责。独裁者利用一部分民众控制其他民众，这往往会变成恶性循环——实施清洗的一方某天成为遭受清洗的一方。

我们都听说过，希特勒的德国盖世太保和纳粹党卫军、日本法西斯的军部特务机关都是用来监控民众的。伊朗的情报安全部、内政部、革命卫队也用类似的手段巩固不得民心的神权统治；在萨达姆·侯赛因统治期间，其特种共和国卫队残忍地镇压民众。

严格的舆论管控

独裁者的另外一个有效工具是舆论管控。古代社会的独裁者使用的教化方式非常粗暴，而现代社会的极权主义领导者用尽各种现代宣传手段给民众洗脑。在今天的极权主义国家，从党内流出的信息要经过严格的审查，腐败和恶行要经过冠冕之词和“新闻语言”的粉饰。绝对禁止公然表达对政府的不满，坚决封杀国家领袖之外的任何道德权威或精神权威。鼓励死记硬背党的路线，甚至更糟——逮捕任何公然质疑党的路线的人。背语录、喊口号代替了开诚布公、各抒己见，因为党及其领导人企图用“连珠妙语”掩盖现实问题。

制造疏离感

独裁者用来保住权力的另外一个工具是制造疏离感。极权主义就是意味着打破个体与个体之间的横向连接（破坏原始的社区感），以加强个体与国家的纵向连接（促使个体效忠于国家）。个体与个体之间的横向连接被打破，就会制造出无助感、依赖感和孤独感。

独裁者非常了解人类的心理弱点，知道人们在觉得孤立无助时更容易被操纵。人类普遍存在焦虑感，这就是自人类诞生以来极权主义和威权主义就伴随着我们的原因。独裁者限制民众互相交流思想，民众就会渐渐丧失独立思考能力，变得越来越愚昧、越来越被动、越来越无助。在那种状态下，他们更易接受无所不能的领导者的影响（无所不能这个品质是国家宣传机器一手炮制并强化的）。

这样，暴君竭尽全力破坏传统的关系模式，禁止民众成立任何可能导致自由言论的协会。为了确保民众不为任何反政府活动提供协助，暴君建立强大的情报网络，依靠密警、特务、探子、线人监控民众，还鼓励民众互相检举揭发，威逼利诱民众出卖亲朋好友。

毁掉传统的关系模式后，暴君鼓励民众幻想他们作为领导者是英明的、高贵的、善良的、通情达理的，向民众提供证据证明他们在竭尽所能地创建完美社会。根据宣传机器的说法，在完美社会，每个人都受到公正的对待，每个人的要求都得到满足，每个人都从事有意义的工作，没有饥饿和贫穷。暴君令人信服地承诺，最终会有一个公正、仁慈的社会，孩子会在那个社会安全地长大。

寻找替罪羊

独裁者的另外一个强大工具是，为他们自己制造的不公和痛苦寻找替罪羊。典型的暴君，在“听说”一起残忍事件或不公事件时，也许宣称自己并不知道这回事，如果知道的话，一定会用另外一种方式处理。暴君还宣称，民众的苦难，实际上是某个关键的个人或群体造成的。但是集权主义国家的定义恰恰就是，不经领导者同意，什么都不能做。如果亲信或军警残忍无道，那是因为领导者让他们那样的。领导者挑选自己的亲信，培植自己的武装力量，发布命令，表示许可，奖励服从行为。亲信和军警听从领导者的命令，满足领导者的愿望，有时做得远远超出领导者的期望，以表忠心（特别是如果亲信“认同施暴者”）。

因为领导者是整个社会效仿的榜样，所以领导者不愿承担责任就会形成一种迁怒文化。领导者把责任推到亲信身上，亲信又把责任推到亲信的亲信身上，一级一级推脱下去，但是这个迁怒游戏总会在某处停下来，责任总是要有人承担。迁怒就是这么起作用的。前面描述过的“非信徒”（掌权者指定的作恶者、下等人）对社会的纯度和“信徒”的幸福造成了威胁。最典型的是纳粹德国的犹太人，他们成了替罪羊，希特勒把国家的一切问题都算到他们头上。

前面提到过，敌人——真正的或假想的——对暴政统治十分必要（Volcan，1988）。在宣传机器的帮助下，独裁者煽动民众对他们选为替罪羊的人的仇恨。这样做，独裁者往往成功地赋予追随者以归属感、目的感，转移追随者的注意力，让追随者忽略当前的现实问题。在一波又一波宣传攻势的不断教化下，民众变得愿意检举邻居、朋友和家人。

但是寻找替罪羊策略还有更丑陋的一面：它确实对民众有吸引力。寻找替罪羊策略的作用原理与参与暴行一样：有助于克服自身的恐惧。对很多人而言，参与暴行是一种处理自身焦虑和对统治怀疑感的方式，也是一种保障：人们希望，表达对统治者及其暴政的忠诚，就能挽救自己。连暴行的旁观者也会受到影响，为不去制止暴行感到内疚，因为共同的内疚感而聚在一起。

暴政的经济成本

历史无可辩驳地表明，长久的、伟大的统治都以精神自由和言论自由为基础。没有基本的道德准则和公民美德、人人平等得不到保证，就不可能有真正的精神自由和言论自由。自由严重受限，必然导致经济衰退。经济领域的自由，有利于培养主动精神和企业家精神，创造就业机会，消灭贫穷，进而支持其他领域的自由。与靠别人生存的人相比，有工作、能吃饱肚子的人更可能自由地表达观点。

极权主义政府有着庞大的官僚机构，不利于培养企业家精神。低效、腐败和不确定性，与缺乏自由和丧失人权结合在一起，会让国家丧失活力、社会道德败坏。让某些人享有特权（独裁统治就是这么做的），会破坏个人自由和公民权利，进而破坏文明本身。不为自己行为负责的政府，不可能为经济增长打下基础。随着极权主义国家日趋成熟，其统治会对经济发展造成越来越大的障碍。结果往往是失业、贫穷、饥饿，格斯图·海尔·马里亚姆统治下的埃塞俄比亚、约瑟夫·德西雷·蒙博托统治下的扎伊尔，伊迪·阿敏统治下的乌干达就是很好的例子。尽管独裁统治也许会带来短暂的经济繁荣，但是最后往往会出现严重的经济衰退。

独裁者还会毁掉文化和民族自豪感。对不公正和缺乏自由心生不满，民众就会丧失创作热情，思想渐渐匮乏，国家渐渐变成文化荒漠。在愤怒和绝望中，看谁都像敌人，看哪儿都觉有危险，民众就会从事极端的恐怖活动。不能撼动领导者的地位，民众就打击一切能够打击的东西，在这个过程中毁掉自己的国家。

一旦民众信奉某种不给同情、善良和希望一席之地的神权思想或入世思想，那么暴政的出现只是时间问题。一旦暴政出现，文明本身就已被定罪。独裁政府和极权主义政府扼杀文明社会。这样，民众有必要在发现统治者有独裁或极权主义迹象之时就与统治者作斗争。人们需要梦想子孙后代会过上更好的生活，并且把这一梦想整合到积极的目标（个体的和集体的）之中。工作没有意义甚至连工作都没有、与亲朋好友的关系疏远冷淡、对未来不抱希望，人们很快就会变得疏离。当极权主义毁掉这些基本的东西，疏离就会变得普遍，所有民众都会丧失仁慈心和同情心。

民主需求

如果说独裁是单行道，那么民主显然是双行道：在民主社会，民众有发言权。然而，这并非意味着民主是完美的：自由的生活并非总是很好过。毕竟，有选择就意味着有责任。此外，民主决策过程可能又繁又慢。民主领导者往往不愿狠下心来做出不得民心但又不得不做的决策，因为相较于国家利益，他们更关心能否连任。领导者也许尽做一些短期见成效的事情，而不是短期不见成效但长远对国家有利的事情。此外，民众政治中的妥协原则与联合原则并非总能导致很好的结果。例如，联合原则有时会造成最没吸引力的候选人赢得选举。温斯顿·丘吉尔有句名言：“民主并不好，但目前还没有找到一个比民主更好的政府形式!”

确实，民主好歹比其他政府形式强一些。仁慈专制只可能在理论上存在，独裁统治往往会导致屈从权威和漠视人权。相较之下，民主(尽管有缺陷)更可能维护人的尊严，保护个人自由，保证自由选择，让民众在民生大事上有发言权，允许民众为子孙后代创造更好的未来。人类对公正的渴望让民主成为可能，人类制造不公正的能力让民主成为必须。

民主要求社会制度具有稳固的制衡机制，以防范人类的破坏潜力。只有政治多元化、健全的法律制度、言论自由和经济自由，才能确保民主统治。但是，另外一方面，民众必须遵守文明规范并且拥护公民意识，才好支持民主社会结构。换句话说，民众必须内化公民文化，防止权力滥用。内化途径有：通过家庭教育和学校教育了解民主政府的基本知识，在日常生活中看民主政府是如何运行的，观摩公开选举，听德高望重的人支持人权(在政府限制人权的时候质问政府)。伊拉克的例子说明了，内化从未发生的话，会出现什么问题。

权力之险

既然任何人获得权力后都有可能表现出阴暗的一面，那么任何组织、社区或社会都不该由一个人独揽大权。经常有人告诫，人类的残忍倾向和暴力倾向会使握有权力的人变成坏蛋，例如，普劳图斯(古罗马剧作家)好像说过“Homo homini lupus”，意思是“人之于人无异于狼”，这句话现在仍然很有道理。不管领导者初登宝座之时是多么令人敬佩、多么开明、多么像柏拉图的哲学王，但是谁都逃不过心理退化力量。

也许检验一个人品质的最好方式就是给他权力。权力腐蚀性如此之强，又如此容易让人上瘾，只有最坚定的人才能抵抗权力，不出现病态行为。连那些手握权力的人也能感觉到权力的腐蚀效果和致瘾效果。普通人被权力腐蚀，结果就很糟，更不用说国家领导人了，他们是在世界舞台上表演的人，若是被权力腐蚀，结果可能就是灾难性的。领导者如果总是担心有人谋害自己，就会出现心理学家所说的“保护性反应”（protective reaction），也就是先发制人，宁可我负人、不可人负我。如果有证据表明确实有人对他们不利，例如，如果发现政敌里通外敌，那就是火上浇油，他们会变得更加偏执。即使在只有偏执还不足以引发战争的时候，为了让民众具有目的感和团结感，为了给自己的恶行寻找替罪羊，独裁者也会发动战争。

权力和理智不能和平共处，理智往往是落败者。权力过大，会导致耳目失明、妄想偏执、脱离现实。偏执狂很把自己的妄想当回事。很多政府，冤死的假想敌远远超过消灭的真敌人；很多统治者，从阿兹特克首领到现代独裁者，更像刽子手而不是外交家。有了权力而忘形的领导者，最终会毁掉自己，而且，在毁掉自己之前，会牺牲掉无数人为自己的野心铺路。

很多独裁统治的历史，就是一个个警世故事，提醒着我们，每个文化都需要强大的制衡机制来防止权力滥用。没有制衡机制，任何统治，不管当初多么良性，最后都会让位给独裁统治。权力的行使需要监督，执政党需要在野党的竞争和制约。

为什么必须与独裁主义作斗争

独裁者之所以如此危险，不是因为他们有暴力倾向，而是因为他们放任起暴力倾向来非常容易。与民主领导者相比，独裁者发动起战争来要容易得多（在战争中可以实施不管什么暴行）。独裁者不需征求各种执行机构和立法机构的许可，不必说服民众，最多只需找一个冠冕堂皇的理由，象征性地征求一下某个机构的批准。独裁者独揽大权，很多事都能随心所欲。

不消说，战争的代价很大，军队伤亡、百姓困苦、经济崩溃。这些都是可见成本，而可见成本只是战争成本的冰山一角。战争还有隐性成本，战争带来的伤害，例如，自尊和民族自豪感的丧失，公民文化和创造精神的消失，要耗费几代人的努力才能弥补回来。战争造成的悲惨后果深刻地说明了，人类必须让世界脱离独裁统治，即使必须通过战争达到这一目的。有些政府是如此腐败、如此昏庸，必须加以约束，不管采用什么手段。

有时，统治的终结是源于内部的腐败。统治伊始繁荣昌盛的理想主义，随着理想失去意义，渐渐变成愤世嫉俗。那些曾经为了理想而奋斗的忠实信徒，现在只是为了忠诚带来的好处而钻营。当腐败袭来，任何统治都会失去控制力的两个最大源泉：道德权威和政治合法性。

案例研究：尼古拉·齐奥塞斯库

这里有一个很好的例子，可以用来阐释内部腐败是如何导致统治崩溃的，那就是统治了罗马尼亚几十年的尼古拉·齐奥塞斯库。他的秘密警察，塞库利塔德（Securitate），严格控制舆论，镇压任何来自内部的反对。他鼓励个人崇拜，任命自己的妻子和其他家人担任政府高官。他掌权初期对人民许下很多美好的诺言，但是随后推行的经济计划给人民带来了极大的痛苦。随着时间的过去，他的统治越来越腐败，他对人民的压迫越来越严重。经过数年的垂死挣扎，他的统治终于坍塌了。坍塌的催化剂是，他命令警卫队向反政府游行示威者开火。1989 年 12 月，人民起义，军队叛变，他被逮捕、审讯、判刑（仓促成立的军事法庭）、处死。他的妻子和其他关键人物也被处死。

恶无恶报

尼古拉·齐奥塞斯库最后被处死，是罕见的例外。实际上，没有几个独裁者因为自己的恶行受到制裁。历史的可悲之处在于，谋杀一人的人容易被绳之以法，但是屠杀数百万人的人却很难得到惩治。犯了反人类罪的独裁者，没有几个不得善终。例子很多，仅列举一二：

●阿根廷，自 20 世纪 70 年代末开始到 20 世纪 80 年代初结束的“肮脏战争”（Dirty War），造成近 1 万人死亡。战争结束后，战争发起人大都活得好好的。

●叙利亚，最近的独裁者哈菲兹·阿萨德（Hafez al-Assad），在哈马城发生暴动后，下令屠杀了至少 1 万人，也没受到惩罚。

●很少有人记得，1915 年，奥斯曼帝国大肆屠杀亚美尼亚人，造成 100 多万人死亡，事后没有一个人因此受到惩罚，实际上，土耳其人从未承认发生过此事。

司法补救

不过，这一状况正在改变。1946 年，国际军事法庭在纽伦堡成立，专门审判战争罪和反人类罪，处死了若干前纳粹领导人，自此以后，世界越来越关注独裁者。纽伦堡法庭和随后的东京法庭（审判了二战期间大日本帝国的战争犯），制定出追究犯罪国家领导者责任的专门审判程序。不幸的是，纽伦堡法庭和东京法庭都是临时性的，二战结束后并没建立专门审理反人类罪的永久性国际法庭。

实际上，之后的几十年，国际社会对战争犯的审判再次大大松懈了（最有可能是因为冷战），强权政治冻结了所有有意义的决策制定。就在这个时期内，因为这一松懈，波尔布特在柬埔寨犯下造成 200 多万人死亡的罪行（1976—1979），至今仍未受到惩处。

不过，自柏林墙倒塌、冷战结束后，联合国变得积极起来，采取了很多行动反对独裁者。联合国的一个主要目标就是保障全世界都尊重人权和基本的个人自由，不过联合国往往不愿干预（立即制止而不是事后追究）战争和其他反人类罪行。很多政治家和军事家认为，如果联合国在全世界的热点地区采取了预防行动，那么很多暴力事件也许就不会发生，几百万人也许就不会丧命，很多国家也许就可避免政治崩溃或经济崩溃的命运。面对前南斯拉夫的悲剧（1992—1995 年的波黑战争）和卢旺达的惨剧（1994 年胡图族屠杀图西族），联合国安理会深感遗憾，终于采取行动，建立了两个专门的临时法庭。

第一国际刑事法庭（The International Criminal Tribunal），1991 年成立于海牙，成立之后的第一件事就是审判南斯拉夫各种反人类罪行的发起者，判定若干关键人物有罪，其中最关键的是斯洛博丹·米洛舍维奇。随后，第二国际刑事法院在阿鲁沙成立，审判卢旺达种族大屠杀的主犯。卢旺达前总理让·坎班达被判终身监禁（联合国法庭最严厉的处罚），他在执政期间（尽管很短），煽动并支持胡图人大肆屠杀图西人，造成大约 800000 图西人死亡。尽管这些结果鼓舞人心，但是要做的事情还有很多。国际法庭需要克服严重的政治、操作、语言和财政方面的困难，而且刻不容缓。

尽管困难重重，但是这些审判向世界各地的独裁者发出了警告：世界在改变，你们不要再妄想逃脱惩罚了。另外一个可喜的现象是，很多国家法院开始愿意审判独裁者了。例如，智利法院，审理了智利前总统奥古斯托·皮诺切特的人权暴行——他在执政期间，悄悄干掉了很多政敌。类似地，2006 年，伊拉克法院判处萨达姆·侯赛因死刑。这一切都表明，再也没人能凌驾于法律之上了。

大众媒体也发挥了巨大的作用——唤醒世人的良知。现在这个时代，暴行更难隐藏了。独裁者的亲信今天做了一件事，明天 CNN 或 BBC 就会报道给千家万户。这促使世界很多关键决策者认识到（民众给他们施加了很大压力），如果对民众的苦难坐视不管，就会付出惨重代价。这些关键决策者还认识到，用收益成本分析术语来说，与事后救助措施相比，预防行动更划算。

2001 年 9 月 11 日，纽约世贸大厦遭恐怖袭击，这场灾难给世人敲响了又一记警钟。通过让大家明白恐怖行动并不尊重国界，“9·11”袭击成功降低了孤立主义者在美国的地位。尽管我们早就知道，独裁者会毫不犹豫地让整个国家陷入疏离状态，并且在这一过程中摧毁文明、公民文化，但是现在我们还知道，那些被疏离的人，不能在本国找到公平竞争舞台，就容易去国外寻找替罪羊。现在我们明白，如果想阻止下一个“9·11”，我们必须从根本上解决问题：不惜一切代价阻止任何一国的民众被疏离、被残暴化。塔利班、基地组织和伊拉克统治精英的活动表明，有时，摆脱独裁者和极权主义的唯一方式是依靠外界的干预。

国际刑事法院

2002 年，根据联合国 1998 年外交全权代表会议通过的《罗马规约》，独立的国际刑事法院（The International Criminal Court，简称 ICC）成立。这是一个永久性国际司法机构，主要功能是对犯有灭绝种族罪、危害人类罪、战争罪、侵略罪的个人进行起诉和审判。

不幸的是，美国不愿认可《罗马规约》，担心美国的服役士兵和军官会因为基于政治目的的案件被带上 ICC。然而，法学专家认为，这种担心是不必要的，因为根据《罗马规约》的规定，ICC 只接受国家法院明确不能或不愿审理的案子，而且，《罗马规约》包括很多保护性条款，以防止琐碎的或不必要的审判。

与以前的临时法庭相比，ICC 的管辖权要宽得多，是对现有国家司法体系的补充，但是只在国家法院不能或不愿调查或审判 ICC 管辖范围内的犯罪时才介入。ICC 还有一项任务，保护弱势群体的司法权力，比如妇女和小孩。国际刑事法院的成立，不是只有象征意义，而是向全球普遍刑法公正迈出了急需的一步。

ICC 的目的是，让国际行为准则更具体，为实施这些准则提供重要机制，确保违反准则的行为受到惩罚。因为 ICC 在早期阶段就能介入调查、开始审判，所以它还有望缩短暴行时间、加快冲突解决。此外，ICC 还有望给世界各国的司法制度带来积极影响，因为加入《罗马规约》的国家，一般会改进自己的司法制度，确保在本国审理 ICC 管辖范围内的犯罪。国际社会希望，ICC 将确保未来的希特勒、皮诺切特、蒙吉斯图斯（Mengistus）、萨达姆、萨文比（Savimbis）和蒙博托终会面临算总账的一天。说到这，我想提一件有趣的事情。2008 年，苏丹总统奥马尔·哈桑·艾哈迈德－巴希尔（Omar Hassan Al-Bashir）因为下令血洗苏丹达尔富尔地区，被国际社会以种族大屠杀罪名送上 ICC。他应该听听圣雄甘地的话："我反对暴力，因为即使暴力被用来做善事，善事也是暂时的，而暴力犯下的罪孽却是永久的。"

尾注

本章大部分内容以同名文章在杂志上发表过，请见：

- Kets de Vries，M.F.R.（2004）."The spirit of despotism : Understanding the tyrant within"，*INSEAD Working Paper Series*，2004/17/Ent.

"独裁主义精神：理解暴君的内心世界"，《欧洲工商管理学院工作论文系列》。

第9章　恐怖统治：寻找阁楼里的夏卡·祖鲁

最好的政治武器是制造恐怖气氛。残忍博得尊重。人民也许恨我们，这不要紧，我们不需要他们爱我们，只需要他们怕我们。

——海因里希·希姆莱

引言

在本章，我将试着走入独裁者的内心，以更好地理解独裁者的行为、探索独裁者与追随者之间的共谋关系。人们为什么以及如何变得习惯暴力并且支持独裁者的做法？我将研究具有偏执狂、服从权威、认同施暴者、对敌人去人性化等特点的文化，考察群体退化心理学。独裁者对暴政统治制造的恐怖氛围有什么样的主观体验？

在短短的12年里，南非勇士之王夏卡·祖鲁，有时被称作“黑人拿破仑”（Black Napoleon）或者“非洲匈奴王”（African Attila），征服的领地比现在的西欧还大。他是史上所有暴君的代表，他的一生能让我们更好地理解独裁主义不受时间影响的动机结构和行为表现。

一位大独裁者的生平

夏卡 1787 年出生于现在的夸祖鲁－纳塔尔所在的地区。他的父亲，辛赞格科纳，是小祖鲁部的首领；他的母亲，纳迪，是相邻的俄朗格尼（eLangeni）部的首领之女。有关夏卡父母相识相恋生下夏卡的故事（口述的和书面的）有很多不同版本。一个版本说，辛赞格科纳看见纳迪在河中洗澡，两人立即相互吸引并发生了“ukusoma”（一种性游戏，不插入，社会允许未婚青年使用这种方式释放性冲动），但是两人没有掌握好分寸，纳迪怀孕了，两人的家族因此蒙羞（Isaacs，1836；Fynn，1950；Stuart，1976，1979，1982，1986，2001）。

另外一个版本说，祖鲁长老听说纳迪怀孕了，但是坚持说纳迪没有怀孕，而是感染了会让妇女月经停止、肚子变大的肠道寄生虫“ishaka”。祖鲁长老之所以不接受纳迪及其肚子里的孩子是因为，他们认为自己的首领与俄朗格尼女人有了孩子是一种耻辱。纳迪对自己所受的侮辱怀恨在心，生下儿子后，就以那种肠道寄生虫的名字给儿子命名。

辛赞格科纳和纳迪有了孩子，不仅违反了未婚生子的禁忌，而且违反了另外一条社会规范——祖鲁族和俄朗格尼族都严格禁止本族男女与对方男女通婚、发生性关系。两族人都很重视这一社会规范，因此觉得夏卡的出生让自己蒙羞。未婚生子和异族通婚带来的耻辱也延续到夏卡身上。

辛赞格科纳对纳迪的热情最终退却，抛弃了纳迪和夏卡。纳迪带着夏卡回到俄朗格尼，族人勉强接受了母子二人。俄朗格尼族尽管接受了纳迪母子，但是看不起他们，经常羞辱他们。孩子们受大人的影响，学会了欺负夏卡，骂他是“没爹的私生子”。夏卡讨厌与母亲的族人住在一起。

1802 年，俄朗格尼族遇到一场多年不遇的干旱，生存受到威胁。他们没有多余的食物给不受欢迎的成员，于是赶走了纳迪和夏卡。没有钱，没有丈夫和族人的庇护，纳迪带着夏卡在外流浪，艰难度日。这次被逐经历对夏卡产生了深刻的影响，他开始变得一心想报复，发誓绝不忘记他们是怎么对他的。

夏卡 20 岁出头时，成为附近姆特瓦部（Mtetwa）首领丁吉斯瓦约（Dingiswayo）麾下的勇士。丁吉斯瓦约很快发现夏卡杰出的作战能力，决定把他培养成未来的祖鲁首领。丁吉斯瓦约如果通过夏卡成功地控制住祖鲁，就能更好地与最大的对手、南部非洲的兹威德（King Zwide）抗衡。夏卡没有辜负丁吉斯瓦约的期望，屡建战功，迅速成为姆特瓦军的司令。

辛赞格科纳死后，夏卡（在丁吉斯瓦约军队的支持下）控制了小祖鲁族。成了首领后，他立即为自己童年时期所受的屈辱和折磨展开报复，处死了很多祖鲁人和俄朗格尼人。然后他决定把手下一小群士兵变成战争机器。他严格训练士兵，希望士兵和他一样骁勇善战，士兵稍微显露怕死迹象，就会受到严惩。他命令军队禁欲，只有经过他的允许，士兵才能以年龄为单位集体结婚，并将他自己的斗争精神灌输给他的士兵。

夏卡在丁吉斯瓦约的基础上进行了社会改革。丁吉斯瓦约规定，男子在行过成人礼之后就要聚在一起过集体生活。夏卡继续把成年男子按年龄编成一个一个的团，让团处于自己的直接控制之下，规定男子行过成人礼之后就要离家入团。一旦入团，每个人都要在战场上建立军功来证明自己的男子气概。夏卡要求年轻男子用血“清洗长矛”（wash their spear）。经过这样的社会改革，祖鲁王国成了军事化国家，祖鲁军变得比斯巴达军（一支所向披靡的军队）还斯巴达。

夏卡还进行了军事改革。他改进了兵器，把长矛从投掷型改成了刺击型，这样士兵就能把武器留在手中，在盾牌的掩护下持续向敌人发动进攻。他还改进了几个复杂的阵形，改造之后的阵形更能迷惑敌人。

后来，夏卡在丁吉斯瓦约被老对头兹威德杀死之际，接管了姆特瓦。1819 年，经过数场激战，夏卡最终打败了兹威德并占领了他的领地。他征服了一个又一个部落，把它们纳入祖鲁王国，让它们的首领俯首称臣，把它们的军队编入自己的军队，继续征服其他部落，拓宽祖鲁领土。负隅顽抗的部落都被灭了。祖鲁不要俘虏：老的杀死，年轻的入团。为了加强统治，夏卡建了很多军事据点作为管理中心。

夏卡的绝对权力只受到一个威胁，是在统治初期，来自那些所谓的占卜师（知天机通阴阳的人）。不能直接反对夏卡，很多占诬师就诬蔑他的亲信大臣或将领犯了“巫师罪”（witchcraft），这一罪名是要处以刺刑的。面对占卜师的发难，夏卡没有掉以轻心，而是谨慎采取行动，证明他们是骗子，取消他们的权力。人们把夏卡的这些事迹编成故事，一代一代口述流传下去。

一天晚上，夏卡在王宫（royal kraal）[①] 外墙和周围地面洒上公牛血，第二天早上，臣民看到那些血迹之后非常惊骇，因为那样做是亵渎神灵的。夏卡然后举行了一个大型“调查”（smelling out）仪式来寻找肇事者。他请了 150 多个占卜师，让他们算算谁是肇事者。占卜师遵从命令，一共指出 300 多个人犯了“巫师罪”。有三个占卜师猜出是夏卡自己干的，但是他们很狡猾，说是“上天做

---

① Kraal，南非洲土人的小村庄，四周有栅栏；royal kraal 可以看成简陋的王宫。——译者注

的”（Stuart，2001，p.45）。那三个占卜师是仅有的活下来的，其他占卜师后来都被自己冤枉的人慢慢折磨死了。

战无不胜的神话、无与伦比的财富、不容置疑的权力、超越常人的体力开始让夏卡付出代价，他越来越飞扬跋扈、狂妄自大、喜怒无常。他经常为一点小事大发雷霆，任何惹他生气的人，不管出于什么原因，都会被他处死，一般是用刺刑。

随着时间的推移，随着权力越来越大，夏卡变得越来越孤立、孤独，偏执症越来越严重，现实检验能力严重受损。母亲死后，他下令处死那些看起来不够悲痛的人，他还发布了一系列古怪的法令，包括强制臣民禁欲一年。怀孕的妇女若是被发现，就会和丈夫一起被处死，怀孕的母牛也会被处死。这些古怪的行为表明，他也许患上了严重的精神病。

统治末期，夏卡的残暴发展到极端。他让军队不断从一个战场赶赴另外一个战场，他对敌人越来越残忍。1828 年，他被同父异母的两个弟弟和一个大臣密谋杀害，享年 41 岁。他没有孩子。他从未结婚，后宫的女人如果怀孕就会被杀死。因为他没有子嗣，所以他的一个同父异母的弟弟继承了王位。

夏卡凭借强大的军事才能和领导才能，把一个只有 100 平方英里领地的部落变成了一个有着 100 多万平方英里领地的国家。他用十年的时间成功打造出一个泱泱大国，塑造出强烈的民族认同感，直到今天，这一民族认同感依然存在。他作为祖鲁王国建国者被载入史册。然而，据估计，他或直接或间接地杀死了 200 多万人。当白人殖民者到达祖鲁纳塔尔，他们发现荒凉的土地上到处都是皑皑白骨。

解析独裁者的内心剧场

当独裁型领导者掌管了一个国家，他内心的魔鬼就会繁衍开来。独裁者的欲望、理想和仇恨，会成为臣民的恐惧和愿望。

有人说，从行为学角度来看，物种的生存需要攻击性（Lorenz，1966；Tinbergen，1968）。人类天生具有一定的攻击性，而且一定的攻击性对于人类的生存而言是必要的，但是有一种攻击性，即“恶意”（malignant）攻击性，不是生来就有的，而是后天形成的（Fromm，1973）。恶意攻击的显著特点是，待人粗暴，通过恐吓、羞辱别人来满足自恋需求。有些领导者彻底内化了恶意攻击模式，不仅让自己的行为而且让追随者的行为表现出恶意攻击性。夏卡就代表了这样的领导者。

恶意反社会行为

我们都见过一些有反社会行为表现的人。他们很难相处，不会和人打交道，但是这种性格还不至于妨碍到他们的工作。幸运的是，我们很少有人见过，或者说，我们很多人从未见过，最极端的反社会者，即恶意反社会人格障碍（malevolent antisocial personality disorder）患者。

恶意反社会者，自恋、偏执、攻击性极强、有施虐狂表现，是具有反社会倾向的人当中最不受欢迎的一种；他们争强好胜，喜欢报复，经常表现出极端冷酷残忍的行为（美国精神病协会，2000；Millon，1996）。他们喜欢处于主宰地位，而且，因为他们基本不在乎别人的感受，所以他们会用非常残忍的手段获得主宰权。他们以折磨别人为乐，不过，他们害怕受制于人，并且竭尽全力防止发生这种事情。他们多疑，如果觉得有人要害自己，就先发制人，宁愿我负人，不叫人负我。他们睚眦必报，受到任何欺负，日后一定加倍奉还。

就像夏卡一样，恶意反社会者小时候受人虐待，长大后虐待别人，以补偿童年时期遭受的不公和剥夺。他们认为自己过去受到了伤害，于是变得强大之后觉得有权伤害别人。我们可以这么认为：他们之所以反社会，是为了克服深层恐惧、弥补自恋创伤、重建丧失已久的万能感。自相矛盾的是，恶意反社会者觉得自己有权为所欲为，同时又为别人制订严格的行为规范，并且不允许别人有丝毫违反。

恶意反社会者，一般智商正常、情商低下，不知道哪些行为是社会接受的，哪些行为是社会不接受的。因为他们没有道德感，所以做上领导者后容易变成暴君。

恶意反社会者的另外一个定义性特征是，缺乏同理能力（Millon，1996）。因为他们不能感受别人的痛苦（最多只会偶尔暂时地同情虐待对象），所以会随意虐待别人。恶意反社会者有很强的施虐倾向，烧杀掳掠时良心没有丝毫的不安，反而觉得自己有权这么做。

复仇快感

恶意反社会者的一个核心信念是，应该只考虑自己、不顾及别人。曾经做过受害者，于是他们想确保永远不再受制于人。最好的确保方法就是，自己做施虐者，所以他们偏爱的工作模式是毫无节制而且恐怖吓人的攻击。现在，作为成年人，只有在不用依赖别人的时候，或者，只有在控制住那些有可能伤害或羞辱自己的人的时候，他们才觉得安全。他们有权了，能够实现童年时期的幻想了，于是通过羞辱和主宰别人来获得复仇快感。当事情不合己意，他们就大发雷霆、大开杀戒。

大多数人都有同情心、道德感，但是恶意反社会者没有，他们只体验得到肤浅的情绪（尽管他们偶尔表现出同理的一面），他们从不与人交心。他们唯一的情绪力量就是敌意。

恶意反社会者，有时真不知该说他是敢作敢为还是无法无天。他们视礼法如粪土，经常任性妄为。有时，他们不守规矩的做法确实可以看成标新立异、不墨守成规，但是更经常的是，他们不守规矩的做法是胡作非为，对别人造成巨大伤害。因为恶意反社会者不在乎别人的看法（尽管他们特别自恋，喜欢受人关注），所以经常一意孤行。

残忍作为控制工具

通过虐待别人来表现优越感，是恶意反社会者克服自卑的一种方式（Stekel，1929；Horney，1945）。具有心理学家口中所说的施虐狂人格的人，一般急躁、粗暴、恶毒、易怒、争强好胜。他们怀有强烈的恨意，时刻想报复那些在他们看来导致他们受挫的人（Bursten，1973；Kets de Vries 和 Perzow，1991；Kernberg，1992；Reid Meloy，2001）。他们一般极其武断、封闭、固执，很少在任何问题上做出让步，即使证据明显对自己不利。他们相信暴力是解决问题的唯一方式，经常用身体暴力或言语暴力让别人服从、实现自己的目的。更糟的是，看到别人身体上或心理上受苦，他们觉得快乐。他们为暴力、武器、武术、伤害和折磨着迷（Shapiro，1981；Millon，1986；American Psychiatric Association，2000）。施虐狂尽管有这些倾向，但是往往意识不到自己的行为会造成什么后果。

像夏卡一样，小时候受过心理虐待或身体虐待的人，长大后往往会虐待别人。夏卡的偏执观念，开始是有充足理由的：父亲确实遗弃了他，母亲的族人确实驱逐过他，童年玩伴确实欺负过他。然而，最终，他警觉过头了，把感知到的威胁当作真正的威胁来应对，一心想打仗，即使没必要。长大成人时，这种行为已经成了他的主要工作模式；他成了喜欢用暴力解决问题的施虐狂。

有些长期被人看不起的人会消沉，但是夏卡站了起来。他把别人施加给他的都还了回去，每报复成功一次，自信就增加一点，无能感渐渐转化为强大感。但是，害怕被人看作懦夫的那种担心却始终挥之不去，这也许可以解释为什么他在掌权之后需要定期杀一定数量的懦夫。

像夏卡那样的人，因为早期童年遭受虐待，所以永远看不到别人的好。善良被看作弱点、无能、不可靠。施虐狂只相信威力：认同强大的、残忍的人物，以折磨、毁灭弱者为乐。圣经有句劝告："爱你的邻居……"但是施虐者恰恰相反，信奉"怕你的邻居像怕你自己一样"。当领导者把这句话当作座右铭，"有人害我"的期望就会变成自我实现预言，即他的所作所为导致别人真的去害他。

施虐狂试图通过表现优越感来克服自卑感（Stekel，1929；Horney，1945）。艾瑞克·弗洛姆（Erich Fromm）指出，施虐狂的核心是"渴望对生物实现绝对的、无限的控制"（Fromm，1973，pp.288~289）。每多虐待一个人，每多实施一次"无限控制"，每多发泄一次前面提到的攻击性，施虐狂就离自己追求的那种无所不能近了一步。

讽刺的是，施虐狂还觉得自己的所作所为是正义的。他们为自己的残忍找理由，说是为受虐者"好"：他们只是在制订对社会有利的规则并且鼓励人们认真遵守这些规则。他们坚信，弱者活该被人轻视、瞧不起。夏卡经常以正义作借口为自己的行动辩护。

然而，一些逸闻趣事表明，夏卡的很多臣民认为他真的关心他们。很多施虐狂既有邪恶的一面，又有善良的一面，但善良仅仅是表面上的。实际上，善良是伪装、是表演，目的是操纵观众。施虐者的内在世界没有中心，往往根据具体情境扮演不同角色。他们可以暂时努力装出友好、善良的形象。在施虐者看来，这样的行为往往很有用：可以让别人放松警惕，让别人说出他们事后会付出代价并且后悔的话。

因为施虐者看不到别人的好，所以经常怀疑别人言行背后的动机。他们非常敏感，不管别人说什么，他们都有可能认为是针对自己。他们就像希望别人侮辱他们一样，而且他们确实如此。他们能把别人最无害的言行曲解成侮辱，并且以愤怒、蔑视、报复回敬之。

偏执的世界观

对领导者而言，适度怀疑具有适应作用。任何领导者，只要想活下去，就必须保持警惕。然而，怀疑必须以现实为基础，无端怀疑就是偏执。有效的领导者，会用合理的方式降低危险、验证危险，依靠亲信确保安全和理智。

我们大部分人都能识别出真正的危险，而有些人认为处处有危险、人人有敌意。偏执的领导者就属于后面一种。被害妄想和自大妄想经常与权力和政治相伴。偏执狂是帝王病。偏执的人，容易曲解别人的意思，喜欢胡思乱想，分不清现实和想象。和假想敌较劲时，他们有一套自己的逻辑。他们的推理过程也许是理性的，但是前提假定十有八九是错误的。

一般而言，世界观偏执的领导者，会质疑身边每个人的可靠性，总是担心有人害自己。因为担心有人害自己，所以他们能从最无害的话中听出隐藏之意。如果粗略的调查表明怀疑是错的，他们并不会因此放心，而是进行深入调查，以证实怀疑是对的。如果深入调查也证实不了怀疑，他们也许就会宣称洞悉了潜在谋害者的阴谋。换句话说，没有证据，他们就制造证据。随着时间的推移，怀疑成为他们普遍的、习惯的思考模式（Shapiro，1965；Meissner，1978；American Psychiatric Association，2000）。

对大多数人而言，表演内心冲突的舞台都很小，而某些人，比如夏卡，则能在广阔的社会舞台上表演情绪冲突，表演童年时期的剥夺，表演对某些小孩和大人的憎恨。他的攻击性在战争中找到完美的出口，战争让他有机会挑战道德极限。而且，因为他没有道德感，所以冷酷无情成为他的永久标志。说到这一点，很多独裁者与夏卡类似，比如卡利古拉、帖木儿、伊万四世、阿道夫·希特勒、墨索里尼、萨达姆·侯赛因和穆阿迈尔·卡扎菲。

原始群体形成

世界观偏执、具有恶意反社会倾向的领导者，极其擅长煽动臣民进行讨伐邪恶的正义之战。领导者的偏执，会助长两种最基本的群体反应：就是本书第 7 章讲过的斗争—逃跑反应和依赖反应（Bion，1961）。这些反应，发生在群体的基本假定层面（相当于个体的潜意识层面），会制造出一种让群体成员更难齐心协力用建设性方法解决问题的群体动力，促使群体为了处理恐惧感和焦虑感而病态地退回到古老的（也就是原始的）工作模式。退化到原始工作模式，不用遵守任何规范，群体就遁入自己的世界。结果往往就是妄想观念，换句话说，完全脱离现实的想法，而妄想观念就是极权主义意识形态茁壮成长的沃土。在领导者的鼓励下，群体会出现一种具有传染性的群体动力，促使领导者和追随者一起发疯（Kets de

Vries，1989）。

当群体出现退化反应，比如，斗争—逃跑反应和依赖反应，群体成员就容易在有人可依靠之时放弃自主性，也就是卸下责任，生活在祖鲁那样的集体主义社会中的人特别容易如此。追随者对领导者无条件的忠心，会带来目标、目的感和凝聚力，但也会损害批判能力。忠心是一回事，但是，没有脑子，不独立思考，也是办不好事情的。

夏卡鼓励群体的退化。他感觉到自己迫切地想要退回到古老的工作模式，于是带领民众一起退化。为了应对纷繁复杂的世界，他把世人简单地划分为“我们”和“他们”。他让民众感到焦虑、不确定，迫使民众不得不依赖他。他借助退化力量与心魔作斗争并且建立强大的国家。

战场是表演群体退化过程的理想舞台。通过驾驭大家的焦虑感，夏卡把自己与心魔的个人斗争变成了一场真实的战争。有什么比谴责外人、打败敌人更好的处理攻击性的方式呢？有什么比攻击内部敌人、屠杀臣民更好的表演偏执的方式呢？在挫折原因不明的情况下，总是可以找到一位巫师来谴责。

夏卡的偏执工作模式有很强的传染性。在相对较短的统治期里，他打造出一种没有选择的文化：要么跟着他一起干，要么被他杀死。跟着他一起干意味着传播更多的怀疑和不信任，制造并杀害更多的替罪羊。讽刺的是，寻找并消灭替罪羊这一共同任务促进了祖鲁人群体认同感的形成。

夏卡奉行先发制人，一旦确定出敌人或者怀疑谁是叛徒，就迅速拿下。他还有一张王牌——充当“总占卜师”。他经常玩那张牌。他非常害怕别人用巫术对付自己，经常诬蔑别人犯了巫师罪。在统治的早期阶段，夏卡命令军医用巫术对付外部敌人（那些与他打仗的外族），任命巫医“调查”内部敌人。这样就赋予巫医一定的自主权。巫医的自主权让他觉得不舒服（他害怕巫医弄清他的好恶，进而糊弄他，甚至暗算他），于是他又限制巫医的权力，使他实际上成为国家唯一的占卜师。他垄断了巫术，走了之前很多极权主义独裁者的老路：完全的思想控制。偏执战胜理智，他让臣民相信他能看透他们的心思、发现他们最隐秘的行动。

共谋文化

独裁型领导者及其追随者共同创造了一种以自大妄想与被害妄想为特点的文化（Kets de Vries 和 Miller，1984a；Kets de Vries，1989）。一方面，领导者鼓励追随者幻想他对大家是一视同仁的、每个人都是他特别挑选的。另外一方面，追随者之间出现心理学家所说的“相互认同”（mutual identification）反应（Freud，1921）。相互认同的本质是彼此认可对方作为自我的一部分，它让群体成员觉得自己并不孤独，能够促进群体的凝聚和团结。这一凝聚对动乱不堪的社会（比如夏卡·祖鲁时期的南非）尤其有吸引力。在政治剧变引发的混乱中，大独裁者散布的带有偏执色彩的消息具有很大的吸引力。独裁者的分裂倾向（用绝对的、非黑即白的措辞描述未来蓝图），给原本变化无常的世界引入了确定性。因为独裁者把朋友和敌人划分得很清楚，所以独裁者及其臣民做起选择来就不用犹豫。这样，偏执不仅是一种病，而且是一种假想的疗法，赋予领导者和追随者（虚假的）清晰性。独裁者的臣民体验到新的目的感，获得方向感。他们知道要去哪里，要做什么，要和谁斗争。

在危急时刻，焦虑和困惑让人们更易受退化力量的影响。觉得迷茫，于是随大流。处于这种状态的民众特别容易被操纵。社会制度和文化制度解体之时，强权统治的幻想最有吸引力。深谙操纵技巧的领导者，即清楚追随者的轻信特点、擅长简化和渲染的领导者，会利用动荡的局势扮演“兜售希望的商人”（merchant of hope）[①]。

不幸的是，放弃自主性、跟着独裁型领导者一起幻想的人，很少意识到自己正在走向毁灭。他们如此迫切地渴望相信领导者强大、伟岸、威严的一面，看不到领导者真正代表什么。他们不知道自己是在和魔鬼做交易，他们认识不到自己最终会付出惨重的代价。他们看不到也听不到自我毁灭、社会崩溃、经济衰退的未来。

夏卡出现之时，南非处于关键的转折期，夏卡内心剧场的脚本和南非社会关心的问题正好相互契合（Erikson，1963）。南非政局变化和丁吉斯瓦约之死让夏卡有机会在社会公共舞台上表演内心剧场的脚本。祖鲁对领袖的渴望促使夏卡走上权力之巅：一方面，祖鲁人需要带头大哥；另外一方面，夏卡需要权力，于是双方一拍即合。

在巩固统治的过程中，夏卡把结构松散的部落联盟变成了高度中央集权的极权主义国家，独揽大权。所有官员都向他报告，没有他的认可就不能委任任何官员，没有他的同意就不能做任何决策。如果有人胆敢违抗他，不管事情多么微不足道，都会被他发现，立即受到惩处。夏卡似乎害怕赦免小错就会打开失控的闸门。

夏卡把自己弄成高级经理人、唯一的立法人、最高上诉法院、总司令和主教。这样，行政、司法和宗教职能都集中在他一个人手中。因为高度的中央集权，所以祖鲁皇室的传统变成了国家的传统，祖鲁方言变成了国家官方语言，帝国的每个人都仰夏卡之鼻息。

---

① 教育家、律师、人际关系专家 Crystal Kuykendall 发明的一个词语。——译者注

绝对控制

夏卡游刃有余地指挥着恐怖交响乐，知道演奏哪个音符可以制造并维持恐怖氛围。他以已有文化主题为基础，打造出一个实施全面行为控制和思想控制的军事主义国家。在这一过程中，他对全国人民进行了洗脑。

思想控制工具

夏卡占了一个很好的位置，可以使用很多思想控制工具（Lifton，1961）来对付人民。因为他是国家的总占卜师，人民相信他可以与祖灵直接交流，保证土地肥沃、牲畜远离疾病，带来急需的雨水。

做总占卜师的好处很多，要想做什么事，可以说是祖灵托梦教自己这么做的，做了什么坏事，也可以说祖灵托梦宽恕自己的罪行。夏卡垄断了巫术权，什么都是他说了算。夏卡真的认为自己具有通灵的特异功能吗？答案无从知晓，但是，有大量证据表明，他非常迷信，而且宣布占卜结果时非常自信，这意味着他也许真的认为自己会通灵。

因为夏卡的军事改革，祖鲁人的家庭生活发生了根本变化。依恋家人让位给效忠国王，而且忠心要经受严格的考验，例如，处死亲人向国王致敬，一边行刑一边高声赞美国王。夏卡规定，没有他的批准，不准做任何重要的决定。他把结婚权用作奖励，表现令他满意的人才能结婚。这意味着民众必须牺牲小家成全大家。定义外部敌人，赋予他及其追随者以目的感。研究群体的学者观察到，妖魔化外人，可以得到满意感，能够促进群体认同（Volean，1988）。觉得自己优于别人，自我感觉就会更好。

夏卡能轻易认出那种有主见的人，毫不手软地打击他们。他创建了一个非常危险的世界，在这个世界，任何独立思考迹象都可能导致死亡（比不独立思考更可能死亡）。结果，民众经常有意无意地进行自我审查。盲目的、不动脑子的服从成为夏卡统治的显著特点。良民就是顺民，刁蛮就是逆民；顺者昌，逆者亡。整个恐怖文化为那些控制手段奠定了基础。民众知道夏卡需要满足攻击需求，于是经常昧着良心卖友求生。

分而治之策略

和很多独裁者一样，夏卡知道信息的价值，并且狡猾地操纵信息。他擅长让人们斗来斗去，使用分而治之（divide-and-conquer）策略防止大臣和将领们联合起来反对他。例如，他授予高级官员不同的权限，每个人的权限都不完整，彼此还有重叠部分，以此鼓励大家互相竞争。高级官员很快认识到，获得更多权限的唯一方式是出卖其他高级官员。结果，他建立起一个复杂的情报网，收集私人信息和公共信息。不幸的是，他认为他们应该说过什么，或者他期待他们说什么，往往比他们真的说了什么更重要。

夏卡这样进行信息管理（或者信息操纵），导致追随者像一盘散沙、互相钩心斗角。这就是夏卡想要的。他一会儿支持这一派、一会儿支持那一派，确保没有哪一派做大。使用这一微妙的制衡策略后，他垄断了所有决策权，有效地遏制了任何反对其统治的内部力量。

夏卡还实行关键大臣轮换制，一旦觉得大臣们太安逸，就给他们重新划分职务。这样做可以防止大臣们对任何一件事了解过多，也可以防止大臣们培植出自己的势力。为了保证地区首领听命于自己，夏卡任命他们为议员，把他们集中在王宫，并且控制住他们的家人。这样，地区首领有任何不轨之心都得慎之又慎，有任何不轨之行更得慎之又慎。

夏卡也询问大臣的意见，但纯粹是走过场。就像其他所有独裁者一样，他说出自己的观点，大臣附议。很少有人反对他的计划，若有人反对，他就会再召开一次议会，直到得到他想要的结果。正如我们前面看到的那样，没有他的出席，不得召开议会，因为没有他出席的议会就是背着他搞阴谋。大臣容忍他这样做，就像容忍他做的其他所有事情一样。大臣太明白不顺从的代价。

夏卡像操纵大臣一样操纵将军，使用同样的分而治之策略对付将军，防止他们联合在一起反对自己。对夏卡而言，将军的唯一职责就是执行他的命令。任何违抗行动，都会立即被粉碎。结果，将领和大臣大都赞成夏卡的行为，甚至鼓励他更加残暴。

通过挑拨派系对立，夏卡确保了没有哪个人或者哪派势力确切地知道他的统治之下到底发生了什么事情。他根据局势需要纵横捭阖的能力，他消灭真正和想象的敌人的能力，他组建并管理情报网、发现并粉碎任何形式反对活动的能力，对他很有用。这些手段构成的分而治之策略（所有独裁者都喜欢的策略），让夏卡像蜘蛛一样处于信息网的中心。

任性工作模式

独裁型领导者不仅制定法律法规、使用分化策略让民众服从，而且特别擅长通过肆意杀人恐吓民众。夏卡反复无常，统治风格让人摸不清。人们唯一摸清的一点就是他的残忍：每个人都知道，时不时地，某处会有某人因为某种原因被砍掉脑袋，或者被刺死，或者失去家人。没人能够觉得安全。

暴行，不管是有计划、有预谋的，还是一时冲动或激愤犯下的，对目击者和听闻者都有很强的恐吓作用。恐吓让人跌入心理深渊，摧毁人的意志，让人绝对服从。回顾一下极权主义统治就会看到如果达到某种程度的服从，民众就容易接受任何事情。他们开始相信，他们的领导者有权为所欲为。一旦达到那个服从程度，“向国王致敬！”就是他们的唯一选择。

夏卡把滥杀无辜当成了每日必做功课。他养了一批刽子手，这批刽子手常年跟在他的身边，唯一任务就是按照他的命令杀人。撞到刀口的往往是无名小卒，但是重要人物也安全不到哪儿去。很多次，夏卡从在场的大臣中挑出两三个处死了。

乍一看，这种行为非常不理性，但是在绝对的极权主义统治背景下，它是非常理性的。夏卡的肆意杀人，就像希特勒、墨索里尼、萨达姆·侯赛因等人的肆意杀人一样，可以让民众服从。作为国王，夏卡有权杀人，如果他每天不行使一下这个权利，就会让人觉得他的权力正在减弱。人们会蔑视他，甚至造反。所以，他必须每天随便找个什么理由杀杀人。

夏卡以制造恐怖氛围为乐，说明残忍是他的天性。他是一个真正的恶意反社会者，把人民看作没有感情的物品。人民不过是像牛羊一样的低等动物，他可以随意处置，他的一句话就能决定人民的生死。不幸的是，人民对他敬畏有加，把他看作无所不能的国王，这助长了他的自大妄想，让他变得更加残忍，让他早期的无能变成现在的万能。但是，正如夏卡渐渐明白的那样，绝对主宰的体验就像麻醉药：随着时间的流逝，需要越来越大的剂量。他强迫别人陪着他上瘾。刽子手以及其他爪牙被迫助纣为虐，最后变得和他一样冷酷无情、嗜杀成性。

我们只能想象，在喜怒无常、残忍无道的夏卡身边做大臣和将领是什么感受。说真话显然太危险了。但是考虑到夏卡的反复无常，连拍马屁也有危险。奉承会让国王怀疑，进而激发国王的偏执反应。剩下的只有绝对服从和被动依赖；而且往往这些还不够。似乎，夏卡手中的长矛比他的脑子快。在其统治走向末路之际，死亡之矛在王宫的亮相率和以前在战场上一样频繁。

自欺欺人的暴政

既然伴君如伴虎，那么我不禁要问，为什么还有人围在夏卡身边呢？那些人为什么不逃走而是为虎作伥呢？最可能的答案是，他们几乎没有选择。夏卡选谁做随从，谁都不得拒绝。违逆国王的意愿就是找死。总的说来，逃跑也不是一个很好的选择。普天之下，莫非王土；率土之滨，莫非王臣。夏卡的领地很大，有人的地方，就有他的控制，没他控制的地方，就是不毛之地，人无法生存（仅指南非那块）。

利诱臣民做走狗

不过，我还是要问，为什么臣民没有联合起来反抗夏卡，即使他残暴到不能再残暴？答案在于人的本质。待在国王身边是有好处可得的。夏卡的所作所为满足了宠臣的一系列心理社会需求。待在王宫，可能要承受很大风险，但是也可能得到很多赏赐。王宫的生活是多么惊险刺激，与祖鲁人生来就过的那种单调乏味、放牛牧羊的生活形成了鲜明对比。

王宫是令人向往的地方，有训练、庆典、舞会、求爱等有趣的活动。只有进入了王宫，才算是个人物，就像在路易十四的全盛时代进入凡尔赛宫一样。臣子被逐出王宫就相当于神仙被推上诛仙台，是要灰飞烟灭的。尤其是，王宫里住着伟大的国王，他掷一掷骰子，就能决定一个人的生死。有什么比这更刺激的游戏呢？

因为这些诱人之处，王宫吸引了一大堆追名逐利、求功问禄之人。成了贵族，就不用再种地放羊。国王的手，既能赐人死亡，也能予人功名利禄。夏卡从那些不太走运的人那里掠夺财物，取悦自己，赏赐宠臣。

此外，夏卡还带领祖鲁人创造辉煌。夏卡的统治的确恐怖弥漫，但是枯燥乏味的种地放羊生活不再是唯一的选择。夏卡让追随者从鸡毛蒜皮的小事中解放出来，让他们参演伟大且惊险刺激的历史剧；他把追随者带上战场，让追随者体验一次又一次胜利。战争尽管危险，但是也很诱人，可以满足人类基本的动机需求。入团让祖鲁人有了目的感、意义感和活着的理由。为想象中的正义事业而奋斗，就超越了琐碎的日常存在。他们体验兄弟之情，享受女人的身体，觉得自己是活着的。讨伐敌人，制造了正义感，驱散了单个士兵可能会有的疏离感。知道自己站在天使的一边，知道自己比敌人优越，就不会因为杀戮感到良心不安，而是觉得十分光荣。

战争也为士兵的攻击性提供了一个理想的出口；战争考验勇气，在战场上建功立业是男子气概的终极定义。显示力量让他们觉得愉快，而且他们对这种愉快感上瘾。在战场上可以不计后果地施暴，于是他们把（是人都有的）邪恶潜能发挥到极致。他们觉得自己像上帝一样有权决定别人的生死，而且觉得这种权力非常诱人。他们可以把人刺死，这样做的时候他们不觉得内疚而是觉得光荣。

此外，夏卡赐予士兵性自由。像历史上的独裁者一样，夏卡允许打了胜仗的士兵奸淫妇女。士兵们平时相对克制，打过仗后随便放纵，以赶走杀戮留下的阴影。一起强奸、一起杀人增强了士兵的团结感；共同犯罪有助于驱散疏离感，也有助于建国。

夏卡的士兵很小就要学习杀戮。尽管夏卡采取恐怖统治，但是士兵是自愿追随他的。祖鲁人入团之后就学习如何打仗。他们强烈渴望在战场“清洗长矛”，强烈希望学以致用。经过多年训练，他们强烈渴望抛头颅、洒热血。在训练时受到严格管束，倍感压抑，在战场上可以随意发泄。

在夏卡的统治之下，人们找到一种新的生活方式：战友情、目的感、五彩服、闪亮长矛、随意施暴。他们可以在战场上争取他们想要的财富、权势和荣耀。他们想加官晋爵，成为国王的宠臣或宠将。他们想对女人有吸引力，希望每次打过仗后都能得到女人的赞美。他们渴望所有这些奖赏，于是催促夏卡把他们一次又一次送往战场（至少在夏卡统治的早期阶段如此）。他们分享夏卡的自大妄想和至尊幻想，为战争高唱赞歌。

领导者和追随者之间的这种共谋，是暴君权力的最大来源。极权主义统治是一个巴掌拍不响的，它需要人民的参与，准备好投身于这种残暴。

训练士兵做杀手

祖鲁军队以杀人为荣，祖鲁人入团后就开始学习杀戮。新团员接受残暴化训练，过程就像心理治疗中的脱敏，也就是，从看别人杀人开始，到亲自动手杀人为止。残暴化训练的一个内容是，学会不把杀戮对象（比如被夏卡看不起的老人和懦夫）当人看。研究表明，经过这样的暴力社会化后，人们更容易施暴（Von Lang 和 Sibyll，1983；Athens，1992；Grossman，1996；Rhodes，2002）。希特勒统治下的德国、卡拉季奇统治下的波斯尼亚所设的集中营或者政治犯收容所，就是明显的证据。

实际上，入团之后的残暴化训练如此有效，以致夏卡及手下将领必须付出极大努力才能控制士兵的暴行。夏卡及手下将领必须明确规定，只有在哪些时间、哪些地点暴力才是许可的。夏卡母亲死后的群众暴动，很好地说明了这种残暴化训练的效果是多么强大。

夏卡的士兵每日与暴力为伍并不觉得难受，因为他们知道对别人残暴就是对自己仁慈。夏卡说服士兵相信“清洗长矛”有助于他们克服自身对死亡的恐惧，甚至能让他们避免死亡。这样，暴力和恐怖就成了士兵的守护天使。士兵相信夏卡是最高精神领袖，这一信念对他们有利。当夏卡通过预先注定和天授神权把杀戮合理化，士兵就信任他并且把他分派的任务当作神圣的职责去完成。“夏卡所想的是正确的，必须是正确的。”士兵的爱国情怀和迷信精神这么说。祖鲁人增强了夏卡的影响力，动摇了个别反对者对现实的坚持，进一步巩固了夏卡建构的现实。

领导者和追随者

极权主义社会侵犯每个公民的隐私和内心世界。这样的侵犯会引起很多心理障碍，因为个体会挣扎，以期保持一定程度的独特性。很多人挣扎不过，最终拜倒在领导者的魅力和恐吓之下。

群体思维

领导者和追随者之间，有特殊的人内和人际心理动力在起作用。下面以米尔格拉姆实验为例说明一下。1975 年，美国心理学家斯坦利·米尔格拉姆做了一个实验，让“施测者”考察“受测者”的单词记忆能力。每个受测者的身体都连上了一根电击棒，电击棒由施测者们操控，受测者每次背错一个单词，施测者就要对他进行一次电击。实验过程中，很多受测者在高压电流的刺激下，反复挣扎，发出惨叫，请求停止测试。按照一般人的逻辑，目睹受测者的种种挣扎，施测者应该会停止电击，放弃测试。但事实是，所有 40 名施测者中，只有很少人停下来，其余全部完成了实验。其实，这个实验，只有施测者是随机招募而来的真正被试，受测者是实验助手扮演的，并没有受到电击，实验的真正目的，并不是如同表面上说是为了测试单词记忆能力，而是为了了解人们在权威面前会怎样表现。实验表明，人们往往容易服从权威，即使知道权威要求自己做的事情是没有必要的、会对别人造成极大的伤害，人们也不敢、不愿违抗命令，而是把暴行合理化，进而心安理得地施暴。

当条件反射般地服从权威成为社会主流生存策略，群体思维就会出现，人们就会病态地退化到原始的行为模式和绝对主义思维模式。我们都看到过，群体动力是如何影响个体的判断和行为的。处于集体之中，人们一般不会觉得该为集体做出的决定负责，也不会质疑任何已经做出的决定是否恰当。集体行动的正义性不容置疑，这一信念导致个体忽视、支持、合理化暴行。

去人性化

群体思维可以用来解释退化的、残暴的行为模式。群体思维如果辅以“去人性化”，就会成为独裁者武器库中一样强大的武器。把敌人去人性化，能为恐怖统治铺平道路，因为它允许普通人变得热衷于参加独裁者发动的暴行（Erikson，1963；Des Pres，1976）。这个复杂的心理过程，与否认、压抑、去个性化、情感孤立、间隔化（compartmentalization，也就是把自我分成几部分，每部分都有一套价值观，互不干扰）等防御机制结合起来，会让施暴变得更加容易。把别人当人看，就会生出恻隐之心，而去人性化可以关闭施暴者对施暴对象的同理反应。去人性化，就是把施暴对象描述成没有情感、没有希望、没有梦想、没有牵挂的草芥蝼蚁，或者描述成会毁掉施暴者所珍惜的一切的豺狼虎豹。当敌人是下等人甚至不是人的时候，杀起来就不会心慈手软。

正如米尔格拉姆实验表明的那样，人们渴望取悦权威。心理学家谈论“理想化移情”和服从强者，说到底不过是描述这么一个现象：当我们取悦领导者的时候，我们觉得与领导者是一体的（Kohut，1971，1985；Kets de Vries，1993）。追随者在想象中与领导者融为一体，就能暂时地体验到万能感。那一刻，追随者知道无所不能是种什么感觉。跟着领导者行动的时候，追随者觉得自己与领导者、与其他追随者的连接变强了，即使行动是残忍的、致命的，追随者也不会觉得良心不安。如果领导者是独裁者，这种认同就会导致追随者模仿领导者的暴行。领导者施加在追随者身上的，追随者可以（而且应该）施加到别人身上。

应对恐怖的方式

心理防御抵抗不了暴政，但是有时臣民只能依靠心理防御。这些防御反应，有些意味着主动配合，有些是消极逃避，还有一些是誓死反抗的人使用的，涉及努力推翻独裁统治。

1. 认同施暴者

为了在心理上应对独裁者，有些人采取一种名叫“认同施暴者”的防御机制（Freud，1966）（见第 136 页）。遭遇巨大不幸的时候，人们强烈需要维持基本的心理安全。暴政统治把恐惧和焦虑深深烙在追随者的心头。为了应对这些情绪，有些追随者对领导者生出矛盾情感：害怕领导者，又受领导者吸引，希望为领导者效忠就能换来领导者的保护。

认同施暴者发展到极致，就是为虎作伥、狐假虎威。领导者的行为越极端，追随者的心理防御就越具攻击性，为虎作伥、狐假虎威的做法就越有吸引力。例如，受害者不堪忍受折磨，于是变成告密者，或者集中营里的“地下看守”（underguard）——有些地下看守甚至比真正的看守对营友还残忍，在身体和心灵上狠狠折磨营友，即使他们非常了解其中的痛苦。

在认同施暴者的过程中，暴力和服从是紧密交织的。独裁者统治之下，受害者通过过分服从施暴者来控制对施暴者的敌意。在心中把施暴者变成“好”人，受害者就能减轻恐惧感和无助感。这种防御机制，是通过幻想来控制不可控的情境。当然，敌意并没有消失，而是受到压制，最终会爆发，发泄到更弱的人身上（Adorno 等人，1950）。

认同施暴者是渴求镜像的领导者与渴求理想化的追随者达成的阴险协议。渴求镜像，指永远在寻找别人的赞美，渴求理想化，指永远在寻找无所不知、无所不能的值得赞美的人（Kohut，1971，1985）。因为社会动荡和暴政统治制造的焦虑，独裁者的臣民容易放弃自主性、忍受领导者的古怪脾气。不管独裁者想实施什么暴行，他们都愿意参与，不管独裁者用什么方式虐待他们，他们都会用同样的方式虐待别人。他们的主要奖励是生存、团结和社会凝聚力。

2. 分离式思考

纵观历史，可以看到大量为虎作伥的人。由此可以看出，我们都有阴暗的一面，我们都有残暴因子，我们身上都潜伏着夏卡·祖鲁。同样，我们的武器库中有很多防御机制可以用来对抗残暴。

有些人依靠分离式思考（dissociative thinking）应对极权主义统治的暴力和恐怖。分离（dissociation）是人们在巨大压力之下经常使用的一种防御机制（Steinberg 和 Schnell，2000），指把一件事情的感情和观念分离开，进而把不愉快的感情赶出意识层面。例如，把死说成长眠或去成仙，这样就避免了死亡恐怖或谈到死引起的不安感情。分离式思考，就是不带任何情绪地思考。危急时刻，分离策略可以挽救生命，例如，在野外遇到老虎，冷静下来想办法脱困是比较明智的做法。不过，把分离作为日常应对策略就有些过分，因为这样做的人，冷心冷面，无心无情，无人能走近。

分离是用精神分裂来应对人类境况。分离可以赶走焦虑，但是也会带来对自身存在和目标的不确定感或冲突感。分离还会制造非现实感、主观死亡体验、人际疏离、内心分裂。分离的人扮神秘，在人前戴面具掩饰内心骚动。

3. 用绝望逃避

暴政的受害者、独裁者的手下，有些采用分离策略，有些则逃跑，不过逃得不够远，无济于事。他们变得抑郁，向无助感和无望感低头。采取这种策略的人，不停地谴责自己。明白没有暴力的生活只是幻想之后，他们变得郁郁寡欢、相信命运、对未来不抱希望。他们丧失活力、失去目的，自认是没有价值的、无关紧要的，变得被动消极。他们总做最坏的打算，结果往往确实如此。最终，他们要么向现实低头，变得孤僻、冷漠，要么迎接统治者的暴行，以赶走焦虑。

4. 为自由而战

然而，就像我们在体育界经常听说的那样，最好的防御就是进攻。一般而言，在一个群众是羊政府是狼的社会，很少有人愿意做出头鸟对抗独裁者的煽动。

采取“斗争”策略的人认识到了，领导者要求他们进行浮士德交易——用欺诈、无望、残忍和毁灭交换物质利益。有些自由斗士开始会拜倒在乌托邦意识形态的诱惑之下，但是一旦看清独裁者的险恶用心，就会为自由而战；有些自由斗士从一开始就认识到了独裁者的险恶用心。不管他们是怎么下定决心的，他们会坚持下去，即使把自己和家人置于巨大的危险之中。在希特勒统治下的德国，可以看到很多这样的英雄，他们最后大多为了理想献出了生命。这样的人不会被人利用，他们为所有人的自由权利而战，他们认为所有人都应该能够追求自己的梦想。这样的人，有助于在暴政制造的废墟中创建新的、更民主的社会。他们维护个人责任和个人自由原则，为所有人带来尊严。

夏卡的遗赠

独裁者可以是伟大帝国的建造者和创立者，然而，在独裁者建国的信念和实践中埋有自我毁灭的种子。夏卡建立了祖鲁王国，又毁了祖鲁王国。他创建了一个强大的国家，但是他采取的手段是让暴力合法化、把暴力渗透到整个社会。夏卡没有能力对人形成依恋，没有能力与人建立连接，苦难把这种无能变成了毁灭别人的欲望。夏卡把那种欲望制度化，摧毁了以前相对良性的社会道德体系。正如我们在其他极权主义社会里看到的一样，祖鲁要花很长时间重建一个公民社会。

在夏卡统治末期，不仅他的将士而且他的臣民都愿意残忍地杀人，甚至杀害妇女小孩、亲朋好友，只要国王下令。通过彻底的暴力社会化，他们在认知和情感上重构了杀戮的道德价值，不管做了什么坏事都不会受到良心的谴责。最重要的事情莫过于忠于领导者创建的体系，只要出于忠诚，任何暴行都是可以赦免的。但是，如果一个看似正派的人以领导者、入世思想或神权思想的名义做出不合道德之举，良心的赦免通常只是表面的和暂时的；情绪代价本身往往就是致命的。

尽管夏卡从未受到正式的审判，但是他被关在自己内心的监狱里。尽管身体上不受限制，他想去哪儿就可以去哪儿，想做什么就可以做什么，但是他从未打败自恋和偏执这两股心理力量。这些心理力量最终让他突破道德底线，而且永远回不来。他对赞美、肯定、权力的渴望，促使他变得极端残暴，他最终做过了头，激起公愤，被人害死。夏卡被刺之时，祖鲁王国已经在军事主义和恐怖统治的双重折磨下变得千疮百孔。

因为夏卡的努力，或者说尽管夏卡很努力，他死后，南非分裂成了几个强大的国家，包括马塔贝利（Matabele）、巴苏陀（Basuto）和斯威士（Swazi）。但是，很长一段时间里，最强大的国家一直是祖鲁。夏卡建立的国家体系，尽管缺点多多，但是非常稳固，在他死后又坚持了50年（他之后的两个国王都是无能之辈，没有什么建树）。祖鲁王国成为了夏卡的纪念碑，在夏卡死后，祖鲁王国依然是祖鲁人的骄傲源泉。

尾注

1. 我对夏卡生平的叙述，参考了两个欧洲商人的作品，他们是Henry Francis Fynn和Nathaniel Isaacs，都与夏卡密切交往过（Fynn，1950；Isaacs，1836）。夏卡的出生、童年和早期职业生涯方面的其他资料来自《詹姆斯·斯图亚特档案》（James Stuart Archive）（Stuart，1976，1979，1982，2001）收集的口述历史集。因为很多有关思想疏导的书都引用了这些材料，以致有时很难分清哪些是事实哪些是谣传。这些材料大都收录于我的作品：《恐怖统治：寻找阁楼里的夏卡·祖鲁》（*Lessons on Leadership by Terror*：*Finding Shaka Zulu in the Attic*）（2004），Cheltenham，UK：Edward Elgar。

第3篇 变革型领导

REFLECTIONS
ON CHARACTER AND LEADERSHIP

引言

前面那篇讨论的话题比较沉重，本篇要轻松一些，讨论的是另外一类领导者。与独裁型领导者截然不同，这类领导者把权力用于正途，激发追随者的潜能，打造理想的工作之地。理想的工作之地是靠什么打造出来的？我认为有两个要素：经理人与员工相互信任，价值驱动型领导（value-driven leadership）。理想的工作之地有以下特点：CEO 和高管层其他成员有很强的组织承诺感；组织把人才看作最宝贵的财富；整个组织纵向、横向沟通积极；员工对组织有很强的认同感，觉得组织是独一无二的（“我们和别人不一样”）；有成文的愿景和价值观，组织上下挂在口中、记在心中、做在行动中。另外，最重要的是，CEO 以及高管层其他成员是正直诚信之楷模。但是，很多经理人即使知道理想的工作之地是什么样的，也打造不出。为什么这些组织特点，在理论上显而易见，在实际中却如此难以捉摸？如何打造并维护理想的工作之地？为了激励下属改进组织，领导者必须做些什么？

变革型领导理论认为，领导者扮演两大角色，魅力偶像（charismatic role）和建筑师（architectural role）。作为魅力偶像，领导者要描绘愿景（envisioning）、下放权力（empowering）、鼓舞士气（energizing）；作为建筑师，领导者要设计恰当的组织结构、控制体系和奖惩制度。此外，知识管理是一大竞争优势，你需要牢牢抓住那些储存着知识的员工，这意味着你需要知道如何留住他们，激发他们的创造性，让他们为你所用。为了实现这个目标，你需要情商和信任文化。一个缺乏信任的组织不可能有真正的创造力：恐怖统治之下，最先丧失的就是创造力。本篇我将探讨一些与众不同的领导者，他们具有一个品质，我把这个品质称作“泰迪熊”因子：能够帮助下属缓解焦虑，能够激发下属的创造性。

读者也许很难相信，亚历山大大帝（本书第10章的主角）具有小维尼熊的一面，尽管与其他伟大的军事变革家相比，比如与夏卡·祖鲁相比，亚历山大大帝似乎要可爱得多。亚历山大大帝可以看作史上最伟大的领导者之一。看看亚历山大大帝的丰功伟绩就会发现，很多最合理的领导原则实际上有着悠久的历史——很多现在被人夸得天花乱坠的管理原则可以追溯到亚历山大时代。对我而言，探索亚历山大的人生就是探索领导力的历史，是一次有趣的旅行。作为征服者，亚历山大就是箴言“没有什么会难倒不屈不挠的人”的真实写照。亚历山大代表了有着远大抱负并为之坚持不懈奋斗的人。亚历山大是一个以个人梦想激发了人类集体想象力的人。在第10章，我从亚历山大的人生总结出数条领导力教训。亚历山大当然树立了一个好榜样。他身先士卒；他改革布阵方法；他的存在就是对士气最大的鼓舞。他在战前给将士打气，告诉他们他们是多么勇敢、多么成功。他让部下觉得自己是特别的，他对象征型领导（symbolic leadership）有着深刻的理解。无可否认，伟大领导者易犯的错误他也没能幸免——在人生晚期，他宣称自己是神。不过，他确实取得了无与伦比的成就。

我一直对有所建树的领导者感兴趣，特别关注杰出的领导者。

当我从加拿大回到欧洲，我非常想听听一些高级经理人讲述自己的人生经历，于是我给我能够想到的所有高级经理人写信，请求采访他们。只有一个人（用传真）回复了，他只说了一句话：“嗨，曼弗雷德，请过来吧！”他就是理查德·布兰森。我花了很长一段时间听布兰森讲述自己的故事，看他如何一步步成为英国的民间英雄，成为想在商界大展拳脚的年轻人的楷模。我将在第 11 章考察他以及另外两个类似人物的领导风格。写杰克·韦尔奇的书太多了，他是 20 世纪最具影响力的企业领导者之一。韦尔奇把通用电气变成了世界上最大的、最令人羡慕的公司之一。他在通用电气做了 20 年的 CEO，2000 年他退休时，通用电气的市值达到了 5000 亿美元左右。他是利用人才管理在整个庞大组织推动变革的大师。我还一直对珀西·巴列维的职业生涯感兴趣，他是 ABB 的前 CEO，是个真正的组织变革家。ABB 是名副其实的全球公司，在那样大的组织里，为了调动积极性、激发创造性、最小化官僚主义的僵化效应，他创建了 5000 个相互独立的“责任中心”（responsibility center）。

这三个人有着迥异的风格。韦尔奇刚做 CEO 的那段时期，被人称作“中子杰克”（neutron Jack），因为他在患了组织动脉硬化症的公司（整个公司死气沉沉，员工没有一点活力）进行大刀阔斧的改革。尽管他解雇了很多人，但是他唤醒了沉睡的公司，结果雇佣了更多人。理查德·布兰森为人热情、平易近人，鼓励员工找他反映问题、提建议。相较之下，珀西·巴列维为人冷淡，但他奉行“言必行，行必果”。布兰森是右脑优势，情感丰富、想象力强、依靠直觉，而巴列维是左脑优势，分析能力强，依靠逻辑推理，追求精确。

极富创造力的人一般是右脑优势，他们受不了组织条条框框的束缚，但是组织的繁荣昌盛离不开他们。想把这种人留在组织，就要为他们留出很大的自由发挥余地。本篇最后一章，我将稍微涉及一下：如何管理富有创造力的人，如何打造让他们发挥最大潜力的工作环境。我们都知道，富有创造力的人不好管理，他们需要滋养，也许还需要特殊对待。很多组织的高管团队并非总是非常擅长这个。在本篇最后一章，我还要看看那些极富创造力的人。什么让他们如此特别？他们表现出什么特点？极富创造力与精神疾病有联系吗？

有人认为，领导者对组织的影响力只是一个幻想，实际上，领导者就像乘客，控制不了汽车，但是，我相信领导者要更积极主动。领导者可以充当促变者。促变者并不好当，要有远见、主动性、勇气、决断力、毅力以及很多耐心，但是我们所有人都或强或弱地具有这些品质。

有个老掉牙的故事可以用来阐释愿景型、魅力型、建筑师型领导者是如何鼓舞组织中的每个人的。从前，有人问三个瓦匠：“你们在做什么？”第一个说：“我在砌墙。”第二个说：“我在挣钱养家糊口。”但是第三个说：“我在建一座大教堂。”这个故事说明，我们都有能力唤醒内心的亚历山大。

第 10 章　解析亚历山大：一位伟大征服者的领导力课程

只要肯尝试，没有什么不可能。

——亚历山大大帝

我不怕“将是羊、兵是狮子”的军队，我怕“将是狮子、兵是羊”的军队。

——亚历山大大帝

引言

本章的目的是探讨什么造就有效领导以及什么导致领导失效。为了阐释这个问题，我将看看史上最著名的领导者：马其顿的亚历山大大帝，没有谁像他那样改变过文明史。我将详细叙述他的生平，以阐释造就领导者的常见心理力量是如何发挥作用的，并且着重从中总结一些领导力方面的教训，包括：描绘诱人愿景、出奇招克劲敌、建设管理团队、带头示范作用、鼓励支持下属、重视人才培养、巩固胜利果实、制订继任计划、创建治理机制，等等。

亚历山大的一生

亚历山大大帝是古代最著名的征服者之一，是史上最伟大的战士之一，在很多传说中，亚历山大大帝几乎被奉为神明。众所周知，他是那种改变文明史、塑造世界格局的人，当今世界格局在亚历山大时代就基本定型了。他的成就，当真是前无古人、后无来者（Kets de Vries 和 Engellau，2004）。

在亚历山大之前，世界文明盛在东方，也就是波斯、埃及、巴比伦一带。亚历山大向东进军，在不到 12 年的时间里几乎征服了整个世界（他那个时代人们认识中的世界），建立了一个空前庞大的帝国，其领土西起希腊，东到印度河流域，南括埃及，北抵中亚。直到 15 世纪晚期葡萄牙和西班牙探险家的环球之旅，欧洲人才能说他们终于超过亚历山大到达更远的地方。

亚历山大大帝出生于公元前 356 年的佩拉（Pella）。佩拉是古希腊马其顿王国的首都，在今天希腊北部的塞萨洛尼基（Thessaloniki）附近。亚历山大是马其顿国王菲利普一世和伊庇鲁斯（现在的阿尔巴尼亚）公主奥林匹亚的儿子。菲利普一世是一位杰出的统治者和战略家，把马其顿军队打造成了一支强大的战斗力量，在短短几十年里就征服了大部分希腊。奥林匹亚，以脾气暴躁、刁蛮任性而出名，而且非常聪明，因此很难相处。这两个人都那么要强，吵架是家常便饭，亚历山大的大部分童年都在他们的吵吵闹闹中度过（Hogarth，1977；Lane Fox，1994；Baynham，1998）。

学艺

7 岁时，亚历山大走出母亲的怀抱，接受严格的训练，师父是莱昂尼达斯（Leonidas），奥林匹亚的一个亲戚。莱昂尼达斯教他勇士之王必备的身体技能，比如马术、剑术。为了进一步深造，13 岁时，亚历山大成为希腊哲学家亚里士多德的学生。亚里士多德教亚历山大修辞学和文学，激发了他对科学、医学和哲学的兴趣。在亚里士多德的教导下，亚历山大学会了希腊生活方式，了解了希腊文明的典范。亚历山大还受亚里士多德的影响，爱上了荷马的作品。亚历山大的最后一位老师是利西马科斯（Lysimachus）。在利西马科斯的教导下，亚历山大了解了世界各地的文化，学会了欣赏艺术，比如戏剧、诗歌、音乐，还学会了演奏七弦竖琴（Cawkwell，1981）。

立志

这些教育让亚历山大很小就立下远大志向。在母亲的教导下，亚历山大相信自己是《伊利亚特》里的神话英雄阿基里斯的后代，父亲是宙斯儿子赫拉克勒斯的后代。英雄，确实，值得敬仰啊！最终占据亚历山大内心世界的角色模型，即有助于解释亚历山大为自己设下的“挑战性目标”（stretch goal）的角色模型，包括一个统治者（居鲁士大帝）、两个神（宙斯和狄奥尼斯），一个半人半神（赫拉克勒斯），一个史诗家（荷马），一个英雄（阿基里斯）和一个哲学家（亚里士多德）。

根据古籍的描述，还是小孩子时，亚历山大就是大胆的、要强的、刚烈的、好学的。父亲和儿子都野心勃勃、争强好胜。亚历山大的竞争意识堪比赛马，时刻渴望赶上并超过父亲。据说，少年时期，亚历山大曾向朋友抱怨，父亲什么都比他强，他一直活在父亲的光环下。他担心父亲把所有伟大的事情都做完了，他就没有什么伟大的事情可做，无法向世人证明自己。

亚历山大在佩拉的王宫长大，小小年纪就见到了很多一流的政治家、哲学家和艺术家，这让他成为一个早熟的孩子。那种早熟，加上母亲的影响，让他立志超过别人。从一个著名的故事就可以看出他那种出人头地的需求是多么强烈。一次，菲利普买了一匹马，名叫布赛佛勒斯（Bucephalus），很漂亮，也很野，没人敢骑，于是菲利普打算卖掉它。这时，亚历山大打赌说自己一定能够驯服它。靠近它时，亚历山大注意到它似乎害怕它自己的影子，于是让它面向太阳把影子投在身后。最终，亚历山大骑上并驯服了那匹马。菲利普对16岁的亚历山大说过："我的儿，你一定要找一个足够大的王国来满足你的野心，马其顿对你而言太小了。"这句话很有名，应该就是针对驯马事件说的（Plutarch，1973，p.258）。亚历山大赌赢了，那匹马归了他，后来一直伴随他东征到印度，最后死在那儿。为了纪念那匹马，亚历山大建了一座城市并命名为布赛佛勒斯。

16岁时，亚历山大做了马其顿的摄政王。当时，菲利普正在外面打仗，边疆某地区（现在的保加利亚）爆发叛乱，身为摄政王的亚历山大带兵镇压。最后，亚历山大成功收服了叛变的Thracian部落，建了自己名下的第一座城市——亚历山德鲁波利斯（他后来建了很多城市）。他用自己的名字给该城市命名，是效仿了父亲的做法——不久前，菲利普征服了一座类似的边城，并命名为菲利波波利斯。

继位

公元前336年，菲利普被刺身亡，亚历山大继承马其顿王位。希腊众城邦的统治者把菲利普之死看作天赐良机，纷纷发动叛变，企图摆脱马其顿对自己内政的干涉。令他们惊讶的是，亚历山大迅速镇压了色雷斯和伊利里亚的叛变，显露出杰出的军事才能。征服底比斯后，亚历山大下令毁城、把居民卖为奴隶。这一严酷做法给其他城邦传递了强烈的信息，打消了他们进一步的叛变意图。最后，亚历山大统一了希腊众城邦，成立了国家联盟（League of Nation），自己任首脑。

尽管亚历山大所用的训练有素的军队是菲利普创建的，但是亚历山大把马其顿的领土、希腊的权力扩大和巩固到了前人做梦都没想到的程度。亚历山大改良了马其顿方阵（由一排排士兵组成的作战阵列，每个士兵都一手持矛一手持盾，矛 5~7 米长，盾直径大约 0.6 米，士兵手中的盾牌在保护自身左侧的同时也掩护了相邻战友身体的右侧），将其基本队形变为手持 6 米长矛的 16 人纵队，并加上骑兵和排成松散队形的轻步兵掩护配合，实现了最大的杀伤力。

清除希腊众城邦的叛党余孽后，亚历山大于公元前 334 年挥军进入亚洲——菲利普早就有此计划。亚历山大给出的东征理由是报复 150 年前波斯国王赛瑟斯（Xerxes）对希腊圣地的蹂躏，真正的原因可能是他需要波斯国王的财富来养护非常烧钱的战争机器，最深层的原因也许是他迫切希望超过父亲。

东征

亚历山大数次东征，规模空前绝后。他的主要对手是波斯国王大流士三世。当时，波斯王国是一个版图很大（从埃及、地中海一直延伸到印度、中亚）的帝国，称霸古代世界长达 200 多年。有个故事说，带领军队横渡欧亚分界线达达尼尔海峡靠岸后，亚历山大从满是王权标志的船上跳下，投出手中的长矛，宣布自己按照神的旨意接管亚洲。

亚历山大在三次大会战中以少胜多，大败波斯军队（Dupuy，

1969；Arrian，1971；Bosworth，1988；Fuller，1989；Fildes 和 Fletcher，2001）。第一次会战发生于公元前 334 年，亚历山大在位于现在土耳其的格拉尼克河横扫大流士三世派出的防守军队（这次会战，大流士三世没有亲自挂帅）。在河岸上，亚历山大迅速打败一直等候他的波斯军队。小亚细亚残部闻风丧胆，放弃抵抗，纷纷投降。亚历山大的军队长驱直入，来到戈耳迪城。既然来到戈耳迪城，亚历山大很难不去碰“戈耳迪之结”。相传，谁解开戈耳迪之结，谁就能主宰世界。为了向世人预告自己征服世界的使命必将达成，亚历山大一剑砍开了戈耳迪之结。

公元前 333 年，亚历山大挥军进入叙利亚。大流士三世集结了大量军队，但还是阻挡不了亚历山大强大的步兵、骑兵和方阵，叙利亚很快失守。这场胜利以后，亚历山大继续挥军进入埃及，受到埃及人的夹道欢迎。因为埃及长期遭受波斯的压迫，所以埃及人把亚历山大当作救世主，奉之为法老。亚历山大在那里建了一座城市并命名为亚历山大城，该城后来成为世界著名的商业中心和学术中心。在埃及期间，亚历山大去了阿孟（Amon）绿洲（现在的利比亚）。那里的人把他视作太阳之神阿孟雷（Amon-Ra）的儿子，这让他更加坚信自己的神仙血统。

之后，亚历山大重整军队，挥军进入巴比伦。公元前 331 年，他在决定性的高格米勒战役中再次大败大流士三世，征服了巴比伦。后来，大流士三世被手下一位将军杀害，亚历山大乘机宣布自己为亚洲之王。然后，亚历山大挥军进入波斯首都波斯波利斯，放任士兵洗劫抢掠。在波斯波利斯稍事休整之后，亚历山大又盯上了印度。

亚历山大继续征服了今天从阿富汗到北印度一带的地区。公元前 327 年春，亚历山大在希达斯皮斯河打败波罗斯国王（一个强大的对手，配有大象部队）。这一仗打得非常艰苦，胜利后，马其顿士兵叛变，拒绝再往前走。亚历山大别无选择，下令回到巴比伦。在巴比伦，亚历山大花了一年的时间巩固统治，收集波斯的情报，勘测波斯湾的地形，为进一步东征做准备。那些跟着亚历山大安全返回的人，在十年左右的时间走了 20000 英里的路。

当时，亚历山大处于权力的巅峰，帝国版图从爱奥尼亚海一直延伸到北印度。然而，尽管将士希望收工回家，但是亚历山大远远没有满足。他觉得必须占领更多领土，他还想把欧洲和亚洲统一为一个国家，把新首都命名为巴比伦。为了让众多被征服的国家统一起来，亚历山大鼓励跨国婚姻，大力惩治腐败，积极向亚洲传播希腊思想、习俗和法律。

后来，亚历山大的很多计划都突然终止了，因为他在巴比伦患上了热病。他在战场上攻无不克，却打败不了小小的热病，于公元前 323 年去世，年仅 32 岁。据推测，卧病在床时，他应该抱怨过，那么多医生给他治病，都快把他治死了。他去世时，他的第一位妻子罗克珊才刚刚怀孕，他没有子嗣继承王位，他的帝国最终被他的部下瓜分了。不过，他的数次东征，他融合希腊文明和中东文明的壮举，在他身后留下了永久的痕迹。

治国与治军

亚历山大在建立自己的帝国时，把自己看作大希腊思想、习俗和法律的传播者。他利用军事和行政手段，在征服区实行适合当地实际的统治，力求把众多民族团结起来，打造一个统一的国家（Hammond，1993；Stewart，1993）。他尽最大的努力去适应当地的行政体系。例如，在埃及，他成了法老，在美索不达米亚，他成了大王。不管扮演什么角色，他都力求公正对待臣民。如果听说哪个官员不公正，他就会撤掉那个官员。他还建了几百个军事据点，鼓励将士娶当地女人为妻。他身先士卒，娶了一个波斯公主和一个大夏女子。他还从征服区招募士兵，把军队变成了跨文化的。他还在整个帝国实行统一货币政策，促进商业贸易的发展。他比传统统治者做得更过的一点是，操纵当地的宗教势力宣布自己为神，把自己的统治合法化。

作为领袖，亚历山大是无与伦比的。他对降者宽宏大量，他对朋友极其忠诚。作为将军，他总是冲在最前头，奋勇杀敌，为士兵做表率。他爱兵如子，利用一切机会对士兵进行个性化鼓励（Green，1991；Ashley，1997）。

不满的种子

亚历山大的上述特点让将士忠心耿耿，但是他也有很多地方让将士不满。他的脾气出了名的暴躁，曾经在盛怒之下杀死了一个与他关系很好的副将。他采用波斯方式，企图让别人以为他是神，这两个做法在前线及朝廷引发了激烈的争论，造成了严重隔阂。他让波斯以及其他被征服国的人民与自己的人民享有同等地位，导致他自己的人民越来越恨他。特别是，他强迫马其顿将士与波斯人通婚，遭到强烈反对。他残忍地镇压了一起无中生有的阴谋，他还有其他劣迹，这些都引起了人民的不满。

为成功所累

亚历山大显然有多面人格：补偿性奋斗，努力超过父亲（在母亲的积极鼓励下），借助“用行动逃避”赶走令人恐惧的抑郁反应，情绪周期性地剧烈波动（Millon，1996；Solomon，2001）。另外，他非常需要积极“镜像”的肯定，他把好朋友海菲斯提恩用作变更自我（alter ego）以增强心理安全感。此外，像之前和之后的很多领导者一样，亚历山大败在了狂妄上，被过度骄傲和自大压垮了。战无不胜的神话、无与伦比的财富、不容置疑的权力，这些都不是上天白给的，上天开始向亚历山大索要报酬。另外，长期的体力透支、不时酗酒的习惯、身处高位的孤独对亚历山大造成了极大的伤害。随着大臣和将领越来越不愿意坦诚说出对东征的恐惧，亚历山大的现实检验体系坍塌了。

随着时间的流逝，亚历山大变得越来越盛气凌人、狂妄自大。亚历山大悲剧的独特之处在于，不仅现实检验体系坍塌了，而且不时发作的偏执症让他陷入众叛亲离、孑然一身的境地。最后，没人愿意质疑他自造的现实，周围的人只给他看他想看的东西、只给他说他想听的事情。

尽管亚历山大的人格有阴暗的一面，但是经常发挥作用的是光明的一面，正是光明的一面让他取得了一个又一个胜利。

亚历山大的遗赠

亚历山大的主要成就可以总结如下：

- 把希腊思想、习俗和生活方式带到被他征服的国家，将希腊文化发扬光大。希腊文化与罗马文明、基督教结合在一起，奠定了今天所说的西方文明的基础。
- 12 年时间行军 20000 英里，没打过一次败仗。
- 统一了方圆 2200 万平方英里的土地。
- 采用波斯服饰和习俗，娶了大夏女子和波斯公主，要求手下几千名马其顿和希腊将士娶波斯女人。

●宣称自己是希腊、埃及以及其他被征服国的神王（god-king），以实现所谓的统一帝国的目的。

●带着科学家远征，收集生物、地理方面的资料。

●让希腊语成为近东行政、学术和商务通用语言。

●建立多个殖民地和城市（其中70个的命名是为了纪念他）。

●启动一项大型文化适应实验，把很多近东家庭的孩子送到希腊接受教育。

●为了统一东方和西方，在军队中训练、任用波斯人，在朝廷任用希腊人、马其顿人和波斯人。

●改革国际贸易，在整个帝国实行统一货币政策。（自亚历山大统治之后开始形成的经济体系，一直维持到了19世纪的工业革命，期间几乎没有什么变化。）

亚历山大的领导力课程

除了以上具体成就外，亚历山大的一生还给世人留下了很多重要的领导力启示，这些启示对今天的企业领导者仍有很大价值，他们可以从中了解到，作为领导者，应该（以及不应该）做什么：

●描绘诱人愿景；

●出奇招克劲敌；

●建设管理团队；

●带头示范作用；

●积极鼓励创新；

●进行意义管理；

●鼓励支持下属；

- 重视人才培养；
- 巩固胜利果实；
- 制订继任计划；
- 创建治理机制。

描绘诱人愿景

亚历山大的事迹表明，为了梦想全力以赴的人可以取得多么大的成就。有效的领导者能够清楚地描述他和下属现在处于什么位置以及他想带领下属到达什么位置。亚历山大很早就知道自己的目标，从他横渡达达尼尔海峡后跳到岸上说他要成为亚洲的统治者就可以看出。通过这一仪式，他激发了下属的集体想象力。他的军队正确领会了他的意图：对曾经侮辱过希腊的波斯（150 年前，波斯国王赛瑟斯蹂躏过希腊圣地）实施打击报复。正是在亚历山大豪言壮志的鼓动下，将士才跟着他赴汤蹈火。亚历山大知道自己要去往哪里并且知道怎样去往那里。不幸的是，他不知道如何或者何时停下（这是令其军队最困惑、最不满的一点）。

出奇招克劲敌

亚历山大不仅有伟大的愿景，而且知道如何把那个愿景变成现实。他擅长谋略，这一点历史上无人能与之媲美。在战场上，他最大限度利用天时地利制订克敌计划。不管打什么仗，从常规战到游击战，他都游刃有余，而且总能做到未雨绸缪。

他有一个优秀的情报网，总能摸清对手的意图。他是协同作战的大师，军队在战场上的完美执行力是他的一个竞争优势。此外，他还擅长闪电战，利用速度、奇袭打击敌人。他知道下面这句话的真谛：不快则亡。

建设管理团队

亚历山大还知道如何打造一个忠诚的团队辅佐自己（Hodgson 等人，1965；Kets de Vries，2006）。他建造了一个“经理人角色阵”，团队成员各有特色、优势互补、互相牵制。帕米尼欧（Parmenion），他的一员大将，是他在战场上不可或缺的助手。安提培特（Antipater），他在马其顿的摄政王，帮助他维持着大本营的秩序。还有其他大臣和将领，各自帮他管理着一个领域。这些人的合作为他在战场上的胜利提供了保证。只是后来的几年，他与这些人的关系恶化了。

带头示范作用

亚历山大以自己的行动做出表率。他言出必行，从不纸上谈兵。在战场上，他身先士卒。很多次，他冲在最前面，把自己置于巨大的危险之中。他本来不必如此拼命，因为他是主帅，如果他死了，那就会对整个军队造成毁灭性打击。此外，早先的几年，他不愿过安逸的生活，而是和士兵过一样的日子，睡简易帐篷，吃大锅饭。军队挨饿受冻，他也挨饿受冻；军队因为战马死掉而步行，他也步行。后来他迷上了波斯宫廷的奢华生活，情况才有所改变。

积极鼓励创新

亚历山大认识到了，战术创新可以带来竞争优势。他支持并依靠军事工程师创新，再结合他自己敏锐的逻辑思维能力，改良了马其顿方阵，把自己的战争机器变成那个年代最先进的。他了解知己知彼的重要性，培植出强大的侦查力量。不过，亚历山大的创新并不限于军事方面。他对生物学、动物学和机械感兴趣，他带着科学家远征收集资料，推动了这些研究领域的发展。

进行意义管理

亚历山大善宣传机器，而且用得得心应手。他擅长演讲，用士兵所用的浅显语言训话，很有鼓动力。他广泛使用神话、比喻、类比和故事，利用文化象征骗取民心，从满是王权标志的船上跳下，斩断戈耳迪之结，就是很好的例子。当他觉得需要渲染自己的事迹时，他知道如何利用占卜师把那些事迹说成天意；他利用符号和仪式（比如祭神）来加大影响。这些“意义管理”（meaning management）活动，与以身作则结合在一起，让部下形成了强烈的群体认同感，大大调动了部下的积极性。

鼓励支持下属

亚历山大深谙赞美技巧，知道如何鼓励部下在战场上创造一个又一个辉煌。他经常对士兵表示个性化关怀，他能指出这个人立了什么功、那个人有什么英勇事迹，他让士兵觉得自己的个人贡献被认可了。他关注部下的需要，探望伤病员，为士兵排忧解难，为牺牲的人举行盛大的葬礼并且妥善安排其遗孀遗孤，慷慨赏赐部下。他能充当部下的情绪容器，也能充当优秀的倾听者。

重视人才培养

亚历山大花费了大量时间和资源在培训与开发上，这在他那个年代是极富远见的做法。他不仅训练现在的军队，而且关注未来，培养下一代，让年轻的波斯人了解马其顿战争的来龙去脉，努力把希腊语言和风俗带到亚洲。

巩固胜利果实

有些讽刺的是，这里列出的领导力启示，最有价值的三条不是从亚历山大做得比较好的地方总结出来的，而是从他没有做好的地方总结出来的，不是经验，而是教训。第一条是需要巩固胜利果实。亚历山大建立了庞大的帝国，可是没有建立配套的统治体系，所以从未真正地享受胜利果实。在心魔的驱使下，他从未休息、享受过，只是不停地征战。他好像没有选择，内心的冲锋号角从未停歇过。他的天生气质、家庭环境和早期关键经历一起造就了他：一个注定驰骋战场、征服大片领土的人。然而，这些也限制了他，在他内心筑起一座监狱，把他囚禁在过去，让他无法巩固胜利果实。征服也许能带来丰厚的回报，但是一个只知创业不知守业的领导者最终会失去一切。

制订继任计划

另外一个教训（也是亚历山大没有做好的第二点）是制订可行的继任计划。亚历山大做王做得很风光，希望自己是神，也几乎把自己看作神，因此从未考虑身后事。（当然，我们也可以说，他之所以没有制订继任计划是因为他英年早逝。）结果，在他死后，他的部下就瓜分了他的帝国。权力是易燃易爆品，传递时要相当小心。伟大的领导者应该认识到，自己总有去世的一天，要想基业长青，必须培养接班人。而亚历山大非常自恋，因此考虑不到这些事情。

创建治理机制

最后一个教训（也是亚历山大没有做好的第三点）是权力制衡至关重要。领导者有责任（尽管这样说也许太严肃，但我还是要这样说）创建恰当的组织治理机制。组织需要制衡机制以防止决策错误和权力滥用（见本书第 8 章、第 9 章）。亚历山大在统治初期是开明的（就他所处的时代和环境而言），鼓励“同伴”（companion，从马其顿贵族当中抽取的忠诚士兵）以及其他人参政议政。但是，像之前的很多统治者一样，亚历山大也对权力上瘾。随着时间的推移，他只听得进好话，所以他的亲信们都把对他的意见埋在心里。周围人不敢和他说真话，于是他开始活在自己的世界里。只有一件事，前面提过，就是士兵发生叛变，拒绝再征战，这件事让他回到了现实。脱离现实，是他没有采取措施巩固帝国的另外一个原因。

结语

以上都是从亚历山大的故事里获得的启示，很难说哪一条最重要，因为不同的帝国（或者组织）有着不同的实际情况。所有这些启示都很重要，最后三条尤其重要，因为这是亚历山大帝国的坍塌留给我们的启示，是血和泪的教训。他的帝国很大，他的财富很大，但是他自己更大——自大无比啊！“太阳王”路易十四说过“我死之后，管它洪水滔天”，可见他显然不关心给后人留下什么影响。在这一点上，亚历山大和他很像。但是，众所周知，亚历山大尽管没有制订有效的继任计划，但是在身后留下了不可磨灭的痕迹。

尾注

本章内容以同名文章在杂志上发表过，请查阅：

● Kets de Vries，M.F.R.（2003）.“Doing an Alexander：lessons on leadership by a master conqueror”，*European Management Journal Journal*，21（3）：370~375.

“解析亚历山大：一位伟大征服者的领导力课程”，《欧洲管理杂志》。

还可见于：

● Kets de Vries，M.F.R.and Engellau E.（2004）.*Are Leaders Born or Are They Made：The Case of Alexander Great*，London：Karnac Books.

《领导者是天生的还是炼造的：从亚历山大大帝说开去》。

第 11 章　有所建树的领导者

不要告诉下属怎么做事，只告诉他们做什么就好了，他们会拿出令你惊喜的结果。

——乔治·巴顿

引言

本章探讨的问题是：一流的组织是怎样打造出来的。首先，我将指出有效领导是打造高绩效组织的关键因素，然后，我将指出领导者在组织里担任的两个角色：魅力偶像和建筑师。作为建筑师，领导者要设计恰当的组织结构、控制体系和奖惩制度。作为魅力偶像，领导者要描绘愿景、下放权力、鼓舞士气。

为了阐释这个问题，我将谈谈三位因在商界取得巨大成功而闻名于世的 CEO，以及他们各自的组织。理查德·布兰森的维珍代表了快速成长的创业型组织，杰克·韦尔奇的通用电气是少数几个从动脉硬化症中恢复活力的组织，珀西·巴列维的 ABB 是一个整合了多家公司和多国文化的真正的全球公司。这三个组织，尽管有着截然不同的历史，但是有很多共同点，可以看作 21 世纪企业的典范。

领导者对组织的影响

有些组织观察家认为，领导者的角色并不是很重要，领导力的重要性被大大高估了。在他们看来，组织主要受到所在环境的影响。领导者受到很多东西的限制，有组织内部的，比如结构、流程和公司政治等等；有外部环境的，比如国家政策法规、人民生活水平、技术发展趋势等等。

不足为奇的是，领导力无用论有自己的支持者。毕竟，在商业成功等式中加入领导力，确实会让事情变得复杂：如果领导者真的那么重要，那么很多复杂的人的因素就必须考虑在内。有的领导力无用论倡导者，把复杂的人—组织—环境交互现象简单化，仅仅关注几个他们心目中对组织的战略和绩效有影响的因素。

环境因素显然对组织有重要影响，但是低估人的因素的影响是不对的。没有国王亨利这个人物，莎士比亚的历史剧《亨利五世》就没有丝毫意义。如果低估领导力的重要性，英国人一定会输掉阿金库特战役。我要说，任何敏锐的组织观察家都会注意到，CEO 对组织有或好或坏的巨大影响。在战略转型和组织变革时期，领导力的质量尤其重要，好的领导者能化威胁为机遇。

看看三位当代商界领袖的故事就能明白领导力的重要性。最近以及现在，这三位商界领袖经常出现在各大商业杂志的封面上，他们是：维珍的理查德·布兰森、通用电气的杰克·韦尔奇、ABB 的珀西·巴列维。这三个 CEO，尽管有着迥异的处世哲学和领导风格，但是都大大影响了我们对组织的认识（Kets de Vries 和 Florent，1999；Welch 和 Byrne，2001；Welch 和 Welch，2005）。

那么这三个人做了什么，改变了我们对组织的认识？他们有何特别的经营之道，让他们与众不同？

不同的领袖，相同的结果

“维珍”现在是英国名列前五的品牌，其董事长和创始人理查德·布兰森成了国际名人，经常出现在八卦杂志、商业报纸和电视节目上。维珍是一个庞大的企业帝国，横跨多个行业，包括运输、传播（书、广播电视、电子游戏）、零售和宾馆，旗下的维珍大西洋航空公司和维珍大卖场都非常有名。作为这个庞大企业帝国的经营者，布兰森 40 岁不到就成了英国首富。

杰克·韦尔奇，世界上最大的公司——通用电气——的前董事长兼 CEO。他 1982 年接手通用电气，把它打造成了一个价值 600 亿美元的企业集团。该企业集团业务多种多样，包括医疗器械、飞机工程、塑料工程、家用电器、电视媒体和理财服务。任职期间，韦尔奇把通用电气从臃肿笨拙的恐龙变成了矫健敏捷的猎豹，这是其他很多大型组织的 CEO 想做但是没有做成的事情。

1987 年，珀西·巴列维宣布实施现代史上最大的跨国并购，让全球商界大吃一惊。他把互为竞争对手的瑞典工程集团阿西亚（ASEA）与瑞士公司布朗勃法瑞（Brown Boveri）合并起来，成立了 ABB。那次并购以后，巴列维又在欧洲和美国并购了 100 多家公司，把 ABB 打造成了一个价值 300 亿美元的企业巨人，业务覆盖全球多个市场，包括发电和输电设备、高速列车、自动化和机器人以及环境控制系统。

乍一看，这三个组织没有什么明显的相似性，甚至这三个 CEO 也没有什么明显的相似性。维珍是一家高度重视创新的英国公司，通用电气是一家相对较老的美国公司，ABB 则是一个由许多国籍不同的公司组成的集合体。理查德·布兰森活力四射、相信直觉、亲和力强，杰克·韦尔奇是一位具有工程博士学位的技术型领导者，曾经连续几年被《财富》杂志评为北美最坚韧的经理人，珀西·巴列维说话温和、待人热情、具有哲学家气质，毕业于商学院，是数据处理和信息系统方面的专家。

这三个人的主要操作码（operational code）①也存在根本的不同。理查德·布兰森是缔造者，他白手起家创建了一个企业帝国，杰克·韦尔奇可以看作业务流程再造的主教、德高望重的组织变革者（促变者），而珀西·巴列维可以看作整合者，他极富战略眼光，把看中的公司纳入旗下，组合成一家全球公司。尽管有着这些根本的不同，但是他们对组织设计的看法、对自身角色的定位存在很多相同点。

这三个人最初都不满意传统的经营方式，于是尝试新的方式，以提高组织有效性。在摸索过程中，每个人都发展出新的经营理念、重新确立了组织目标。

他们的信念和价值观是他们的愿景不可分割的一部分，激励着他们热情而坚定地宣传他们的愿景。观察工作中的韦尔奇、巴列维和布兰森，我们可以看到三个知道如何制造热情和承诺来鼓舞员工与自己一起追求梦想的人。他们明白领导者作为战略家、促变者、教练和导师的重要性。他们想在各自的组织通过改变人们的态度来改变人们的工作方式。此外，他们还想让员工为组织感到骄傲，而不是仅仅为了赚钱而工作。他们想对社会做贡献。通过全体人员的

---

① 操作码，从决策角度研究政治领导人时用到的一个概念，指的是“政治领导人对政治和政治冲突的信念，对历史发展的看法以及有关正确战略和策略的观念等”。作者此处借用这个概念，指的是经营理念、对经商的看法。——译者注

努力，他们希望世人认为他们的组织在积极地影响世界。就像通用汽车的艾尔弗雷德·斯隆曾经是“现代”公司的建筑大师一样（曾经连续几十年被经理人视作学习榜样），这三个 CEO 成为后工业时代公司原型的设计师。

领导者的建筑师角色

那么，是什么让这三个人不同于一般的经理人呢？首先，也是最重要的，他们三个都扮演了组织建筑师，重新设计了企业文化，好让上上下下所有人（不管职位如何）都参与到组织建设中。他们想培养员工的主人翁感。

要扁平，不要纵深

这三个领导者都强烈地认为，战略意识不该只局限于企业高层，而是要深入推广下去。21 世纪的组织必须向横向型发展。纵深结构过时了，鼓励横向沟通而非纵向沟通的扁平结构才是潮流。巴列维把权限—责任—问责制度深入贯彻到最底层，规定他和一线员工之间不得超过五人。韦尔奇曾经被称作“扁平化大师”，因为他乐此不疲地想方设法减少层级。他和一线员工之间曾经隔着九级，最后减到五级左右。维珍的层级也是出了名的少，其他组织能做到多扁平，它就能做到多扁平。而且，这三个经理人都把各自的组织设计成尽可能简单的样子。他们想把决策链中的潜在混乱降至最小。他们明白正确的组织结构可以成为竞争优势。

新时代，新观念

巴列维、布兰森和韦尔奇明白人的行为并不好改变。这三个人知道，现在的年轻员工对组织的态度与老一辈的员工有着很大的不同。二战后一代一般是“组织人”，强烈认同组织，对组织非常忠诚，愿意终生报效组织。当今世界，并购、裁员、重组时有发生，在这种背景下，“组织人”简直成了大熊猫。

这三个 CEO 认识到，传统的指挥控制式管理方法和组织结构是为非技术性工种设计的，未来的高绩效组织，中流砥柱应该是自我管理式虚拟团队，而不是那种抽一鞭子动一下的人。于是，他们招聘那种擅长为自己设定目标并进行自我激励的人。他们想要内部激励型员工，他们希望吸引到那种严格要求自己、达不到自己设定的标准就批评自己的人。他们招聘那种具有很强的学习能力和适应能力、能够容忍不确定性的人。在这三个公司，分权和经营自主是营造创新氛围和高绩效氛围的必要条件。

这种组织设计非常符合巴列维、布兰森和韦尔奇的一个认识：人们希望多多少少能够主宰自己的职业生涯。这三个 CEO 还明白，现在的员工是没有耐心的。他们不会像老一辈的员工那样默默地等待最终的认可，而是想立即担当大任、获得奖励，结果，他们容易跳槽到那种很快提供机会让他们一展拳脚的组织。他们在寻找那种能够得到锻炼的组织，他们希望高级经理人愿意把宝押在他们身上并给他们提供学习空间。学习和允许犯错似乎是紧密联系的。因此，他们实际上在寻找允许他们犯错的组织。毕竟，不犯错的人做不了任何决定！

然而，那并非意味着员工不必为绩效负责。问责制度要贯彻到组织最底层。干好干坏一个样的组织不可能赢得竞争。因此，这三个组织的企业文化有一个重要的共同点：进行建设性的绩效反馈。有比较，没借口。

小就是美

三个 CEO 都知道，“大”意味着更多的机会，但是“大”也可能成为严重的阻碍。如果随着规模逐渐变大，管理成本大大提高，那就不能实现规模经济效益。这三个经理人非常清楚，部门变得太大，员工的存在感就会变得很弱。这时，员工会觉得被疏离、被去个性化，而疏离感和去个性化感会明显打击创新精神和企业家精神。

为了给员工提供挑战、培养员工的主人翁感，巴列维、布兰森和韦尔奇都不遗余力地在各自的大公司里制造以高绩效为特点的小公司氛围。相传，布兰森曾经说过，部门人数超过 50~75，员工就会丧失身份感和归属感，这时就有必要拆分出一个新部门。布兰森严格贯彻这一理念：他的组织包含大量自主经营的小部门。他的组织就像变形虫，不断地分裂复制。维珍变成了一个由众多相互联系、利益互惠、在外人看来可能非常神秘的公司构成的神秘网络。确实，维珍的内部结构非常复杂。不过，在某种程度上，我们可以把维珍看作一家假想组织，因为它就是风险投资者布兰森通过为旗下所有投资使用同一品牌名称打造而成的。类似地，韦尔奇多次指出，通用电气是一家由多家小公司构成的公司，每家小公司都十分鼓励员工接受内部创新挑战。巴列维的看法也非常类似。

在这一新型组织结构中，以前用来对营业公司实施控制的大总部，就没有存在的必要了。实际上，布兰森根本没有设立总部。他的总部曾经是一座船屋，装不了几个人，只有象征作用。

众所周知，巴列维非常讨厌大总部。巴列维掌管 ABB 期间制定的指导性纲领“企业圣经”规定，所有并购项目都要遵守“30% 规则”。具体含义是，新并购的公司，总部要精简 90% 的人，其中，30% 被自然淘汰或用其他方式加以遣散，30% 转调到下面的利润中心，30% 成立独立自主的服务中心，为内部客户服务，收取费用，同时也可开发外部客户。这样，总部只剩下 10% 的人。巴列维用实际行动诠释了这一规则，把布朗勃法瑞与阿西亚合并为 ABB 后，他只在总部保留了 150 人（在并购以前，布朗勃法瑞的总部有 4000 人，阿西亚的总部有 2000 人）。

巴列维、布兰森和韦尔奇非常清楚，员工与组织之间的“心理契约”（psychological contract）变了，随着组织忙着并购、重组、再造，员工对组织不再忠诚，也不再期待工作终身有保障。然而，三个 CEO 都明白，为了让组织有吸引力，必须给员工提供一种新的保障，那就是就业能力（employability），也就是可以带走的技能。这样，当某天组织不再需要某个员工的服务，他还是可以在别处找到工作。这种新的心理契约意味着，组织需要给员工提供学习机会（见后面的“持续变革”部分）。

以结构取胜

韦尔奇提倡“无边界公司”，以纠正僵化的官僚作风。维珍和 ABB 松散的组织结构，也有类似的作用。巴列维任职期间，ABB 采用矩阵式结构，由区域（以及 / 或者国家）和行业形成两维，管理者在不同区域（以及 / 或者国家）间的流动性很大。类似地，维珍旗下的各公司也只有松散的联系，员工可以不断挑战新工作，而不是数年如一日地在同一岗位上做重复性劳动。

三个经理人都建立了集 / 分权结构。他们强烈赞同分权，但同时监控关键业绩指标，确保掌握各事业部的情况。

IT 功不可没

同时既大又小，大公司分解成多个联系松散的小公司但凝聚力保持不变，这种状况只有通过 IT 变革才能实现。复杂先进的信息系统已经成为让分散在不同地区的员工聚在一起的主要力量。现在，分权而不失控是可能的。自然，要想成功实施上述新型组织结构，管理者和员工必须掌握一定的 IT 技能。

是 IT 让巴列维能够理直气壮地说："我们想既集权又分权、既大又小、既全球化又本地化。"布兰森和韦尔奇也说过类似的话。

克服官僚主义

在很多组织，官僚主义是贬义词，这三个 CEO 都对官僚主义深恶痛绝，想了很多办法严防组织变成办事拖拉、热衷开会发文件的"衙门"。韦尔奇的一个办法是在通用电气引入"问题解决"（work-outs）理念，让员工暂停日常工作、思考提高工作效率的方法，换句话说，就是让员工自己找出怎样省掉工作中不需要的步骤的方法。维珍和 ABB 的经理人尽可能不下发文件，而是通过电话、电子邮件或者面对面的方式（哪怕要坐飞机去外地）沟通。

培养创造力

这三个 CEO 还努力打造有利于创新的环境，充当创新项目的赞助人。他们知道，新想法就像娇弱的花朵，不精心呵护的话，就会迅速凋谢。结果，他们不仅在财力上而且在情感上大力支持员工把新想法付诸实践。他们想看到不断有新项目上马、不断有新产品上线。而且，他们三个在这方面都做得非常成功。例如，维珍的新闻发言人或活力四射的董事长几乎每周都会宣布推出一个新项目。通用电气和 ABB 也是差不多的，要求每年都要更新一大部分的产品目录。

这三个人进行组织设计所依据的原则是：人们觉得能够掌控所

做事情的时候，感觉就会更好，创造力就会更强。此外，压力研究表明，人们在觉得能够掌控自己的人生、没有无助感的时候，压力症状较少（Zaleznik 等人，1977）。而只要没有受虐狂倾向，压力越小，工作效率就越高。

而且，当人们具有主人翁意识，就会更敬业，干起活来更开心。越开心，就越卖力，这三个人都深谙这一点。在太多组织里，“开心”似乎是个贬义词，很多高级经理人似乎忘记了“开心”的重要性，不会费心创造环境让人们在组织里“玩耍”。而研究创造力的人告诉我们，玩耍与创造力是紧密相连的。

这三个人还明白，今天，优秀人才就像独轮车里的青蛙，随时可能跳走。因此组织需要想方设法提高创造型人才的组织承诺感。除了提供机会让他们自由翱翔之外，还需要提供具有吸引力的物质奖励。但是创造型人才不仅需要高薪，还需要无形奖励。他们希望论功行赏，肯定自己的价值。利润分享是挽留优秀人才的一种办法。实行股票期权、奖金红利或其他利润分享计划的组织，对经理人有较强的吸引力。股权在帮助组织挽留优秀人才方面发挥着重要作用。

相传，布兰森说过自己在经营“百万富翁制造业”。他明明白白表示过，他不希望得力大将离开维珍另起炉灶。他保证，核心员工能在维珍的庇护下成为百万富翁。在韦尔奇的领导下，通用电气获得股票期权的员工数目急剧增加。据他观察，通用电气股价一上涨，员工肾上腺素水平就会随着上涨。当然，这种激励方式也会增强员工的主人翁意识。

重视客户

这三个人的组织设计还有另外一个关键特点主题：以客户为中

心。这三个人的一条重要经营理念是：组织中的每个人都要与客户密切接触。事事都从客户的角度出发，一切流程都围绕“提高客户满意度”原则来设计。在这些高绩效组织里，客户并不仅仅是个抽象的概念，也不仅仅是难以取悦的大神。在这一点上，这三个人都以身作则，投入很多时间打理客户关系。小公司再次发挥作用，增大客户接触面，缩短客户反馈回路。

比光还快

除了组织形式外，高绩效组织的另外一个特点是速度。产品生命周期越来越短，上市速度变得越来越重要。太多公司，产品研发做得很成功，最后却败在市场投放上。这三个 CEO 认识到了速度的重要性，于是努力打造有活力、快节奏的工作环境，让员工不断接受挑战，尽快行动、速出结果。在通用电气，速度被视作公司核心理念的一部分，韦尔奇自己不断强调这一点。

布兰森公司的关键成功因素之一也是快速行动的能力。他自己说：“我早上在浴缸里想出一个新主意，晚上就能付诸实施。”在巴列维的管理理念中，速度也占有重要位置。他的“企业圣经”中有句话：“精度诚可贵，速度价更高。”他明明白白地表示过，为了速度而犯错是可以的。他并不奢求 100% 的成功率，而是期望手下经理人有 80% 左右的胜算就行动。在 ABB，唯一不可接受的行为是，因为不愿做决定而没有采取行动、错失良机。

持续变革

维珍、通用电气和 ABB 的企业文化有个重要的共同点，那就是持续变革。培养员工对变革的积极态度，是非常关键的，因为自满情结是非常危险的，尤其是在面对外部威胁时。有句话说，“没有什么比成功更具杀伤力”。这些组织的员工需要认识到，“变”是这些组织的永久状态，而非暂时状态。

这三个 CEO 都非常清楚，在竞争激烈的商场，组织只有有着浓厚的学习氛围，才更可能变革成功，适应不确定性。因此，这三个 CEO 都努力把组织打造成能给所有级别的员工提供最佳学习机会的样子。然而，最大限度利用这些机会则是员工自己的事情。只要看看这三家组织有多少经理人被竞争对手挖走了，就可以明白它们把“为员工提供就业能力”的理念贯彻得有多么好。通用电气、ABB 的毕业生对猎头有着不可抗拒的吸引力。

建设组织文化

这三个人还认识到，在松散的组织结构里，有两种“胶水”在起作用，一个是前面提到过的复杂先进的信息系统，另外一个是组织文化。共享价值观非常有利于维持凝聚力。这三个 CEO 都（或明或暗地）要求旗下各公司分享一些价值观。通用电气和 ABB 的关键价值观都总结在各自的“企业圣经”里，维珍的价值观更多地以不成文的形式存在着。这三家组织，不管有没有把组织价值观明确总结出来，都要求组织中的每个人熟悉组织价值观。它们不断在工作坊、学习班和大会上强调组织价值观，以期员工内化组织价值观并贯彻在行动中。价值观内化得越彻底，意味着越用不上外在控制手段。

这三个 CEO 还不遗余力地想方设法打造坦诚沟通的组织文化。他们鼓励逆向思维。他们牢记巴顿将军的话：“如果人人都同意，那么一定有人没思考。”他们明白，如果下属不敢直抒己见，那么领导接收到的信息就是片面的。韦尔奇的一条处世原则是：“坦诚对待每个人。”他出了名地直率，也希望别人和他一样直率。巴列维也承认，得不到足够反馈是危险的。他竭尽全力鼓励员工直抒己见。布兰森也相信，广纳谏言是非常重要的。他通过各种方式私访，欢迎员工指出不足之处，提出改进建议。

布兰森、巴列维和韦尔奇知道，鼓励员工直抒己见、坦诚待人的关键是信任。于是，他们把营造信任氛围当作头等大事来抓。他们知道，信任等式里，能力、信誉、一致、支持、尊重、诚实的权重都很高，不过在组织里营造信任氛围的关键是沟通。当然，惩罚报忧之人是营造信任氛围的大忌，三个 CEO 都竭力避免这样做，尽量对报忧之人予以积极回应。他们以身作则，坦诚沟通。他们不光嘴上喊口号，而且贯彻到行动中。他们非常认真地对待教练、拉拉队队长、导师的角色。

这三个 CEO 还不遗余力地培养员工的组织公民行为。这些组织之所以如此成功，一个原因是，员工主动地、无私地帮助彼此。与其他组织不同的是，这些组织的员工不会各扫门前雪，不会只顾自己的一亩三分地。如果有件事要做，他们不会说“这不是我的工作”，相反，他们不仅做好分内事，而且时刻准备去做分外事。对他们而言，组织利益是最重要的。为了让员工把组织利益放在首位，领导们以身作则，还努力培养员工的主人翁意识、身为组织一员的自豪感。

了解自己

这三家组织之所以如此成功，还有一个原因是，三个 CEO 的情商都很高，能够客观评价自己，知道自己的弱点在哪里，进而寻找能够弥补自己短处的左膀右臂。布兰森有个强大的经理人团队，团队成员有他自己没有的优点。巴列维身边也有一群经理人，这群人长期追随着他，为他出谋划策。韦尔奇有两个副董事长，这两个副董事长加上他本人构成了一个团队。他还定期参加“问题解决”活动。该活动现在很出名，通过这个活动，员工可以挑标准做法的毛病而不用担心受惩罚。

领导者的魅力偶像角色

到目前为止，我们考察了珀西・巴列维、杰克・韦尔奇和理查德・布兰森是如何扮演建筑师角色设计各自的组织、建立恰当的控制和奖励系统的。但是领导者还有另外一个重要角色——魅力偶像。作为魅力偶像，领导者要描绘愿景、下放权力、鼓舞士气。建筑师角色和魅力偶像角色是相辅相成的，缺了其中任何一样，组织都不会良性发展。不幸的是，在很多组织里，领导者不是只会扮演建筑师，就是只会扮演魅力偶像。

描绘愿景

这三个领导者以及各自的组织之所以如此成功，一个重要原因是他们三个人都非常清楚自己想做什么、想去往哪里。他们为组织设立目标；他们知道如何给组织指定方向，并且知道如何让组织坚持沿着那个方向走。他们想让员工为自己的组织感到骄傲；他们想让员工觉得自己的组织是独一无二的。通过从上至下强化责任意识、在全组织营造坦诚沟通的氛围，他们得以让员工分享他们对事情的看法。

愿景很重要，因为它能提供未来蓝图，它能激发热情，它能在混乱中建立秩序，但是，如果不分享给组织所有成员，它就没有用。布兰森、韦尔奇和巴列维都认识到了印象管理的重要性，所谓印象管理，在这里是指用一种有效的方式传达愿景。例如，布兰森是很抢镜头的“嬉皮士”，韦尔奇是好强进取的“牛仔”，巴列维偏传统，也偏温和。尽管风格迥异，但是这三个人在谈论自己要做什么、要去往哪里时，都饱含着热情、散发着自信，这让他们的愿景很有感染力。

韦尔奇奉行的一条理念是：“不要管理，要领导！”他用行动阐述这条理念——告诉通用电气的每个人，不管涉足什么行业，都要做到数一数二，如果做不到，就要申请资源、寻求支持去做到，否则就该离开那个行业，或者用他的术语说，就是“退出”（disengage）。布兰森的愿景，就是把维珍打造成企业家的摇篮。他招聘那种有想法、敢闯敢拼的人，也就是愿意在自己选定的领域做到最好的人，不管是娱乐、通信、航空、旅馆、百货店还是饮料行业。巴列维的愿景是打造世界最好的工程集团。

巴列维，像其他极其有效的企业领导者一样，非常擅长意义管理。他经常说，他的工作动力就是，希望通过创造就业机会（特别是在东欧，当时他是东欧最大的投资者）让世界变得更美好，通过提供清洁的能源和运输来保证世界的宜居性。这一愿景，不唯利是图，而是恪守社会责任，对员工有很强的激励作用，也很有挑战性。布兰森也把关心社会问题视作一条重要的经营理念，并且多次用实际行动表明了他的社会责任感。

下放权力

我已经描述过这三个 CEO 是怎样创建分权型组织结构的。他们明白，人并不能通过囤积权力变得强大。相反，懂得下放权力的 CEO 才会长期立于不败之地。尽管短期之内，放权可能很难做到（毕竟，权力让人上瘾），但是长期来看，放权会让整个组织受益。员工的生产率会提高，组织的生产率会提高，CEO 会变得更强大。很多经理人容易掉入一个陷阱——为了追求短期心理满足而忽视长期收益。这三个 CEO 回避了短视陷阱，懂得如何延迟满足权力需要。

在下放权力的同时，他们也设定对高绩效的期望。他们强烈地表达对手下经理人的信心。他们知道高期望更可能调动能干之人的积极性。

鼓舞士气

太多组织存在过错下推、功劳上揽的潜规则；太多高级经理人要么回避冲突，要么管得太细，要么生硬粗暴。这样的做法会激起强烈的消极情绪。韦尔奇、巴列维和布兰森知道如何驾驭员工的依恋能量和攻击能量，这是他们领导有方的另外一个关键。他们还知道如何营造情绪包容环境。领导者有个角色经常被忽略，那就是“精神病防治社会工作者”。这些富有远见的领导者非常擅长随需表达情感。他们是积极的倾听者；他们有超强的人际技能，因此（他们善待下属，下属又善待下属的下属，一级一级这么传递下去）能够最大限度地激发员工的潜能。

这三个 CEO 鼓励员工面向组织外部发泄攻击性。他们知道，攻击性若是面向组织内部发泄，就会导致钩心斗角、争权夺利、四分五裂、士气下降等问题。为了避免这种情况，他们制定员工行为守则，明确规定哪些行为是可以接受的、哪些是不可接受的，与此同时，把员工的攻击性引向外部竞争。有强大的共同“敌人”，就会群情激昂，就会有目标感。杰克·韦尔奇经常说，他不想员工窝里斗，他希望员工一致对外，与西屋（Westinghouse）斗、与杜邦（Dupont）斗。珀西·巴列维几次三番提醒员工，他们的敌人不在公司内部，而是公司外部诸如西门子和通用电气那样的公司。而维珍大西洋的敌人当然是英国航空（British Airway）。

结语

这三个 CEO 努力打造的工作之地，可以比喻成“爵士乐团”：所有乐手一起表演合奏，与此同时，每个乐手都有极大空间即兴表演独奏。

正如前面讲过的那样，高度结构化组织的时代已经成为历史。现在，体制僵化、等级结构和囤积权力只会给组织带来灾难。在 21 世纪的全球化背景下，不整合个体力量或者不最大限度发挥经理人潜能的组织，就会丧失创新精神和创新能力，进而在竞争中落败。

显然，有些经理人也许没有能力处理这种网络化、无边界组织带来的模糊性——组织的物理边界相对容易抹去，但是人们心中的边界却不好抹去。让领导者戒掉对权限、结构和控制的需要，可能需要耗费很长时间、很多精力。然而，长期来看，这样做好处很大。最终，他们会更喜欢自己的工作，工作效率会更高。

同样，很多组织领导者在培养员工创造潜力方面做得不足，他们不知道如何打造能够让组织进行自我完善（而不是在外界干预下被动改变）的学习型文化。他们创建的组织，员工不会预期，只会反应。但是，像布兰森、韦尔奇、巴列维那样的领导者知道，给员工一片天空，他们就能展翅飞翔。他们知道如何在企业里培养创新精神。他们努力让组织里的生活更有意义，让员工喜欢自己所做的事情。

一位智者曾经说，世上有三种人：先知先觉创造机会的人，后知后觉利用机会的人，不知不觉错过机会的人。布兰森、韦尔奇和巴列维似乎都明白，后两种人不利于组织的长盛不衰。

尾注

本章大部分内容以同名文章在杂志上发表过，请参阅：

- Kets de Vries, M.F.R.（1996）."Leaders Who Make a Difference", *European Management Journal*, 14（5）: 486—493.
  "有所建树的领导者"，《欧洲管理杂志》。

第 12 章　浅谈如何管理富有创造力的人

创造就像是用本能、技巧、文化和激情调制鸡尾酒。它不像吸毒；它是一种特殊的状态，在这种状态下，一切发生得非常迅速；它是意识和无意识的混合物，恐惧和快乐的混合物。它有点像做爱，也就是爱的肉体表达。

——弗朗西斯·培根

引言

本章，我将带领读者走马观花般地看看有关创造力的研究。我在亚马逊网（Amazon.com）输入“创造力”一词，大约得到了 200000 条结果。这么多，显然只能是走马观花。我只稍微谈谈创造力最突出的几个方面，以及这几个方面对组织的影响。

注重逻辑和秩序的左利脑人（主要进行抽象思维）比较好管理。他们适合在组织里生存。他们喜欢分析一切事物，规章制度让他们觉得安全。他们中规中矩、顺从听话。相较之下，富有创造力的右利脑人（主要进行形象思维）则让管理者头痛。他们特立独行，不守传统，相信直觉，玩世不恭，不按常理出牌，容易在照章办事的组织引起混乱。他们的思维是发散式的、关联型的、联想型的；他们做起事情来，毫无章法、没有条理（这种状况会一直持续到最后解决掉问题），让人觉得不靠谱。

于是，我们很容易得出结论说，组织应该把所有右利脑人当作杂草连根拔除。但是，在下结论之前，请先看看这个：如果你想要你的组织获得成功，如果你想在全球商界奥运会上拔得头筹，那么你需要吸纳这种人。组织里的“怪胎”往往是产品创新和流程创新的源泉，会帮助你超过竞争对手。本章，我将探讨是什么让富有创造力的人与众不同，看看在把他们的离经叛道转化成开拓创新的过程中会遇到什么挑战。

富有创造力的人的特点

富有创造力的人与一般人有什么不同？怎样识别出富有创造力的人？怎样把富有创造力的人吸引到组织中并加以培养？

现在很难知道“创造力”到底是什么，因为这个词使用过度了。据认为，每个人都有创造潜力。“没有创造力”，不是什么好话。毕竟，在励志书和励志片泛滥的年代，任何事情都是可能的。积极思考，威力无穷，能够积极思考，创造力就有了一大半的保证。

这里有必要说说“创造力平民论”，即大部分人都有一定的创造潜能，只要环境合适，就会发挥出来（Miller，1998；Birch，2000；Von Krogh，2000；Monahan，2002；Lucas，2003）。然而，根据我的经验，真正的创造力——大C创造力，即足以改变某领域面貌的创造力——是罕见的，而且往往是稍纵即逝的。真正富有创造力的人，总是在不断尝试新方法，能够完全抛弃成规。他们的创造，不是简单的革新或者把好想法付诸实施；实际上，他们的创造，往往是破旧立新（Koestler，1964；Gardner，1993；Simonton，2004）。我相信，真正富有创造力的人，思维非常流畅，也就是能够迅速产生大量不同寻常的想法。想象天马行空，思维跳跃性大。精力充沛、意志坚定。有主见，不服管。玩世不恭，恣意纵情。幻想丰富，有时堪称怪诞。

富有创造力的人具有以下关键特征：

- 求知欲旺盛。
- 直觉灵敏（直觉也是一种推理形式，依靠的是不同寻常的信息渠道）。
- 因为直觉灵敏，所以对外界刺激非常敏感。别人无意识地忽略掉的事物，他们往往会注意到，之所以如此，一个原因就是，他们能够应对认知复杂性，既能见到森林，又能见到树木。
- 能从别人眼里的一团乱麻中发现规律。
- 能够内化印象并制造关联（即能够把感知到的东西记在脑海，并把一些毫无关系的东西联系到一起）。
- 极富远见，围绕远期目标行动。
- 坚定执着，不怕冒险。在不明真相的人看来，他们工作轻松，其实是因为他们提前做了大量准备和筹划。
- 真正富有创造力的人，高度容忍模糊性，不容易出现提前闭合（即不会在证据不足的情况下草率下结论，进而看不到其他可能性）。他们可以忍受暂时搁置问题引起的紧张和悬疑。
- 但是，他们也容易焦虑，也许是因为他们总是对自己制造的东西不满意。

正如这些特征表明的那样，富有创造力的人是个矛盾体：叛逆，与此同时也很敏锐。富有创造力的人，对所处行业的需求变化异常敏感。当客户对现状不满意，他们往往是第一个认识到需要进行变革的人。他们不仅会认识到变革需要，而且会采取行动实施变革。真正富有创造力的人就像希腊神普罗米修斯（"普罗米修斯"的意思是"先知先觉"）。富有创造力的人有时能够预测未来。

数个研究者指出，富有创造力的人比一般人更容易出现情绪障碍（Jamieson，1993；Hershman 和 Lieb，1998）。有趣的是，情绪障碍与创造力之间的关联也许可以解释杰出人才的某些特点。除此之外，具有情绪障碍的人，情绪反应性往往更强，也就是，对内外部刺激往往更敏感。此外，他们专注力很强，容易集中注意力，能够静下心来做事情。另外，他们的思维模式结构性不强，因此可以自由访问无意识层面，进行新奇的联想。

激发创造力

那么我们其他人呢？可以只有少许创造力但充分利用这少许创造力吗？有证据表明，我们所有人都有一定的希望（Runco 和 Pritzker，1999）。一般人的创造力是可以通过训练加以提高的，比如，使用发散式（联想式）思维而不是聚合式（分析式）思维。发散式思维，流畅性和灵活性要高很多，与创造力有关。

比较有效的创新思维策略有（包括但不限于）：

●头脑风暴法（Brainstorming）——一群人各抒己见，暂时不对任何意见作出评价，以尽可能多地产生创意；

●属性列举法（Attribute listing）——观察分析事物或问题的

属性或特点，然后针对每项属性或特点提出改良或改变构想；

●提喻法（Synectics）——以大量联想为基础，以不同事物之间的相同点或类似点为纽带，充分调动想象、直觉、灵感等功能，巧妙借助其他事物找到突破口；

●横向思考法（Lateral thinking）——不是过多地考虑事物的确定性，而是考虑多种选择的可能性；关心的不是如何完善旧观点，而是如何提出新观点；不是一味地追求正确性，而是追求丰富性。

这些策略，彼此之间很难精确区分开来。它们似乎有一个共同点：暂停评判，防止提前闭合，鼓励自由联想。

众所周知，有人提倡用兴奋剂激发创造力，这样做有时会带来有趣的结果。19世纪英国诗人塞缪尔·泰勒·科尔里奇坚持说，他的诗《忽必烈》是吃了鸦片萌生灵感而作的；小说家奥尔德斯·赫胥黎在《知觉之门》中描述了注射致幻麻醉剂LSD后的体验。

试图揭示创造力本质的研究者指出，创造过程包含一系列步骤，可以分为明显的几个阶段（Runco和Pritzker，1999）。第一个是准备阶段（preparation phase），收集相关信息；第二个是酝酿阶段（incubation phase），琢磨所得信息，希望发现什么关联，这个阶段，无意识脑唱主角；第三个是明朗阶段（illumination phase），可以想象阿基米德想出判断王冠是否纯金的方法后光着身子冲到锡拉丘兹（Syracuse）的大街上大喊“找到了！”的样子；最后一个是求证阶段（verification phase），检验所做发现。

有人还用更简洁的词语对创造过程加以总结，比如，三“B”，其中，“B”指激发创造力的情境：

●床（Bed）：在半醒半睡之间，或者在梦中，思维摆脱成见的束缚，真正开阔起来。德国科学家奥古斯特·凯库勒说，他是在梦到一条首尾相连的蛇之后才想出苯环结构的。

●浴缸（Bath）：阿基米德就是在洗澡的时候想出浮力定律的。

●巴士（Bus）：或者任何一种允许人自由思考的交通工具。上面说到的凯库勒就是在一辆伦敦巴士的上层想出结构理论的。

这三个情境，能够营造一种近似催眠的氛围，是容易出现B型联想思维（bi-sociactive）的典型情境（Koestler，1964）。所谓B型联想思维，就是把原本没有联系的事物联系起来。

仔细考察一下，就会发现创造过程充满各种“意外”。发现往往需要运气。富有创造力的人能在别人容易忽略的偶然事件中看到机会。20世纪医学领域的突破，没有哪个比青霉素的发现更具偶然性了。亚历山大·弗莱明在一间简陋的实验室研究葡萄球菌。由于培养皿的盖子没有盖好，从窗口飘落进来一颗青霉孢子落到了培养细菌用的琼脂上。弗莱明惊讶地发现，青霉孢子周围的葡萄球菌消失了。他断定青霉会产生某种对葡萄球菌有害的物质，进而发明了神奇的抗菌药物青霉素。弗莱明之所以能够发现青霉素，是因为他数年来一直在做这方面的实验，也就是前期做了大量准备。有句俗话说：“如果你的脑子里装着锤子，那么你看到的一切东西都像钉子。”路易斯·巴斯德也说过：“机遇偏爱有准备的人。”

在过渡世界里玩耍

那么为什么有些人具有大C创造力？是什么让他们脱颖而出？

是遗传问题，也就是先天生物基础决定？还是培养问题，也就是后天所处环境决定？这些问题必然引出另外一个有趣的问题，创造与疯癫有什么关系？因为富有创造力的人往往离经叛道，所以人们自然而然地把创造和疯癫联系在一起。这又引出了另外一个问题：天才与疯子的界限在哪里？

为了不在“先天还是后天”问题上纠缠过多，我们有一种保险的做法，假定创造力既受先天因素影响又受后天因素影响。我们所有人，生下来就有一定的生物基础，后天又受到养育环境的熏陶。即使遗传了一模一样的基因，早期经验的不同也会导致个体差异。富有创造力的人，成长环境一定有什么独特之处，正是这些独特之处加强了他们的创造力（Gardner，1993；Simonton，2004）。

回想一下自己的成长过程，你现在也许会发现，孩提时代，你处理的是两个世界，一个是日常世界，满是外人强加的条条框框，告诉你应该做什么以及应该怎样做，另外一个是内心世界，满是你自己的驱力、愿望和需求。个体后来会把外部世界和内部世界区分开来，但是对于小孩子而言，外部世界和内部世界之间存在一个中间地带——一个幻想空间、想象空间。

你还记得自己是怎么创建假想世界并在其中玩耍的吗？在精神分析家兼儿科医生唐纳德·温尼科特的描述中，这一介于现实和幻想之间的假想空间满是“过渡客体”（transitional object），比如毯子、娃娃、积木等等，也就是帮助孩子把外在现实和内在现实连接起来的熟悉物件（Winnicott，1975）。在温尼科特看来，这个世界是个中间体验地带，介于“条条框框”和“泰迪熊”之间。探究能力、内在凝聚感和外在现实感的发展，就从这个假想空间开始。

温尼科特认为，过渡世界在个体发展中起到了非常重要的作用，在过渡世界里玩耍正是建立自尊感的基本方式。我们大多数人依靠过渡世界从童年走向成年、解决发展任务、建立自我感。然而，对于富有创造力的人而言，情况则有所不同。大多数富有创造力的人，从未完全走出童年，所以不会放弃过渡世界。结果，整个一生，他们的行为都会受到过渡世界的影响。

父母的态度，对这个思维“玩耍区”的发展起到了至关重要的作用，他们可以鼓励并帮助孩子进行自由联想，他们也可以给孩子定下很多规矩，限制孩子进行自由联想。如果父母不愿参与孩子的游戏，过渡世界就会慢慢退化。然而，如果父母鼓励孩子玩耍，过渡世界就会变成创新思维的孵化器。好奇心、想象力、创造力等都从这里开始。每个人都或多或少具有这些品质，但是，与其他人相比，真正富有创造力的人成年之后更容易重新进入过渡世界。结果，他们熟悉自己的非理性，与无意识层面更贴近。他们不会因为年龄的增长而荒废这一内省能力。作为成年人，他们能够进入这个幻想世界，生出离经叛道的想法，找到标新立异的做法。在这种背景下，精神分析学家提出了“在自我协助下退化”（regression in the service of the ego）的概念，意思是，能够在这些不同世界来回迁移，让现实和幻想最大限度地融合在一起。

通往创造力的两条路

广义地说，创造力的养成途径有两条：建设性的（constructive）或者反应性的（reactive）。尽管都是不愿放弃过渡世界，但是两条途径有着重要的不同。

建设性之路

走建设性之路的人，小时候父母鼓励他们玩耍。父母也许与他们玩语言游戏。父母严肃对待他们的过渡客体，不把他们的过渡客体看作需要清理或扔掉的东西。此外，父母还参与他们的游戏，表扬他们的求知欲和好奇心。父母接受假想的、非理性的交流，陪着他们说胡话。当他们独立成事，父母会奖励他们；当他们犯错，父母不会嘲笑他们。父母表扬他们的成就而非能力。我们经常发现，父母本身也有很强的自主性、丰富的想象力，是他们的角色榜样。

当然，父母也可能逼得太紧，过分强调创造力，导致他们觉得自己无能。当父母在一个自己屡遭失败的领域对他们寄予过高的期望时，就会发生上述事情。父母想要他们代替自己成功，也许会让他们承担“不可能任务”。但是，一般而言，温和的、支持性的鼓励可以促进建设性创造力的发展。

反应性之路

走反应性之路的人，情况十分不同。对他们而言，过渡世界是逃避外部世界痛苦现实的避风港。约翰·米尔顿在《失乐园》中写道：

> 境由心生。
>
> 生在天堂也可能觉得如在地狱，在地狱也能仿佛置身天堂。

我们发现，一般而言，富有反应性创造力的人试图处理各种形式的创伤体验。所处环境不知怎的让他们长期觉得焦虑。放任创造力往往是他们应对内心骚动的唯一方式。

他们创造力爆发的催化剂往往是发生在他们人生早期的事件，也就是在他们最容易受影响的年纪发生的事情。例如，抚养者去世或者兄弟姐妹夭折，自己罹患重病或天生畸形，与兄弟姐妹过度争宠，战争或者被迫迁离故土等外部事件，可能会给孩子带来严重创伤、留下心理阴影，而且，也许终其一生都不能弥补创伤、走出阴影。创造力爆发似乎有助于这种人管理自由浮动性焦虑（free-floating anxiety）[1]和抑郁感。说到底，是修复需要在作祟，也就是说，这种人之所以创造是想为内心挣扎找到一种创造性的解决办法。

很多艺术作品表现出了作者创造性地弥补心理创伤的企图（Jamison，1993），这一挣扎的常见表现就是描绘内化于心的体像。例如，画家的自画像，比如爱德华·蒙克的、乔治·德·基里科的、埃贡·席勒的或者弗里达·卡罗的，往往是他们情绪状态的良好“投射性指标”（projective indicator）。蒙克曾经说过：“疾病和疯狂是围在我摇篮边上的黑色天使。”他很小就目睹了母亲在死神面前的挣扎，这一经历对他造成了毁灭性的影响，他的画经常有一种忧郁感和灾难感，也许就是这个原因。席勒经常把自己画成阉割过的、畸形的或缺胳膊少腿的样子，我猜这可能和他的童年经历有关。父亲在他 15 岁时死于梅毒，四个兄弟姐妹英年早逝，母亲与他的关系不好，这些事情都对他的心灵造成了很大的伤害。卡罗，先患上小儿麻痹症，后又遭遇车祸，很长一段时间都无法行动、卧病在床，她的大部分画作都在描绘残缺不全的身体。德·基里科人格的主要特点是抑郁和去个性化，他的画作多以分离、忧郁、陌生、阴森的空虚和静止为主题，反映了他跟自己的疏远。他的画作也许还受到姐姐的去世和母亲的拒绝的影响。文森特·凡·高的作品反映了自我分裂的悲剧，这不消多说。凡·高早期经历了情感剥夺。他母亲的第一个孩子，名字也为文森特，一出生便夭折。在这

① 一种提心吊胆、惶恐不安的强烈内心体验，不能明确意识到是为什么而担心。——译者注

个孩子的周岁忌日，凡·高出生了。凡·高觉得，他是哥哥的替代品，他的出生是为了填补哥哥的去世留下的空虚。这种经历对凡·高的心灵造成了很大的伤害。弗朗西斯科·戈雅人生晚期罹患重病，这一经历让他的画风发生剧变。他的一幅作品，描绘的是第二个统治全宇宙的天神克洛诺斯在吃自己的孩子，十分恐怖，反映出他画风的改变。

很多作家和作曲家也试图在作品里创造性地解决内心挣扎。弗朗茨·卡夫卡的故事《变形记》讲述了一个小职员发现自己变成了一只恶心的巨大昆虫的故事。如果卡夫卡有着通情达理的父母，那么他一定写不出这样的作品。在《致父亲的信》中，卡夫卡详细描述了童年时期体验到的恐惧。惊悚大师埃德加·艾伦·坡，两岁时父亲离家出走，三岁时母亲死于肺结核。

作曲家约翰·塞巴斯蒂安·巴赫，九岁丧母，十岁成为孤儿，兄弟姐妹没有一个活到成年。死亡和复活主题经常出现在他的作品中。古斯塔夫·马勒的《亡儿之歌》，作于 1902 年，是为弗里德里希·吕克特同名诗作谱的曲。吕克特此诗为哀悼亡儿而作，马勒作成此曲后不久，爱女不幸夭折，马勒曾在悲痛中哀叹：“我当时作曲的时候，想象过自己失去孩子是什么样子。现在，我的女儿真的死了，我再也不写这样的曲子了。”瑞典电影大师英格玛·伯格曼一直在和内心的敌人作斗争，因为小时候父母对他管教很严。这一斗争导致他非常神经质又非常富有创造力。2004 年，接受一家瑞典电视台的采访时，他承认觉得自己的作品沉闷、压抑，他说：“我不常看自己的电影。我变得如此神经兮兮，动不动就哭……伤心痛苦。我认为，这太糟了！”

创新管理

创造力，不管是建设性的还是反应性的，并不止于艺术领域，还延伸到了自然科学和社会科学领域。第一辆汽车的制造，量子物理学的发现，埃菲尔铁塔的设计，无疑都用到了创造力。商业领域也有创造性的一面，尽管商业领域的创造不像艺术领域或科学领域的创造那样令人振奋。组织设计创造性的一面更不显眼。有谁记得复式记账法的发明者吗？有谁记得事业部组织结构或矩阵式组织结构的第一位设计者吗？实际上，所有这些都是创造活动。

还有另外一个原因可以解释为什么商业领域的创造不像其他领域的创造那样容易被人认识到。艺术家、科学家往往是独立工作的，但是在商业环境下，独立工作往往不实际，因为组织是由群体组成的。有群体，就有群体动力。在组织里大受欢迎的团队精神可能会带来问题，特别是对于那些不喜约束的创造型人才而言。某种格雷沙姆（Gresham）创造力法则也许在起作用：不是劣币驱逐良币，而是墨守成规者驱逐标新立异者。在很多组织，富有创造力的人被视作麻烦制造者，结果最后真的陷入麻烦而离开。

那么，如何管理这些怪胎、避免潜在的宝贵人才流失掉？组织领导者可以做些什么，来吸引、开发和挽留创造型人才？也许他们需要开始考虑创新管理（Robinson 和 Stern，1998；DeGraff 和 Lawrence，2002；Byrd 和 Brown，2003；Mauzy 和 Harriman，2003；Shavinina，2003）。所谓创新管理，是指把怪胎自发的冲动行为转化成建设性的组织行动。就像父母应该鼓励孩子的假想游戏一样，高级经理人应该创造条件，激发标新立异和离经叛道问题的解决办法。

在航空和零售两大行业名列前茅的企业帝国维珍，它的魅力四射的董事长理查德·布兰森（见本书第 11 章），极富创造力，擅长创新管理（Kets de Vries，1999）。他的经营之道非常成功。他不仅是世界上最富有的人之一，而且是国际名人。在英国，布兰森不仅被视作青少年的角色模型，而且被视作青少年父母的角色模型。他获得过多个企业奖项的提名，曾经当选为“年度最受欢迎的商人”。作为组织设计者，他非常与众不同。他没有真正的总部（只是曾经把伦敦泰晤士河上的一个船屋作为总部）。一个业务扩展到超过 15 个国家、雇用员工超过 6000 人的公司竟然没有总部，是多么难以想象。地位和权力象征与他没有关系。

对布兰森而言，分权就是宗教。维珍的管理特点是，不拘形式、着装随意、不讲等级、环境舒适、不讲服从。布兰森特别强调吸引怪胎加入公司，他自己就是一个怪胎，曾经做出独自驾艇横渡大西洋和乘热气球环球旅行之类吸引眼球的“壮举”。

在维珍，横向沟通是常态。布兰森喜欢“无边界组织”的概念。他鼓励员工流动；他不希望员工困在一个或少数几个职位上做重复性工作。他相信有机增长，即通过可持续运作提升营业收入和利润。他不和其他公司争抢市场份额。当员工提出创意，他保证提供资源帮员工实现创意。从那个意义上说，他充当着项目主管，鼓励别人提出想法并帮助别人把想法付诸实践。

基本上，布兰森试图在公司打造这样的社区：人们齐心协力、互帮互助，与此同时，生活不乏刺激和乐趣。“过得开心”是维珍企业文化的一条核心价值观，布兰森本身就是一个喜欢搞恶作剧的人，经常带头贯彻那条原则。为了强调开心的重要性，他遵循一条简单的规则：快乐的人，创造力更强，生产率更高。不管维珍涉足什么产业，他都想要做到最好，但不一定是做到最大。通过设立高绩效期望，他鼓励部下面对挑战。他的航空公司，维珍大西洋，生动地诠释了他的经营理念。

那么，就创新管理而言，我们可以从维珍案例中学到什么？它表明，一系列体制因素、文化因素和领导因素会影响到创新管理。

体制因素

我们需要看看有助于激发创造力的体制因素，例如，结构——是官僚的还是有机的？是集权的还是分权的？显然，需要推荐的是分权的、流动的、灵活的、无边界的组织结构，因为高度拘泥于形式的环境往往会扼杀创造力（Kelley 和 Littman，2000；Goldenberg 和 Mazursky，2002；Hesselbein 和 Johnston，2002）。分权与问责、责任、直接反馈有关，因此能赋予员工控制感。觉得能够控制所处环境，感觉就会更好。而感觉良好对工作绩效有积极作用。最大限度发挥人们潜能的关键是高度的自由。为了提高创造力，人们需要觉得能够为自己的工作和思想做主。事无巨细要汇报、流程标准化等做法，会减弱员工的控制感。

组织还应该通过绩效评价和薪酬体系奖励创新。恰当的奖励体系应该挑出项目成功背后提供创意的人，认可他们，让他们从项目所得里提成，或者给予其他奖励，感激他们对项目的贡献。然而，富有创造力的人并不是主要为了奖励而工作，看到自己的创意变成现实，对他们重要得多。此外，让贡献创意的人参与行动，能赋予他们很强的公平感。

鼓励学习、激发创意的方法有很多。组织里的横向沟通应该是经常的、容易的。“越级”不该是个贬义词，组织不该要求员工必须通过正式等级渠道进行沟通。工作内容不该规定得太死，员工不该困在同一岗位。任务互赖和工作轮换也是有用的；了解其他工作的细节，可以开阔眼界。跨领域项目组也是有用的。

人才管理是另外一个关键的体制因素。应该接纳多元化，为不服管的人留下一席之地。这些不服管的人也许会问一些令人不悦或不同寻常的问题，但是他们也有可能成为发现新的产品利基或者想出更为有效的解决办法的人。总体而言，多元化群体，决策时间也许更长，但是得到创造性决策的可能性也更大。

其他值得考虑的体制因素有物理环境。工作场合的物理环境有助于激发创造力吗？还是像过去作为东欧建筑物特色的斯大林结构那样令人窒息？

最后一点，当然不是最次要的一点，组织应该留有必要的冗余资源（财力、物力、人力），这很重要。最初看似不挣钱或者与组织愿景无关的项目，能够获得设备和资金吗？这些资源容易获得吗？需要不断为项目争取资源和时间的人，思维不会多开阔，创造不出什么好东西。

文化因素

影响创造力的另外一个因素是企业文化。组织的价值观和信念体系是什么？组织鼓励冒险吗？员工可以犯错吗？员工可以“向前摔跤”（fail forward）[①]吗？不可以犯错的人，不会做决定，也不会承担风险。富有创造力的人在这种环境下待不了多久。

信息透明也很重要。保密只会造成猜疑而不是合作。神秘兮兮的氛围不利于互帮互助，相反更可能引起钩心斗角。

这些因素，很多可以总结为“信任”。如果没有信任感，如果人们为自保而担忧，那么员工和组织之间的心理契约就会破裂。心理契约破裂，首先遭到扼杀的就是创造力。

---

① 从失败中吸取教训，进而成长和发展。——译者注

像维珍那样，提倡开心而轻松工作的企业文化，可以避免积累压力和紧张。开心的人，创造力更强，而且工作往往更努力。

最后，企业文化的一条关键价值观应该是欢迎变革。经理人必须打造一个灵活多变的组织，也就是具有学习能力和变革能力的组织。没有变革，就没有创造力。

领导因素

领导因素也与激发创造力有关。组织的领导风格是什么？是民主参与式的，还是独裁专制式的？自然，在前面那种领导风格下，富有创造力的人觉得更自在（Hesselbein 和 Johnston，2002；Kets de Vries，2006）。独裁专制式领导会扼杀创造力。在独裁专制的组织里，人们不会问“为什么要这样做”，上面让他们干什么，他们就干什么。

那么共享愿景呢？人们清楚地知道组织想实现什么吗？目标足够清晰吗？目标也不该太过详细，只需指出大方向。可以通过角色模型、导师和创新带头人（idea champion）指出大方向。

培训和教育对新想法的产生有着重要作用。创造成果的出现也许看起来是意外的，但是事前往往经过了多年的准备和努力。当然，其中总有运气成分，但是，正如像亚历山大·弗莱明等人发现的一样，越努力，就越幸运。不仅需要充分准备，而且需要愿意一次又一次尝试，再多挫折也不怕。

组织需要为富有创造力的人提供挑战，并且让他们觉得自己对组织而言必不可少。高级经理人必须知道怎么表达对创新的期望。领导者应该随时准备支持员工提出的新想法，包括疯狂的新想法。如果你设定高期望、提供必要的资源，员工就会试着把新想法付诸实践。

留心危险信号

组织里的创造力是非常娇弱的花朵，容易凋谢。如果你不当心，富有创造力的人就会离开你的组织，甚至更糟——一开始就不会加入你的组织。领导者应该关注组织里的不良文化，还应该记得自己可能就是不良文化形成的原因。那种崇尚一切按规矩办事、强调只有一个正确答案的文化，一定会扼杀创造力。营造“非我发明”（not-invented-here）[①]文化的领导者，会给组织造成非常恶劣的影响。类似地，员工只顾自己的一亩三分地、爱说“这事不该我负责”的组织，也不会有什么创造力。还有，认为涉足未知领域太过危险的员工，是不愿尝试新东西的。这些都应该理解为危险信号。没有什么比消极被动更能扼杀创造力了。

我见过的领导者，有些人认为，玩耍是轻浮的，组织不允许愚蠢。我建议他们记住一点：富有创造力的人需要过渡空间。为了激发创造力，领导者必须接受不成熟的想法，适当地通融。他们应该容忍模糊性，展现同理心。而且，他们应该迅速做出决策，而不是再三斟酌、再三研究。

尤其是，领导者应该允许下属犯错（而且不对错误耿耿于怀）。混乱滋养人生，而秩序滋养习惯。习惯非常容易被竞争对手模仿，但是创造型人才是专有资产。

亚历山大大帝拜访著名哲学家戴奥真尼斯，问他想要什么恩赐。戴奥真尼斯回答说：“只要别挡住我的光芒。”也许某天我们会找到开启创造力的钥匙。不过在那以前，我们能为富有创造力的人做的最好的一件事就是，只要别挡住他们的光芒。

---

① 非我发明症，指拒绝使用不是自己发明的技术。——译者注

尾注

本章部分内容以同名文章在大会上发表过：

- Kets de Vries，M.F.R.（1996）."*Reaping the whirlwind：managing creative people*"，INSEAD working papers，94/09/ENT. Fontainbleau：INSEAD.

《浅谈如何管理富有创造力的人》，欧洲工商管理学院工作论文。

第 4 篇
全球化背景下的领导力

引言

来自不同国家、有着不同文化背景的人，往往有着十分微妙的不同，之间任何一种形式的互动都极有可能发生误解、冒犯和失礼，因此，我们有充足的理由认为，过去 50 年间的商业全球化是一项非凡的人类学成就。不同国家的人，性格、文化、语言（包括身体语言）有着很大的不同。有些国家的人是严肃的、含蓄的、矜持的；另外一些国家的人会拥抱你、吻你的双颊，不管你是什么性别，而且说话声音很大、伴有很多手势。我曾经自娱自乐，做了一个"时间与动作"研究，目的是看看在咖啡馆见面的人多久触碰一次。在波多黎各，4 个人 1 小时触碰了 70 次。在巴黎市中心我住处附近的一家咖啡馆，4 个人 1 小时触碰了 50 次。在伦敦，触碰频率变成了 1 小时 5 次。在某些文化中，要想进行有效的交流和互动，必须先搞好私人关系；在另外一些文化中，人们谈生意时喜欢废话少说、开门见山。时间观念的不同可能引起很大的混乱。在某些文化中，"她总是迟到"这句话，意味着严重的批评，而在另外一些文化中，早到，甚至在约定时间准时到达，则是比较失礼的。

可以理解的是，领导风格也有着根本的不同。领导风格种类繁多，包括协商式、专家式、专制式、政治式、集权式、民主式、家长式，等等。领导风格会反映在组织形式里。我一直对人格、领导风格、组织文化和组织体制之间的关系感兴趣。在某些国家，组织结构是纵深的，在另外一些国家，组织结构是扁平的。尽管有着所有这些不同之处，我们无论如何也要找到对话与合作的方式，而且，随着公司日益变得全球化，我们必须塑造并培养能够处理这些问题、经营全球公司的领导者。外国人的言行并不好理解，但是，理解不了外国人的言行，就不可能在国外做领导者。在公司环境下，有着不同文化背景的人，对权力、地位、等级、权威和控制等事物有着不同的看法。与本土领导者相比，全球领导者需要拥有一套完全不同的技能吗？进入国际市场后，领导者必须处理的问题主要有哪些？我花了很多时间访谈全球公司的领导者，访谈主题是全球领导者必须做出哪些选择。

进入国际市场意味着必须处理很多与文化差异、法律法规差异和经济制度差异有关的多样性问题。它涉及在多个国家或地区协同运营，涉及权力和资源的分配。组织应该采用什么结构？哪些决策由总部制订，哪些决策由各国子公司制订？

欧洲公司、全球公司的领导者必须重新审视一些想当然的假定。在国外市场做得非常成功的领导者，大都擅长平衡术。全球化并非意味着，如果你说英语，而且只要大点儿声，那么人们就能理解你。全球化意味着，你要明白一个事实：每个国家都是如此的不同，应该重视国别差异。虽说国家文化是重要的，但是个体性格也是重要的，企业文化亦是如此。在全球公司，高层领导需要确保各国子公司的管理团队正在恰当的时间制订恰当的决策。另外，他们需要建立一套机制，帮助公司其他人从这些决策里学习。全球公司太容易患上“非我发明”症。

全球公司不仅需要从外部招揽具有文化相对意识的人，而且需要密切注意领导补给线（leadership pipeline）[①]。通过所主持的高级经理人学习班，我深入参与过“接班人培训”的课程开发与实施过程。特别是，我的CEO学习班“领导力之挑战”和我的辅导与咨询学习班“变革辅导与咨询”（consulting and coaching for change）曾经用于打造过全球公司需要的那种领导者。

从很小的时候爱上俄罗斯文学开始，我就一直对俄罗斯感兴趣。在求学期间，我花了大量时间阅读俄罗斯经典名著。我对俄罗斯的兴趣一直没有减退，在INSEAD工作期间，俄罗斯开放了，我有幸开始与俄罗斯商界人士建立联系。多年以来，我一直在与俄罗斯学界人士和商界人士密切合作。为了更好地理解俄罗斯“精神”，我以顾问身份与俄罗斯人打过多次交道。我想从各种渠道了解俄罗斯人是如何看待组织体制和领导风格的。我还想更好地理解俄罗斯人的人格结构，以及造就俄罗斯人人格结构的突出因素。我非常好奇俄罗斯的动荡历史，以及俄罗斯的动荡历史对俄罗斯人的偏执世界观和无政府主义倾向的贡献。我还想解释为什么俄罗斯全国上下都明显渴望强硬领导，以及为什么俄罗斯存在家长式领导风格。

怀着以上目的，我多次去俄罗斯体验生活。俄罗斯人对西方人怀有敌意，俄罗斯的基础设施还不健全，因此，我的数次俄罗斯之旅遇到过很多麻烦，甚至是巨大危险。我非常喜欢野外探险，曾经去过俄罗斯某些最偏远的地方。2008年，在堪察加的山区，和当地居民科里亚克人一起寻找熊的过程中，我从雪地摩托车上掉了下来，摔断了两处脊椎，不得不返回。回来的路真难走啊，我从来没

---

① 对于公司来说，有时候从外部选聘经理人员只能作为一时的权宜之计。Stephen Drotter、James Noe、Ram Charan 三位学者认为，作为长久之计，公司必须从内部构建、发展并保持一条高技能领导力的补给线。他们为此提出的领导补给线模型，通过关注和解释在领导人才培养的各个过渡阶段，那些诸如时间配置、工作技能以及工作价值等发生的至关重要的变化，来帮助公司构建一条管线漏斗型的未来人才补给线。——译者注

有走过比那更难走的路。积雪太深，只能用雪橇，光是走到营地就花了五小时。那次经历不堪回首，我也不想有下一次。从堪察加首府彼得罗巴甫洛夫斯克回巴黎的旅途中，我饶有兴趣地研究了一下物流学，进一步理解了俄罗斯这个国家、俄罗斯人以及俄罗斯人的生活和困苦。

考虑到俄罗斯社会正在发生巨变，我在本书第 15 章讨论的主题，有些还不能下定论，需要进一步的研究，但是很多成了定局，有着永恒的意义，可供那些想了解俄罗斯、与俄罗斯人打交道的人参考。然而，有关俄罗斯的谜团，很多还没有解开，至少对我而言是如此。随着俄罗斯在某些方面把触角伸到世界其他国家，重煽冷战之风，也许，我们应该想想一句古老的俄罗斯谚语：“在外旅行固然很好，但是再好也不如待在家里。”

第 13 章　全球公司内部的领导者发展

今天，很多企业领导者认为自己的工作是造福社会。这些人不把自己定位为盈利机器，并不认为自己存在的唯一理由就是攫取越来越多的短期利益。

——米哈伊·森特米哈伊（Mihaly Csikszentmihalyi）

引言

商业全球化是个日益明显的现象，而且，欧盟、东欧的不断成长，中国、印度、巴西的持续发展，打破了过去的某些国际贸易壁垒，加快了全球化进程。公司在全球化过程中，会遇到一系列障碍，很多障碍都与文化差异有关。所有这一切都提出一个问题：现在是否需要一种新型的“全球”领导者，即能够充当催化剂、对文化差异敏感、擅长处理多样性问题、能在不同文化环境下高效工作的人？

如果公司在多个文化环境下运营，那么领导力必须具有多强的文化适应性？这个问题的答案现在还没有完全弄清。不过，保险的做法可能是，假定文化适应性是项资产。那么未来的全球领导者应该具备什么品质？什么样的开发与培训可以增强文化同理心和文化适应性？在什么样的组织体制下，全球领导力会茁壮成长？最后，可以就全球公司里的职业生涯管理说些什么？

案例研究：国际化

在研究全球领导力时，我们遇到了企业文化与国家文化的交互作用问题，进而不可避免地遇到了文化适应性问题。很多公司尝试过应对这些挑战，例如，斯伦贝谢，油田服务行业非常成功的国际性公司，业务覆盖大约 80 个国家，雇有 84000 个来自 140 个国家的员工。斯伦贝谢的一个显著特点是，强调研究和技术，这也正是斯伦贝谢企业文化的一个重要部分。想为这个安静的巨人工作，就要接受它的价值观，不仅包括技术导向，而且还有其他一些价值观。让·吕布（Jean Riboud），斯伦贝谢的前 CEO，在任职期间描述公司“精神”时提到了以下价值观：

1. 我们是一个特别的熔炉，融合了很多国家、很多文化和很多愿景。

2. 我们是彻底分权的公司。

3. 我们是服务型公司，为客户服务，比其他任何公司的响应速度都快。

4. 我们把赚钱当作挑战、游戏和运动。

5. 我们相信，适当的自大是有好处的。我们肯定会赢，因为我们是最好的。只有这种自大是可以容忍的，因为这种自大伴有强烈的谦虚、对犯错和对不够努力的担心。（Auletta，1984，p.160）

斯伦贝谢的生活和其他很多组织的生活不一样。爱尔兰的一位钻井设备主管，可能在周五下午接到一个电话，该电话命令他在 5 点以前歇业，在周六早上 8 点赶到泰国北部汇报工作。到达曼谷机场，他会找到一辆吉普以及一个地名，从机场到那个地方要开一天的车，没有地图，没有指示。他必须自己设法到达目的地，完成任务。

尽管在介绍斯伦贝谢时，让·吕布没有明确谈到如何打造全球领导者，但是斯伦贝谢的人才选拔过程和企业文化建设一定有什么微妙的机制让斯伦贝谢人如此成功。不仅是因为斯伦贝谢在选择符合某种个性图谱的人，而且还有其他因素在起作用。

斯伦贝谢的总部非常小，总部只确定大致战略方向，各国或各区域的子公司决定具体做成什么样以及如何做成那个样。而且，在斯伦贝谢，员工的职业生涯发展状况与在总部待过多长时间没有关系。现场的人有很大的经营自主权。各国文化有很大的“空间”。在每个子公司，管理团队都由来自五六个不同国家的人组成。没有哪国文化独大，而是一群有着不同文化背景、共同价值观的人。这一共同价值观是很多子公司相互协作的保证。

很多公司都把全球化问题处理得很好，斯伦贝谢只是其中一个。它们是怎么做到的？让我们仔细看一看，成为全球公司需要具备什么条件。

全球公司的形式

梦想有个适合一切企业文化和国家文化的理想组织结构，显然是愚蠢的。不同类型的组织结构有着迥异的发展源头，全球企业、国际合资企业、跨国企业集团的种类是何其之多。然而，有些结构性因素能让组织更好地利用全球化趋势，接下来我将讨论这些结构性因素。

全球化的概念

看看跨国公司的演化过程，我们可以看到以下发展路径：从民族中心主义（ethnocentrism），到多元中心主义（polycentrism），再到区域中心主义（regioncentrism），最后到全球中心主义（geocentrism）（Perlmutter，1969；Hedlund 和 Kverneland，1985）。民族中心主义导向，关键职位由母国人员占据，外国子公司处于服从地位。多元中心主义导向，外国子公司由当地人员经营，他们拥有很大的自主权，只要拿出让母公司满意的结果就可。总部采取“不插手”（hands-off）姿态。区域中心主义导向与多元中心主义导向很像，只不过发生在各国子公司总部的活动发生在了区域总部。最后，全球中心主义导向，众多总部和众多子公司之间是复杂的相互依赖关系。一般而言，观察这些公司的组织体制，我们会看到以下特点：组织结构扁平化，不太讲究等级，鼓励横向沟通，复杂的网络系统，松散耦合，各子公司相互依赖，创新的人力资源管理实践。

这些类型的全球公司有一个关键的趋势，总部功能弱化。也就是，总部减少对子公司的干涉，不再发布硬性指令。有种现象越来越常见：公司中心分裂成数个相对自主、有着一套共享价值观的区域总部。在这些全球公司，企业文化管理变成了重中之重。企业文化当中那些深深内化、共同享有的核心价值观成了新的控制工具，是让各子公司黏在一起的“胶水”。

经理人内部流动的现象将变得司空见惯。经理人内部流动是这些全球公司建立“神经系统”的一种方式。为了让经理人内部流动成为可能，有些全球公司，比如飞利浦、壳牌、IBM、宝洁、罗纳普朗克，采取了以下政策：承担全球角色的管理人员在国外工作几年然后在总部工作几年。这种政策可以一箭双雕：既能打造更一致的企业文化（与只在一个国家或者区域工作相比），又能给总部注入全球经验。

这些全球公司，有些似乎有几类经理人：只在自己国家工作的经理人，可以外派至所在区域其他国家工作的经理人，可以外派至全球所有国家（当然是设有子公司的国家）工作的经理人。然而，公司越民族中心主义，最后一类经理人越有可能全部由母国人员组成。这些全球公司，很多都把高潜力领导人才送到总部工作一段时间，或者在同一区域内部不同国家轮换工作一段时间。

在真正的全球公司，依赖是相互的；产品、诀窍、财务资源和人力资源都以复杂的、相互依赖的形式流动，而不是像民族中心主义公司从中心流往周边。相互依赖表现在以下方面：

- 不仅母国设有卓越中心（center of excellence），其他地方也设有卓越中心，而且其他地方的卓越中心有很强的独立性；
- 战略聚焦于全球整合（global integration）和国别反应（national responsiveness）；
- 各国子公司的行动，共同构成全球整体行动；
- 组织结构高度相互依赖，网络架构是规范；
- 高潜力人才，不管来自哪个国家，都可放到关键职位上，只要情况需要；
- 各子公司相互协商治理；
- 既有纵向沟通又有横向沟通；
- 文化复杂性就是问题的实质，有着不同文化视角的人在组织结构和决策模式等问题上都有发言权。

例如，英国石油（British Petroleum，简称BP）就是这样的全球中心主义公司。BP与全球范围内的客户、供应商、政府、非政府组织、共同体等的关系非常复杂，在BP看来，这一复杂性恰恰是项与众不同的资产，因为这些关系是长期的、基于互利互惠原则的，可以帮助公司长久保持超强竞争力。

实际上，有些业绩超好的全球公司，全球中心主义非常之强，强到它们宁愿根本没有国别身份。ABB就是一个很好的例子，它最初由一家瑞典公司和一家瑞士公司合并而成，最后变成了一家真正的全球公司。董事会由很多不同国籍的人员组成，海外投资规模与海外员工数量远远超过最初的母国，绝大部分权力下放给了子公司。BP也在淡化国别身份。最近，在一个广告标语中，BP把“B”解释为“超越”（beyond）而非“英国”（British），这个标语是“BP——Beyond Petroleum”。

然而，全球公司还存在最后一个障碍，那就是，安排非母国人员进入董事会。有个指标可以看出一个公司是不是真正的全球公司，那就是，董事会中，各国人员所占比例。大部分有着全球业务的美国公司，董事会几乎完全由美国人组成。很多欧洲和亚洲公司的董事会也同样几乎完全由母国人员组成。吸收非母国人员进入董事会，就是明确向外界传递一则信息：公司致力于全球化，下决心整合不同文化视角。这则信息可以大大削弱公司里的民族中心主义。这则信息还表明，高层职位不是只能由某些国籍的人担任。最为重要的是，真正的全球董事会，可以基于多个不同文化视角制订有效的决策。

在这些全球中心主义导向的跨国公司里，职业生涯管理是怎么样的？它们的人才管理方式是否有什么独特之处？公司应该采取什么步骤，让外派—归国（expatriation-repatriation）过程无缝化？让我们看看来自现场的观察。

全球公司里的职业生涯管理

在大部分情况下，外派最初都被视作升职跳板。话虽那么说，外派依然是个复杂问题，之所以如此，是因为公司处理归国的方式各异。

我研究过数个全球公司，观察到它们在处理外派—归国问题时有以下做法。首先，建立人才数据库，盘点组织人力资源状况，这是大多数公司都会想到的一步。把外派—归国问题处理得比较好的公司，例如飞利浦、IBM、联合利华、索尼、壳牌，还建立了专门的监控部门，来照看关键人才，特别是外派经理人。这样的部门会在职业生涯管理中起到主要作用，其任务是在外派经理人离开之前帮助安排好接班人。制订接班人计划，要考虑驻外时间长短、驻外期间职责、系统管理评审以及归国后的工作安排等因素。

设置了监控部门的公司，一般也要求监控部门向某职位够高的高级经理人直接汇报，确保外派经理人的情况处于掌握之中。大多数外派经理人会担心与总部失去联系，被总部遗忘，总部有好职位时不会想起他们。为了消除这种担心，公司必须用言语和行动清楚地表示，关键市场外派经历是选拔高层领导者的重要参考指标。

我还观察到，监控部门的另外一个任务是，定期清点因退休或辞职而空出的职位，以及摸查由人才培养原因造成的改派情况。监控部门还会定期评估是否需要从外部招募人才。进行外部招募需求评估，首先往往会借助绩效评价体系来识别内部的高潜力人才。

在这些公司，总部觉得有必要追踪经理人外派期间的绩效情况，否则也许会忽视外派经理人的贡献，让外派经理人错失升职机会。由于通信技术的进步，特别是互联网的发展，外派现在很少会造成与总部的极端隔离。然而，在国外待过几年回来的经理人会真真切切地体验到隔离感。经理人流动性越来越大，经理人与公司高层的私人交往就会越来越淡。与离开之前相比，回来之后，总部环境也许发生了很大变化。而且，在另外一种文化环境下工作生活过，经理人本人也许会因此发生一些变化（Adler，1991）。总之，一切也许已经今非昔比了，再进入冲击（re-entry shock）也许并不好克服。问题就变成了，可以做些什么让再进入顺利一些。

让再进入顺利一些

为了让再进入顺利一些，也许需要某种形式的“社会契约”（social contract）。例如，IBM之类的公司具有“从母国借调出去”（on loan from the home country）政策，保证回国员工至少能够就任与离开之前同一级别的职位。很多公司还组建了支持网络，定期派人慰问驻外员工，发行简报让驻外员工了解公司动态。有些日本公司还实行导师制，给外派经理人安排有过类似经历的导师，指导他们应对工作压力，在他们出现职业发展困惑时为他们排忧解难。有些公司也许是由内部顾问扮演督导角色。顺利回国并重新融入总部，是非常重要的，即使只有一人不能顺利回国、重新融入，那也会是一个坏榜样，对公司造成恶劣影响。

讨论外派成功因素，我们就不可避免地要讨论成功的全球经理人拥有什么品质。我们在寻找什么品质？全球经理人与本土经理人的成功因素有什么不同之处吗？

全球领导者的必备品质

有太多公司选拔外派人员时，参考的主要指标是技术能力（Adler，1991；Zeira 和 Banai，1981；Mendenhall，2006；Mendenhall、Dunbar 和 Oddou，1987；Tung，1988a，1988b，2001）。它们依据的假定是，如果某经理人在母国工作出色，那么把他外派到其他国家，他工作一定也很出色，尤其是在驻外任务是监造工厂或钻井平台，即技术型任务的时候。不用做什么应对文化差异的准备。毕竟，经理人应该有信心解决任何偏离正常工序的问题。也就是，如果什么东西坏了，他们应该能够修好。

对于这样的任务，技术能力无疑是必需的，但并不是充分的。成功完成任务，还需要高超的人际技能和良好的态度。与技术能力相比，人际技能和态度要难以评价得多。但是，不好评价也要评价，因为不评价就非常危险。任务失败给公司造成的直接损失就很大，更不用说领导无方造成的业务受损和威信受损了。另外，任务失败还会给所涉个人及其家人造成心理阴影。因此，外派成功显然还要求外派人员具有其他非技术性品质，特别是在外派人员担任高级领导职位的时候。

广义而言，这些品质分为三类：一般领导能力、文化适应能力、成长环境与人格。

一般领导能力

领导力临床研究（Zaleznik，1989；Kets de Vries，2001，2006）以及先前一些研究（MacGregor Burns，1977；Bennis 和 Nanus，1985；Tichy 和 Devanna，1986；Kotter，1988）一致地表明，全球领导者可能必须具备以下品质。

1. 描绘愿景

描绘愿景意味着，面对日益复杂的环境，能够为公司发展设定方向，而设定什么样的方向，往往取决于领导者内心世界的操作码[①]（McDougall，1991；Leites，2007）。为了理解操作码这个概念，可以把它想象成一个洋葱，越肤浅的越靠外面，越根本的越靠里面。洋葱比喻再进一步，可以这么理解：愿景中有近忧，比如，新产品的投放是否可行，或者新市场的进入是否可行；也有远虑，比如，伦理问题、环境问题。

童年时期与重要他人（即父母、兄弟姐妹、其他家人、老师）关系的性质，会决定我们内化哪种认知情感“地图”（内心剧场脚本），为我们的操作码打下基础。领导者个人的操作码必须与群体关心的问题达成某种程度的一致性，也就是，领导者描绘的愿景可以偏离群体的已有愿望，但是不能偏离得太远。为了让个人计划与“历史时刻”匹配起来（Erikson，1975）——为了充当变革催化剂——领导者必须对环境变化敏感并且能够迅速做出有效的响应。另外，领导者还需要能够坚定地表达愿景，以发动大家一起去实现愿景，这就说到下一点。

2. 下放权力

“下放权力”的英文“empowering”，意思是增强别人做选择的能力以及把选择付诸实施的能力。下放权力意味着，让下属独立做决策。下放权力还意味着，提供信息和资源帮助下属做出恰当的决策。下放权力，是有效领导的一个重要特点。通过设定高绩效期望并传达给下属，领导者可以增强下属的自尊感，让下属敢于接受挑战。

---

① 操作码这个概念在本书第 11 章“不同的领袖，相同的结果”那节已经提过。——译者注

3. 建立并维护关系网

这要求深谙公司政治、擅长人际交往，还要求一定的谈判技能和辅导技能。在全球化背景下，这些人力资源管理技能将变得更加重要。现在，这些技能之所以如此重要，一个关键原因是，在今天的组织，纵横捭阖的作用越来越重要。

4.“模式识别” / 洞察力

全球领导者特别需要能够应对认知复杂性，以迅速从大量信息中找出有用信息，看出重大主题。全球领导者需要擅长制造意义，在混乱中建立秩序。全球领导者还需要知道如何防止自己被信息过载压垮。没有这个技能，就很难迅速做出正确决策。

5. 坚韧

坚韧是压力研究确认出来的一个品质（Kobasa，1979）。信息时代的全球公司，领导者承受着巨大的压力：经常跨时区出差，接触大量信息，长时间工作，等等。坚韧的人（比较擅长应对压力的人）复原力强，偏内控，相信事在人为，不信命、不信运气。他们相信自己能够有所建树。不管做什么，他们都不屈不挠，把困难当挑战。

文化适应能力

有很多信条表明，成功的全球领导者必须具备较强的文化适应能力。最常见的一个信条也许是，每个文化都有自己的管理方式，在这种文化中有效的管理方式，放在另外一种文化中不一定管用。另外一个信条是，跨文化学习对驻外工作有益。还有一个信条也许是，“无论我来自何方，只要我在哪里，哪里就是家”。一个人认为自己的根在哪里，在自身，在家里，还是在出生国，很大程度上决定了这个人能否从一种文化迁移到另外一种文化。

不幸的是，对“文化适应能力强的人具有什么品质”这个问题感兴趣的研究者给出的建议太宽泛了。最常提到的品质列举如下（包括但不限于）：

- 思想开明；
- 自信；
- 能够容忍模糊性；
- 擅长人际交往；
- 好奇心强烈。

说到文化适应能力，我不由想起耶稣会，它的外派人员选拔方式非常有效。耶稣会处理好了很多大型公司都面临的挑战，比如打造合作无间的跨国团队、激励员工、迎接变革、保持适应性，等等。耶稣会之所以能够成功“征服”世界，是因为它有一套强大的世界观。选拔传教士时，耶稣会寻找那种本身就有或者容易接受以下原则的人：

- 自我认识（Self-awareness）：了解自己的长处、短处、价值观和世界观；
- 才智（Ingenuity）：能在一个不断变化的世界充满自信地创新与适应；
- 爱心（Love）：能以一种肯定而关怀的态度与他人交往；
- 英雄豪气（Heroism）：能以豪情奔放的壮志激励自己与他人。

除了耶稣会提出的这套原则以外，很多研究者和实践者也列出了一些指标，其中，迈克尔·哈维（Michael Harvey，1985）可能做得最夸张。他列出了大约 30 个特点（包括思维灵活性、婚姻稳定性、社会经验和跨文化经验、身体耐力和心理耐力，等等），还根据国家和工作类型给每个特点赋予了权重。

根据我自己的经验，我发现，在选拔时越看重情商，外派人员成功完成任务的可能性越大。然而，受到质疑的是，这些选拔指标是否有针对性？有些指标，特别是情商，不管什么背景，都能增强领导有效性。显然，我们需要进一步做研究，对这些选拔指标加以提炼。

根据泽拉（Zeira）和巴莱（Banai）（1985）的说法，考察文化适应能力所参考的指标，往往是拍脑袋想出来的。选拔过程中很少寻求东道国（外派目的地）同事的意见。他们提出，利益相关者的期望与外派经理人的行为越符合，角色间冲突（inter-role conflict）[①]越少。因此，期望管理似乎是保证外派成功的重要因素。该领域研究还确定出外派成功的另外一个关键因素，那就是，以前接触过东道国的文化，或者接受过执行全球任务的管理培训。

家人的反应

决定外派经理人成败的另外一个重要因素是配偶与孩子的反应。外派经理人失败最常见的原因是，配偶的消极反应。在大部分情况下，外派失败显然与家庭因素有关。尽管如此，只有 50% 的美国公司在选拔外派经理人时对候选者配偶进行面试，把配偶纳入培训计划的公司就更少了（Tung，1988a，1988b）。尽管我认为配偶的反应只是众多因素中的一个，但是忽略这个因素会让公司和家庭付出惨重代价。

---

① 一人身兼两个（或多个）角色而形成顾此失彼、无法两全的情境。——译者注

在外派经理人有可能与其他人切断联系的情况下，配偶以及其他家人的支持就极其重要，他们可以帮助外派经理人适应东道国的文化。当然，如果配偶本身就来自东道国，那么就相当于在长期接受文化同理心和多样性培训。

成长环境与人格

随着世界变成“平的”，即随着交通和通信的发展，跨国流动变得越来越容易，越来越多的人有着不止一种文化背景。人生早期的跨文化经历越丰富，就越有可能发展出全球化背景下有效领导所必需的文化同理心。童年时期接触多种文化、说多国语言，成年之后就更可能处理好文化多样性问题。跨国婚姻生下的孩子，外交家的孩子，经常去国外出差的经理人的孩子，家里用几种语言交流的孩子，长大后也比较擅长处理文化多样性问题，因为他们接触过多种文化。

小时候在不同国家居住过的人，与那些生下来就在同一国家长大的人相比，有着十分不同的归属感。考虑到童年社会化对成年发展的影响，我们可以预期，这样的早期经历将决定一个人日后有多强的文化适应能力。小时候能说不止一种语言，长大后对文化差异就比较敏感。

1.“好像”人格

用心理学术语说，全球领导者需要具备一套相互矛盾的品质。一方面，他们需要具备“好像”（as-if）人格（Deutsch，1942），也就是，他们需要能够像变色龙那样处事，擅长从外部世界收集线索并相应调整自己的行为，不管处于什么文化都能迅速地适应。“好像”人格有着阴暗的一面（其他语境下出现的“好像”人格，一般指这阴暗的一面），人际交往流于表面形式、缺乏真诚的情感、没有稳定的身份感（上星期觉得当医生不错，于是模仿医生的言行；下星期觉得当律师不错，于是模仿律师的言行）。

另外一方面，全球领导者需要具备一套具有复原作用的核心价值观。不管他们身处何种环境，这套价值观都能给他们提供指导和支持。这套价值观还需与企业文化兼容。这样，全球领导者面临的挑战就成了如何在“变”与“不变”之间保持平衡，即如何兼具弹性和韧性。弹性和韧性并不矛盾。“入乡随俗”不是答案，但是对东道国文化敬而远之也不是答案。建议采取折中办法。

那些内心缺乏强大价值观的人，也许会觉得受到威胁并作出防御反应，拒绝融入东道国文化。相反，那些具有稳定自我感和核心价值观的人，可以轻松重构先前经历，不会担心出现邯郸学步的情况。他们能够超越狭隘的民族中心主义，让世界成为真正的“地球村”。未来的组织需要第二种人。

2. 自恋心理的发展

有效的领导者，应该有着健康的自恋心理（Kohut，2000；Kets de Vries，2006）。自恋是孕育抱负、成就和自信的母体。小时候自恋心理的发展状况，决定着长大后同理能力的强弱。所谓同理能力，是指在人际交往过程中，能够体会他人的情绪和想法，理解他人的立场和感受，并站在他人的角度思考和处理问题的能力。在试着体验并理解另外一种文化时，同理能力就显得非常重要。然而，极度自恋的人缺乏同理能力，因为他们只关心自己。

那么，什么样的管理培训与开发能够增强文化同理能力和文化适应能力？公司可以做些什么，促进文化同理和文化适应？

培训、调任、合作和旅行

未来的全球领导者几乎必须参加国际经理人培训课程。很多公司把高潜力的年轻经理人送到国外读国际 MBA——在国外比较容易培养文化相对意识。例如，INSEAD 位于法国、新加坡、阿布扎比的国际商学院，就开设了为期十个月的国际 MBA 班，接收来自不同国家的经理人入学。也有为一边工作一边上学的经理人开设的 MBA 班。这些 MBA 班，大部分作业都要求来自不同国家的人以团队合作的形式完成。典型的团队也许包括一个美国人、一个比利时人、一个俄罗斯人、一个日本人、一个瑞典人和一个巴西人。参与者必须密切合作，完成各种任务；为了取得成功，他们必须发展出文化相对意识。这一过程可以有效削弱民族中心主义。

在职培训提供了另外一种教育，效果不比 MBA 班差。职业生涯早期的国际经历，也就是参与国际项目，是非常重要的。国际经历应该包括，在跨文化团队工作过。这种经历可以增强经理人在后来的职业生涯中应对复杂领导情境的能力。旅行，不管是度假旅行还是商务旅行，也很重要。这种早期国际经历是检验年轻经理人是否具有全球领导潜能的很好机会。

调任能从另外一个方面锻炼年轻经理人，特别是与前面提到的支持网络结合使用时。不幸的是，我仍然看到，太多全球公司把国外子公司用作国内经济不景气时安置冗员的地方，并不保证完成任务归国人员还能继续留在公司工作。正如我前面提到的那样，真正的全球公司把外派经历作为竞聘高级经理人职位的必备条件。处理调任，应该采用全球主义导向，把调任者的家庭情况考虑在内，帮助调任者为改派其他国家做准备。

公司可以量身定做经理人课程，帮助员工为外派任务做准备。

有些公司建立了企业大学，有些公司在商学院的帮助下开发出培训项目，甚至有博士项目。不幸的是，这些教育培训项目，大都关注认知方面，比如语言培训，了解目的国的国情、文化和生活方式。另外，这些教育培训项目，很多似乎只顾培养分析技能，忽视了不好测量的直觉能力，比如文化同理心。要在商场上混得如鱼得水，不仅要智商也要情商，即不仅要左脑发达也要右脑发达，可惜，传统培训对右脑的开发、情商的提高没有什么效果。

体验式培训

有些公司还对预外派人员进行情感培训，使用的方式有案例研究、情景模拟、户外拓展和角色扮演等等。INSEAD 之类的国际商学院特别关注在跨国环境下工作的必备技能。例如，INSEAD 全球领导力中心（Global Leadership Center）投入了很多精力整合认知领域和情感领域。获得文化敏感性的一个主要途径是，参加小组辅导，与有着不同文化背景的小组成员共同合作，一起解决问题。

然而，临床干预表明，基本价值观、信念和态度不会在一夜之间改变。改变需要耗费很长时间，期间需要克服不断出现的阻抗（Kets d e Vries、Korotov 和 Florent-Treacy，2007）。但是，可以说，有些经理人项目，如果设计并实施得当的话，会促使个体发生改变。个体接下来能否成功重塑内部表征世界、接受新现实，很大程度上取决于个体本人能否继续努力。

全球领导者发展的分析框架

前面介绍了影响全球领导者发展的各种因素，现在总结如下（见下图）。

文化适应能力

- 自恋心理的发展
- 家庭里的文化多样性
- 早期国际经历
- 多语言
- 多根
- "好像"人格

一般领导能力

- 自信
- 责任心
- 好奇心
- 想象力
- 坚韧性
- 决策技能
- 建立并维护关系网
- 描绘愿景
- 沟通技能
- "核心价值观"
- 职业发展目标与期待

人格筛选

培训与教育

- 分析技能
- 职业技能
- 在另外一种文化下求学
- 国际环境
- 语言
- 情商

经理人发展

- 早期领导经历
- 任务多样性
- 驻外经历
- 公司价值观

个人发展

- 配偶的支持
- 配偶的适应力
- 孩子的年龄
- 兴趣广泛度

组织筛选

培训与教育

- 全球中心主义
- 使用第三国人民
- 扁平的
- 有机的
- 多元文化

国际人力资源管理

- 职业生涯规划
- 再进入管理
- 安排接班人
- 沟通

造就全球领导者的各种因素

从上图可以看出，这些因素可以归为三大块。首先，童年背景和心理发展对文化适应能力和一般领导能力的影响最强。然后，职业生涯早期的领导经历、驻外经历、教育和培训经历会进一步加强文化适应能力和一般领导能力。最后，组织结构这块关注的是挑选具有文化适应能力和一般领导能力的人并进一步培养他们。

深入研究上图的框架，我们还可以看到，在全球领导力的发展中，如果童年就有跨文化经历（比如，是混血儿，或者小时候随着父母在国外生活过，等等），那就再好不过。这会提升语言技能、增强文化同理心。然而，最根本的还是自我感，而这取决于自恋心理的发展状况。

在组织内部，早期领导经历（比如负责过某个项目）非常重要，因为这些经历有助于经理人在后来的职业生涯中应对复杂的领导力挑战。这些早期领导经历还需要与人才管理机制以及全球中心主义导向的组织结构结合起来。

在个人因素那块，配偶的态度很重要，而配偶的态度很大程度上取决于配偶的跨文化经历以及配偶的选择余地（是不是非得一起出国、在国外是否好找工作，等等）。最后，人生周期和职业生涯周期的匹配也很关键。在人生某些阶段，比如没有家庭拖累或者孩子已经长大成人时，我们调动起工作来更容易。

结语

记住上图，我们可以得出以下一般结论：

1. 文化同理心和文化适应能力是决定经理人在全球化背景下能否成功的关键因素；

2. 家庭里的文化多样性和早期国际经历会对经理人造成强烈影响；

3. 领导品质取决于自恋心理的健康发展和职业生涯早期应对过哪些挑战；

4. 在职业生涯中，很早就有过外派经历，然后在此基础上接受进一步的挑战，有利于全球领导品质的发展；

5. 组织里的文化多样性有利于全球领导品质的发展；

6. 配偶和子女的文化开放性以及对全球生活方式的适应能力，

是影响全球领导品质发展的另外一个因素。

讽刺的是，经理人能否成为优秀的全球领导者，不仅很大程度上取决于经理人自身的品性，而且很大程度上取决于经理人是否有过担任全球领导者的经历。一个人越早有这样的经历，就越有可能适应并同理新文化，越容易成为优秀的全球领导者。如果早期担任过全球领导者后不久又完成了一项非常复杂的任务（比如，转型、并购、开创新业务），那么就更有可能晋升为高级经理人。

全球化可以作为很多世界难题的答案。全球化正在改变公司。此外，全球化不再只是局限于公司的销售和采购活动，而且与吸引并挽留最优秀的人才有很大的关系。不管我们是否喜欢，全球化会继续下去。正如联合国前秘书长科菲·安南曾经说过的那样："反对全球化就像反对重力定律。"

尾注

本章内容由 Kets de Vries 和 Christine Mead 合写而成，最初以同名章节收录在：

● V.Pucik、N.M.Tichy and C.K.Barnett（eds），Globalization Management：*Creating and Leading the Competitive Organization*，New York：John Wiley & Sons，Inc.（1992）.

《全球化管理：打造并领导具有竞争力的组织》，纽约：约翰·威利父子出版公司。

第14章 寻找新的欧洲商业领导者

高雅文化不过是欧洲堕落的产物，是我们对进步的迷恋。所谓进步，就是一场没有尽头的代际接力赛，每一代都超过前一代，又被后一代超过。没有这个名叫历史的接力赛，就没有欧洲艺术以及欧洲艺术的特点：求新求变。罗伯斯庇尔、拿破仑、贝多芬、斯大林、毕加索，都是接力赛的选手，都属于同一体育场。

——米兰·昆德拉

引言

法国前外交部长罗伯特·舒曼（Robert Schumann）和法国前国家计划署署长让·莫奈（Jean Monnet），梦想着打造一个国家共同体，实现经济一体化，结果创建了欧盟。苏维埃联盟也想实现经济一体化，可是还没有成功便解体了。欧盟盟约书《罗马条约》（1957）指出，欧盟的宗旨是：

通过建立无内部边界的空间，加强经济、社会的协调发展和建立最终实行统一货币的经济货币联盟，促进成员国经济和社会的均衡发展。

今天，欧盟有27个成员国，联合GDP占世界总经济产出的30%，丧失了以前那种共同体感和管理相对简单性。欧盟的发展带来了不可思议的复杂性。有很多国家正在申请加入欧盟，其中，有七个后共产主义国家和土耳其（这个国家在文化、历史和宗教上与欧盟现有成员国有着很大的不同）。很多政治分析家都在讨论欧盟该如何管理以及能否继续存在下去。商业组织若是想处理如此错综复杂的关系，就必须具备非常优秀的领导人才。

下面以毕雷（Perrier）瓶装矿泉水公司数年前发生的一次危机事件为例说明这一复杂性。毕雷瓶装矿泉水公司，采用法国南部维吉斯附近的水源作为原料，产品带有天然气泡。20世纪80年代，毕雷业务急剧增长，占领了欧洲及北美饮料市场。毕雷员工待遇很好，经常涨工资、休带薪假。毕雷非常尊重员工，称员工为制造厂的“副经理”（co–manager）。1990年，美国一实验室发现毕雷瓶装矿泉水含有致癌物质苯。1992年，毕雷被赶出美国市场。后来，毕雷销往其他国家的矿泉水也被陆续发现含有苯。结果，毕雷召回了所有矿泉水，濒临破产。

毕雷最后逃脱了破产厄运，挽救它的是雀巢，一家具有全球经验的瑞士公司。雀巢收购了毕雷，挽救毕雷于水火之中，让绿色瓶装毕雷矿泉水重新回到世界最经典的酒吧。然而，雀巢并没有利用毕雷品牌赚多少钱。法国工会总同盟（Conf é deration G é n é ral du Travail，简称CGT），属于左翼，地位牢固，宗旨是捍卫工人利益，毕雷的员工几乎都是其会员。2004年末，雀巢打算卖掉毕雷。作为回应，CGT 启动毕雷 AOC[①] 认证计划；该计划如果实施成功，就意味着只有用维吉斯附近水源生产的瓶装水才能使用毕雷品牌，换句话说，毕雷仍然是 100% 的法国品牌。雀巢经理人认为，如果 CGT 做出让步，那么毕雷就可以成为强大的全球品牌，世界多处瓶装水生产基地都可挂上“毕雷”的名字。最后结果是两败俱伤，雀巢贱卖了毕雷，维吉斯人除了骄傲什么都没得到。让毕雷“顽固不化的无产者”（time-warped proletarian，一个记者这么称呼毕雷员工）适应 21 世纪的市场力量，似乎很难。

这种不信任和被动攻击时有发生。例如，1995 年，瑞士银行公司（Swiss Bank Corp）以 250 亿美元购得英国投资银行华宝（Warburg），接管过程中，沟通不畅和文化差异导致了一场近乎暴动的骚乱。当时，瑞士经理人急功近利的做法，引起了拘泥刻板的英国本土员工的恐惧和反感，这些恐惧和反感最终演变成暴力冲突。不久，正如一观察家所言，华宝的主要资产（指优秀人才）“某天晚上乘电梯下去，以后就再也没有回来”。

这样的事件真是数不胜数，以上只列举了两例。几乎每个 CEO 都可以讲述类似的经历。不过，这两个例子是比较典型的，从中可以看出很多欧洲跨国联盟失败的根本原因（在我看来）：一方面，追随者无意识地感到深深的恐惧和反感；另外一方面，很多商业领导者先入为主地认为国外员工是“顽固不化的无产者”。如果忽视这些消极态度和先入之见，那么泛欧洲商业组织的成功发展只能是一个幻想。

不过，希望还在。我观察到，有些领导者能够消除员工的恐惧，培养出信任感，打造出真正的欧洲组织，在这样的组织，追随

---

① AOC，全称 Appellation d'Origine Controlee，意思是原产地控制。进行 AOC 认证之后，只能使用某地的原材料，以保证产品质量。——译者注

者可以渐渐超越自己本国的文化和传统。有效的领导者能够在组织里营造目的感、归属感和社区感，把世界各地的员工团结起来。

新欧盟的领导者面临哪些重大挑战？对欧洲商业领导者而言，这些挑战意味着什么？

多样性挑战

首先，让我们仔细看看孕育欧洲商业组织的原始汤[①]，这很重要。

欧盟的日益壮大让欧洲商业组织和欧盟成员国生出极高的期望和严重的焦虑。一方面，它可以视作机会，打造有着厚实文化底蕴、类似价值观和足够多样性的强大经济实体来促进创新的机会。另外一方面，它让人担心出现国别身份淡化、文化冲突、宗教冲突、领导风格不兼容和工作习惯不兼容等问题。

与社会上的仇外情绪相比，组织中的仇外情绪往往偏良性，但是，不加以引导的话，仍然有恶化的可能。组织体制的建立是以内隐文化假定为基础的，若是不了解这些假定，就有可能低估相关体制的效度和强度。

尽管几乎所有组织都面对多样性挑战，但是欧洲组织所处情境要复杂得多。任何一本人力资源管理教材或者组织行为学教材都会说，传统上，多样性问题包括少数民族问题、性别问题、残疾问题、性取向问题，等等。显然，欧洲面临所有这些问题。然而，如果我们把欧洲看作单一经济实体，而不是像其他经济体那样，那么

① 原始汤（primodial soup），出自奥巴林－荷尔丹的生命起源假说。奥巴林－荷尔丹认为，地球早期有一个还原性大气圈，地表布满了“温暖的小水池”，大气中是无机分子在小水池中合成简单的有机分子，小池中的水就变成了含有有机物的“原始汤”，细胞生命就在这个“原始汤”中诞生。——译者注

它面临的多样性问题还包括另外几个方面。

首先，不同国家的人在很多方面存在着不同之处，包括时间观念、权力距离、绩效导向、对不确定性的容忍、情绪表达、角色分化、个体主义—集体主义、归属取向—成就取向，等等。人和组织会不由自主地受到这些国别差异的影响。

欧洲内部还存在严重的宗教差异，这些宗教差异影响着人们的工作方式、价值观、信念、态度和行为。宗教差异还对法律有影响，比如《婚姻法》。宗教差异还意味着不同成员国有着不同的精神需求。例如，《欧盟宪法条约》起草之时，波兰坚持在《宪法》前言有关欧洲文明起源的内容中提及基督教。欧盟公民已经有了很大比例的非基督教徒，如果土耳其加入了，那么欧盟就有一个绝大部分人口是穆斯林的成员国。

欧洲还没有通用语，欧盟各成员国都坚持使用自己的语言。连欧盟的官方机构都觉得很难找到通晓各成员国语言的译员，翻译费用更是成几何级增长。欧盟曾经数次提出精简语言数目，但是每次提议都遭到强烈反对，每个国家都为自己的语言而骄傲，都不愿放弃自己的语言。

在欧洲，不同的国家实行不同的教育体系，开设不同的课程，对学生有着不同的要求。博洛尼亚进程（Bologna Process）就是为了解决这个问题的。1999 年，40 个欧洲国家在意大利博洛尼亚提出欧洲高等教育改革计划，目的是在欧洲引入一套透明的、统一的高等教育学位制度。尽管博洛尼亚进程促进了学位授予规则和程序的统一，但是教育体系的统一还有很长一段路要走。而且，不同国家的人，对学位的价值有着不同的看法。在某些欧洲国家，管理本科学位比工程本科学位和法律本科学位没用得多。这种认知会影响员工对领导者的态度，也会影响领导者的可靠性和可信性。

此外，欧洲各国的政治体系也多种多样，有议会君主制、总统共和制和议会共和制等等。政治体系差异影响着人们对权力和权威的态度，反映在商业组织中。

欧洲各国民众在日常生活上对政府的依赖程度也有所不同。有些国家福利很好，国民不工作也不用担心生存问题；有些国家，国民必须各凭本事致富；还有一些国家，实行财富强制再分配政策，国民连凭本事致富的机会都没有。

随着最近欧盟扩张到东欧，我们还必须考虑成员国的社会经济体系差异。东欧很大一部分人口在共产主义制度下生活过，这些人尽管也许并不喜欢共产主义制度，但是习惯了共产主义制度并且学会了在共产主义制度下谋生，会把以前的经验带到欧洲商业组织里。

还有贪污腐败问题。不同国家对合法的官商交往有着不同的规定。罗马尼亚和保加利亚之类国家的发展，就是很好的例子。

欧洲各国之间以及与世界其他国家之间有着自己独特的关系。最近的伊拉克战争强烈地表明，欧盟内部对欧盟政策有着不同的看法。类似的，不同国家与俄罗斯（俄罗斯有很多自然资源，很多欧洲国家都依赖它）的关系也有所不同，这一点也可以从格鲁吉亚和俄罗斯之间“狼来了”的游戏中看出。

此外，欧洲历史是冲突与合作并存的历史。法国笑话嘲笑英国人的工作方式和生活习惯，英国笑话嘲笑法国人的工作方式和生活习惯，就是明显的例子。一个更为严肃的问题是，各国如何对待德国的纳粹过去。20世纪的战争以及更早时期的冲突留下的伤口还没有完全愈合，意识层面和无意识层面仍然会痛。

所有这些许许多多的不同意味着欧洲不同国家的人有着十分不同的人生经历，从家庭开始，到小学、中学、军队、大学，一直到工作单位。人生经历的不同意味着，人们会发展出不同的行为模式，并把不同的行为模式带入组织。人生经历的不同还会造就不一样的领导者—追随者关系，来自不同国家的追随者对领导者有着不同的期待，来自不同国家的领导者也对追随者有着不同的期待。在荷兰公司做得非常成功的领导者，到了葡萄牙公司、匈牙利公司或欧洲公司，不一定能够取得同样的成功。

当然，即使在同一国家内部，不同人对领导力的理解也不一样，受到个人经历、父母权威以及与首要抚养者之间关系的影响。

显然，多样性如果管理得当的话，会提高创造力、竞争力和灵活性。然而，人类不会自然而然地容忍并珍视多样性。陌生的东西总是会引起不安。不明白别人的意思，就会非常焦虑。人们必须克服这种焦虑，学会接受并珍视不同之处，学会与不同类型的人合作。新“欧洲”领导者有责任帮助员工应对焦虑：他们必须鼓励员工最大限度地利用多样性。

内部与外部竞争

“顽固不化的无产者”显然不是褒义词，但是它确实引出了一个有趣的问题。很多欧洲员工，不完全理解为什么要费神地接受多样性。几乎每个人都知道，作为一个经济体，欧洲面临来自全球竞争对手的强大压力。说到欧洲的竞争对手，我们也许会首先想到美国或亚洲。然而，非欧洲人不太关注但欧洲人非常关注的一个热点问题是，来自欧洲其他国家的组织以及国内其他组织的竞争，即内部竞争。

蓝领工作、呼叫中心，以及某些白领工作，比如后勤、财会、数据处理、编程甚至研究，从欧洲转移到亚洲已经有段时间了，然而，欧洲内部也在发生类似的转移现象。原先转移到亚洲的活动现在转移到了东欧，因为东欧有很多会多种语言、受过良好教育的劳动人口，而且人力成本比西欧低得多。

例如，德国汉莎航空把欧洲财会中心建在波兰的克拉科夫，因为这个大学城提供了大量成本低廉、受过良好教育、会说多种语言的劳动力。帝亚吉欧（Diageo），一英国饮料公司，旗下有尊尼获加（Johnnie Walker）和健力士（Guinness）等著名品牌，也因为类似的原因把欧洲后勤支持中心建在匈牙利的布达佩斯。最尖端的新行业大都建在东欧，“老”欧洲人不得不降低工资才能保住饭碗。例如，大众汽车和戴姆勒克莱斯勒最近正在与工会进行艰难的谈判，希望工人降低工资，否则就把工厂搬到东欧。类似的，西门子也要求德国员工无偿加班。

外部竞争，局势多多少少明朗一些——竞争对手是明摆着的，威胁也容易理解。相比之下，内部竞争带来的挑战要大得多。欧洲人必须克服严重的认知失调：一方面，欧盟的壮大对欧洲人有利，因为它创造了新机会，能让整个欧洲变得更强、更成功；另外一方面，欧盟的壮大，会导致老成员国的国民丢掉工作，或者觉得工作条件恶化了（工作时间延长、退休金减少，等等）。这两种不兼容的认知很难调和。数世纪以来，领导者都喜欢用“同仇敌忾”法团结激励追随者。现在，突然之间，“同仇敌忾”法似乎不管用了。既是对手又是盟友、既有竞争也有合作的情况越来越多，在这种情况下，“同仇敌忾”法就必须小心使用了。

单一模式可能吗

欧洲国家、欧洲组织之间以及内部所有这些不同，与内外部竞争带来的挑战结合在一起，让我们不得不提出以下问题：欧洲是否可以而且应该视作一个统一实体？欧洲组织可否实行单一领导模式？第一个问题的答案极有可能是“否”。第二个问题也许最好这样措辞：“欧洲组织承担得起不采用某种欧洲领导模式的后果吗？”欧洲的组织可以保留国别身份（比如，比利时的、波兰的或者意大利的），不实行欧洲领导模式吗？

原则上讲，实行美国领导模式的美国公司，可以仍然是美国的并且仍然做得非常成功，但是对欧洲公司而言，情况就不是这样。在欧盟内部，商品和人力资源可以自由跨国流动，众成员国实行统一政策，意味着欧洲大多数大中型公司不能保持纯粹的国别身份。如果保持纯粹的国别身份，就有可能丧失欧洲市场甚至全球市场。这些公司的领导者别无选择，只有欧洲化，实行欧洲领导模式，才能更好地应对新挑战。

以上简要探讨了欧洲国家、欧洲组织之间以及内部的不同之处，还探讨了内外部竞争给欧洲组织带来的挑战，从中我们应该明白，因为存在如此多的不同之处，而且因为竞争压力如此之大，所以欧洲组织很难实行单一的领导模式。狭隘地固守本国做法，也是不可取的。我们应该另辟蹊径。

折中办法

人类有个基本需求：在融入群体的同时与群体保持一定距离。我们所有人都在小心翼翼地寻求着平衡，想在归属于某种比自身存在更大的东西的同时保持个性。某种比自身存在更大的东西，指的是家庭、组织、社区、国家、地球村，等等；所谓个性，指的是每个人独有的特点。归属于某种比自身存在更大的东西，我们就拥有了社会身份；保持个性，就是保留并珍视个人身份。这样，对我们每个人而言，全球化可能是很大的威胁和挑战，因为，主观上来说，全球化不允许存在多少个体差异或者说保留多少个性。然而，完全的个性化也并非理想状态；因为我们是社会动物，害怕落单。

全球化

欧盟作为一个经济实体，可以帮助我们处理以上矛盾。归属于欧盟，我们的社会身份增强了：我们是欧洲公民、欧洲组织的员工。与此同时，我们还可以保持偏个性化的国别身份（例如，法国人、爱沙尼亚人或瑞典人）。欧洲公司可以看作某种发展中心，欧洲人可以在那里学习如何在全球化背景下生存下去又不丧失自我感。

那么我们如何帮助这种个性化程度适中的欧洲人发展？帮助他们发展，意味着找到一种方法，把欧洲身份的特点和国别身份、区域身份、个人身份、组织身份或家庭身份的特点结合起来。这种方法无疑比很多欧洲领导者采用的泡泡法（bubble approach）或者变色龙法（chameleon approach）要好很多。

所谓泡泡法，指制造一种类似保护气囊的东西，把组织置于其中，免得组织的体制、机会、身份、核心胜任力等受到外界的污染。使用泡泡法的领导者，固守已有东西，忽视环境变化。

相反，使用变色龙法的领导者，崇洋媚外、追赶时髦，非常容易放弃组织的基本文化身份，也就是放弃根。

我建议采用折中方式——全面欧洲化法（“glocal” route to Europeanization），既保持核心文化（组织独一无二的胜任力和机会），又适应其他文化。

要想有效实施折中方式，欧洲公司或者在欧洲运营的全球公司必须问问自己：哪些职能应该集权在欧洲水平，甚至全球水平？哪些职能应该留在国别水平？例如，在帝亚吉欧，信息技术、企业传播、财务会计方面的决策权集中在欧洲水平，而人力资源、劳资关系、具体销售管理方面的决策权一般留在国别水平。

应对挑战

要想欧洲化，就必须摒弃陋习，而这样做会引发严重的焦虑。压力之下，人们容易退回习惯模式，不管习惯模式在别人看来是多么不理性。改变，需要付出巨大努力。这样，欧洲领导者面临的挑战就是，找到方法鼓励人们尝试、试验新东西。不管是个人的改变还是组织的改变，道理都是如此，都需要一步一步地来。很多组织心理学家（在发展心理学和临床心理学发现的基础上建构理论）认为组织变革必须植根于个人变化之中。

因此，新欧洲领导者的一个重要任务就是调动追随者的资源，帮助追随者避免在面对新的、陌生的事物时变得无所适从。我们已经指出了欧洲内部的某些多样性，现在说说欧洲人比较关心的问题（包括但不限于）：

- 工作保障；
- 在竞争（内部、外部）中活下去；
- 人、公司、商品、服务都既具有欧洲身份又保持国别身份（个性化程度适中）；
- 处理与不可预测的强大邻国（例如，俄罗斯）以及世界其他大型政治经济实体（例如，美国、中国、印度、巴西）的关系；
- 与不同文化背景（语言、宗教、职业道德、工作习惯，等等）的人合作；

●适应竞争加剧带来的福利变差；

●反对全球范围内的恐怖主义，恐怖主义不仅让公司蒙受直接的经济损失，还让员工遭受严重的心理威胁，让他们觉得极不安全。

以上忧虑也伴有高期望——欧盟各国以及世界其他关注欧盟的国家都期望这一史无前例的实验真正打造出一个超级经济体。面对欧盟的壮大，组织的员工容易出现防御反应。毕雷员工阻挠变革，企图通过对公司进行AOC认证来掌控自己的命运，实际上就是防御反应的表现。

领导者和称职保姆

领导者有责任帮助员工克服焦虑、更好地掌控命运。从很多方面来说，新欧洲组织领导者面临的挑战类似于做“称职保姆”，为追随者提供心理学家唐纳德·温尼科特所说的“过渡空间”（Winnicott，1975）（见“在过渡世界里玩耍”一节）。

那么，组织领导者如何打造这样的环境呢？他们可以采纳以下建议（包括但不限于）：

●接纳组织和社会中的多样性现象；

●放弃“非我发明”法；

●采用新方法管理劳资关系；

●不断地学习、反学习、再学习；

●培养对模糊性的容忍能力。

进入新环境，不可避免地会萌生困惑感。实际上，困惑感是好的，只要创造性地、建设性地度过困惑期（把困惑期看作玩要时间）。

提供“过渡空间”让员工创造性地、建设性地度过困惑期的领导者，对组织有很大的好处，因为他们手下的员工，能够更好地应对挑战、处理多样性问题，更可能在全球竞争中立于不败之地。然而，并非所有的欧洲领导者都能在组织里创建并维护一块这样的空间。要想成为一名有效的领导者，在新环境下必须制造条件让员工尽情地玩要、放心地尝试新事物。

宣称组织及其产品、服务、领导模式具有欧洲身份并让外界承认这个身份，并不是一个容易的任务，不能一蹴而就。这一过程，需要投入很多的时间，需要经历尽情的玩要、足够的尝试。在这一过程中，领导者要尽心尽力地扮演保姆角色。

下面，我将简要地谈谈可以通过什么方式打造这样的领导者。

打造欧洲领导者

不消说，如果领导者能说不止一种欧洲语言、来自一个跨文化家庭或者在国外住过很长一段时间，那么他开展起工作来就要容易很多。然而，即使不具备这些条件，其他因素也能造就成功的欧洲领导者。当然，要成为有效的欧洲领导者，首先需要成为有效的领导者。因此，欧洲领导者面临的第一个挑战就是“了解自己”，也就是，弄清自己的人生经历对自己心理发展的影响。不管在哪种背景下，这种自我意识对领导者都很重要，但是对那种想在新欧盟这样的多样化环境下取得成功的领导者尤其重要。

对经理人而言，探索人生早期发展史的一个有效方式就是参加领导力发展项目。在欧洲，这种项目越来越多，参加这种项目变得越来越流行。例如，INSEAD 的全球领导力中心项目就是其中一个，其教育方法学原理是：让来自不同国家（欧洲国家以及其他非欧洲国家）的高级经理人组成跨文化小组，在老师或教练的指导下，一起进行自我探索之旅（Kets de Vries 等人，2007）。“讲述自己的故事”、“分享感受提供反馈”等活动，能够制造一个过渡空间（在老师或教练的帮助下），让参与者更好地了解自己以及别人是如何看待自己的。这种项目是个很好的机会，参与者可以更好地了解自己以及别人的人生之旅，还可以更深地理解组织文化和国家文化。

这种项目一般以群体活动的形式展开，群体中的每个人都能帮助群体中的其他人探索自我、学习成长。这种特别的教学法不仅可以帮助人们明白自己的发展挑战，也可以帮助人们明白如何：

- 提高在跨文化团队和虚拟团队中的领导有效性；
- 用具有文化敏感性的方式给予反馈；
- 让辅导成为自己领导风格的一部分；
- 让知识管理成为现实。

这种教学法在单一文化背景下就是有用的，在多元文化背景下能发挥更大的效用。欧洲组织的领导者在进行自我探索时要面对特别的挑战，实际上，他们不仅要确保组织的成功，还要确保欧洲一体化的成功。

在与经理人合作的过程中，我还发现，在不同的欧洲国家，人们对领导力有着十分不同的认识和期望，因为，对领导者是什么样或者应该是什么样的认识，受到国家文化和家庭背景的影响。在咨询、辅导和教学期间，我接触过几千个来自不同欧洲国家的欧洲经理人，发现不同领导行为在不同国家有着不同的重要程度。然而，不管在哪个国家，有效的领导者都有如下特点：

- 广言纳谏，重视下属的意见；
- 关心下属，为下属排忧解难；
- 以身作则，充当下属的榜样；
- 提供机会，锻炼培养员工；
- 不吝赞美，认可激励员工；
- 打造透明组织，让员工了解情况；
- 经常提供反馈，表达清晰的期望；
- 重视文化建设，培养员工的集体身份感，鼓励员工从习惯说“我”转变成习惯说“我们”；
- 制造意义，让员工为工作自豪。

欧洲乃至全球领导力

有趣的是，很多全球公司发现，让高级经理人在欧洲工作一段时间往往有助于他们承担全球角色。从某种意义上说，在欧洲面临的挑战与在全球背景下面临的挑战存在很多相似之处。因此，可以把欧洲市场作为培养全球领导者的摇篮。

在员工的想象中，领导者有着很多角色。他们是促变剂、象征、认同对象、出错时的替罪羊。最有效的领导者，是那些经常进行自我反思、对权力病保持警惕的人。领导者，如果对不一样的做事方法保持好奇心，就能在让人头昏脑涨的地方（例如，欧盟）保持清醒的头脑。

历史上，欧洲大地崛起又消失了一个又一个帝国（其中，罗马帝国是比较令人难忘的）。现在，欧盟有幸承担起统一欧洲的光荣任务，而且，商业领导者已经朝着这个宏伟目标走了很长一段路。美国前国务卿亨利·基辛格曾发出惊人之问："如果我想给欧洲打电话，那该打给谁呢？"这一问题，刚提出来时是非常尖锐的，现在则不一样了。相比之下，美国前总统乔治·华盛顿更具远见，他说："总有一天，继美利坚合众国之后，将出现一个欧罗巴合众国。"

尾注

1. 本章内容以前在杂志上发表过，请参阅：

● Kets de Vries，M.F.R.and Korotov，K.（2005）."The future of an illusion：In search of the new European business leader"，*Organizational Dynamics*，34（3）：218—230.

"一个幻想的未来：寻找新的欧洲商业领导者"，《组织动力学》。

本文作者感谢 Konstantin Korotov 对本章的贡献。

第 15 章　借鉴“狂野东方”：俄罗斯人性格和俄罗斯领导力

俄罗斯老是边走边讨论过去而不是未来。结果总是如此：频频回头就很难前进。

——米哈伊尔·霍多尔科夫斯基

俄罗斯人性格

浪漫与怀旧

20 世纪 30 年代，苏联导演格里戈里·科津采夫（Grigori Kozintsev）和列奥尼德·特劳伯格（Leonid Trautberg）拍摄了一个三部曲，讲述了苏联作家马克西姆·高尔基的一生。他们以电影为媒介，绘制出一幅与众不同的画卷，让观众了解到造就俄罗斯人性格的各种力量。三部曲中的第一部，讲述了青年马克西姆是怎样走上布尔什维克道路的。

电影充满童话色彩，促进了观众对俄罗斯人心目中的祖国和童年之根本特征的认同。然而，考虑到电影摄制的年代，也许我们应该假定，电影是艺术表现力和政治正确性的折中产物。

电影开场，首先映入眼帘的是一望无际的平原和波澜壮阔的伏尔加河（在俄式三弦琴的伴奏之下）。接下来，镜头转到一个米尔（mir，沙俄时代的村社组织，星星点点地散布在俄罗斯大地上），详细描述了居民的生活。导演花了些心思进行男女对比，把女人刻画成热情的、体贴的、强壮的、慷慨的、可靠的（大妈形象），同时也是相信命运、久经苦难的。轮到男人，导演则呈现了其自我毁灭的一面——时不时地打架、酗酒。

电影中的俄罗斯大妈形象真是深入人心！老老少少的俄罗斯人，心中念念不忘的母亲形象就是那样的。有些人沉迷于那种母亲形象无法自拔，在现实面前，这些人很可能深感失望，因为他们也许终生都在渴望回到那已经失去的乐园，心头总是萦绕着朦朦胧胧的前俄狄浦斯感和思乡怀旧之情——俄罗斯人骨子里的浪漫主义和多愁善感（Chasseguet-Smirgel，1975）。

受苦与暴力

但是这种浪漫与怀旧不是科津采夫和特劳伯格在电影中探索的唯一模式。欣赏电影的过程中，观众不时受到突然的、意外的冲击——屏幕上不时出现暴力镜头，暴力中还夹杂着施虐受虐。要想准确反映俄罗斯人的生活，就必须抓住受苦这个普遍主题。人类需要通过受苦来救赎所犯的“罪行”，不管是想象的还是真实的罪行。罪恶、懊悔、惩罚一直是俄罗斯历史上的重大主题。俄罗斯东正教，以折磨、痛苦、殉道为教义，把受苦看作争取上帝怜悯的手段，这对俄罗斯人这方面心理的形成起到了重要作用。

可以说，数世纪以来，俄罗斯人还有一个特点，那就是对权威人物的施虐受虐认同，不管权威人物是沙皇、贵族还是地主（Murray，1995）。对权威人物的这种态度意味着，不仅愿意接受权威人物的虐待，而且在成为权威人物之后愿意虐待别人。

精神分析学家兼人类发展学家埃里克·埃里克森的精华之作《童年与社会》一书中，有一章的标题是“马克西姆·高尔基的青年时代”。埃里克森利用科津采夫和特劳伯格的《马克西姆三部曲》探索他心目中俄罗斯人不受时间影响的显著特征，特别是施虐受虐倾向。埃里克森之所以与科津采夫和特劳伯格一样也强调这个模式，是因为这个模式渗透到了整个俄罗斯文学之中。“受苦是美德”是重复出现的主题。俄罗斯很多著名作家描绘过令人震惊的贫困和奴役场面，表达了对持续几百年的农奴制引起的心理扭曲的同情（沙俄于 1861 年废除农奴制，但是农奴制对俄罗斯人的上下级关系留下了深刻的烙印）。

历史传奇和小说故事把俄罗斯人刻画成了一个情绪容易剧烈波动，上一刻大发雷霆、下一刻自戕自虐的民族。情绪化最严重的例子是俄国首位沙皇伊万四世，他在暴怒中杀死了自己的亲生儿子，之后后悔万分。

耐力与毅力

尽管（或者因为）居住环境恶劣（大都在光秃秃的平原、冷飕飕的西伯利亚冻原上），但是（或者所以）俄罗斯人有着极强的耐力和毅力。1993 年，我亲自见识了俄罗斯人令人难以置信的勇气、耐力和“自讨苦吃”。当时，我跟团到塔吉克斯坦的帕米尔山脉远足，塔吉克斯坦原属苏维埃社会主义共和国联盟，位于中俄边界。那次远足的目的是观察马可·波罗羊发情，马可·波罗羊是世界上体型最大的野羊，行踪不定，非常神秘。不幸的是，我们碰上了坏天气。我们不仅要对付极端温度（低于零下 30 摄氏度，还没有把风寒考虑在内）和极端高度（海拔 5500 米以上），而且要时刻当心掉进大雪坑。我们没有深雪行走工具，再加上高原缺氧反应，登山极为艰难。在我这个没有经验的人看来，近距离观察羊几乎是不可能的。要是其他人早就放弃了，但是俄罗斯人没有。他们决定慢慢逼近，而且要小心翼翼地，免得惊动了羊把羊吓跑。

12月的一天，我们行动了。当时是凌晨2点，天还很黑，我跟着向导在没膝的深雪里蹒跚而行，向导背着我的所有装备（帐篷、睡袋、餐具、食物等等），把我的负重减至最小。我在外旅行多次，途中经常遇到困难，但是哪次旅行都没那次夜行劳累。后来，我的俄罗斯朋友称呼那次夜行为“Pamirgrad之战”[①],Pamirgrad之战指的是二战期间苏联战场上最惨烈的一次战争。那次夜行，我几乎冻死，但是他们好像一点不适的感觉都没有。

性格还在变

距科津采夫和特劳伯格拍摄《马克西姆三部曲》、埃里克森撰写《童年与社会》已经很多年了，在这么多年期间，俄罗斯发生了很多巨大变化。苏联解体，俄罗斯苏维埃联邦社会主义共和国改称为俄罗斯联邦，很多原先在苏联控制之下的国家纷纷独立。米哈伊尔·戈尔巴乔夫推行的开放改革（glasnost and perestroika）政策，鲍里斯·叶利钦及其高级顾问以及后来的弗拉基米尔·普京和德米特里·梅德韦杰夫实施的一系列改革，让俄罗斯社会发生了翻天覆地的变化。这些改革，很多结果好坏参半：尽管社会很多领域从改革中受益，但是俄罗斯经济的混乱过渡状态让很多俄罗斯人觉得被疏离、被剥夺。

俄罗斯仍然处在根本变革的时期，这让俄罗斯人的性格很难被解析。俄罗斯幅员辽阔，地形多样，很长一段时间是不同种族、宗

① 查资料后，发现只有该作者提过这个战役，不知是否为笔误。——译者注

教、语言和文化的大熔炉，领地从东欧穿过西伯利亚延伸至远东，这让俄罗斯人的性格更难解析。然而，俄罗斯人的性格也有一定的稳定性，俄罗斯人有一些不受时间、空间和政体影响的明显特征。

塑造俄罗斯人性格的背景因素

自然的影响

俄罗斯气候极端，一半国土是永久冻土。俄罗斯人受制于恶劣的环境，这一事实能够解释俄罗斯人性格中的耐心、服从和谨慎。在苦寒条件下生存的俄罗斯人，体验不到世界上其他地方的人大都能够体验到的控制感。因为气候原因，俄罗斯人一段时间活动频繁，一段时间窝在家里，所以有时觉得自己能够掌控命运，有时觉得只能听天由命。

苦寒的气候，把俄罗斯人变得像熊一样，冬天能量水平低，夏天食物充足时情绪高亢。俄罗斯人可以“冬眠”很长一段时间，醒来后非常活跃。在俄罗斯，耕种收获季节很短，农民每年只工作很短一段时间，但是在这很短的一段时间里，他们吃苦耐劳、勤勤恳恳。把俄罗斯人比喻成熊，可以说明俄罗斯人忽而被动忽而主动的特点，也可以说明俄罗斯人忽而服从忽而叛逆的特点——我稍后再谈这个。

米尔的遗赠

尽管俄罗斯的重工业非常发达，但是俄罗斯仍然是十足的农业国家。在沙俄时期，俄罗斯广袤的大地上只是零星分布着一些小小的农庄，这些农庄有个专门的名字——“米尔”。进入苏联时期，米尔变成了集体经营的公社，有些甚至变成了城镇，但是这种自给自足社区背后的思想保存了下来。例如，米尔思想影响了俄罗斯人对我们西方人所说的“个人空间”（personal space）的看法。所谓个人空间，是指私人的、不想让公众打扰的空间。因为在米尔（以及后来的公社）人们住得很近，经常是低头不见抬头见，所以俄罗斯人往往很具侵犯性；和很多其他国家的人一样，俄罗斯人不尊重别人的私人空间。

米尔思想还影响了俄罗斯人对关系的看法。不管什么事都喜欢大家一起做，集体主义是米尔思想之核心，也就是，集体利益高于个人利益，集体的意志比任何个人的意志都重要。

米尔的遗赠还反映在俄罗斯人的相互依赖之中，也就是，集体为成员提供情感支持和道德指导。俄罗斯人的归属需求很强，他们喜欢归属于、附属于集体，如果被集体排除在外，会觉得非常不舒服。他们的很多活动，比如社交，都在集体环境下进行。

米尔的遗赠还反映在俄罗斯人的抱团排外上，表现为沙文主义和狭隘的民族主义：对祖国母亲的爱。米尔思想的一个必然结果就是，强调牺牲小我成就大我。俄罗斯人随时准备为集体、为国家牺牲自己。俄罗斯历史上的群众英雄主义事件数不胜数，其他国家无法匹敌。

米尔思想还助长了俄罗斯人的平均主义。公平一直是流行的消遣活动，嫉妒一直是重要的控制工具，用于提醒人们不要做出头鸟。俄罗斯有句民谚，“长得最高的草，最早被割掉”，从这句话可以看出，俄罗斯是多么不赞成个体主义和个人成就。在某些文化中，失败是罪孽，但是在俄罗斯，成功是罪孽，这种状况一直持续到苏联解体。表达个人欲望就是自私。任何想出风头的人都会受到轻视。结果，俄罗斯人非常低调，不居功，不自傲，小心翼翼，避免招摇。染上那些所谓的毛病，无疑会招致嫉妒，引人怜悯，遭人怀恨。

渐渐地，这种平均主义和集体主义精神被歪曲了。随着时间的过去，弊端渐渐暴露，人们理想幻灭、热情消退，变得愤世嫉俗、冷漠麻木。这种状况下，腐败猖獗，道德败坏，物欲横流，机会主义泛滥，特权主义盛行。普通百姓食不果腹、衣不蔽体，达官显贵出门有专车、购物有专店、住院有专院。讽刺的是，苏联解体后，在平均主义和特权主义之间的徘徊保存了下来，反映在俄罗斯新富的言行举止和地位意识中。

童年和青少年经历

1. 用襁褓包裹

在《高尔基的童年》这篇文章中，埃里克森（1963）假设，用襁褓包裹婴儿这一古老传统对俄罗斯人性格的发展有着重要作用。用襁褓包裹，就是把婴儿捆成“圆木”（log，俄罗斯人是这么叫的），防止婴儿乱动，一天 24 小时大部分时间都这样包着，一般要包上 3~5 个月，有的地方甚至要包上一年半（Kluckhohn，1961）。现在很少有人这么做，要做也主要是在乡下。包在襁褓里的婴儿，大部分时间都受到严格的束缚，只能间或放松很短一段时间（除了哭泣之外，婴儿不知道还有其他情绪宣泄方式）。在其他很多社会，婴儿享有运动自由，在俄罗斯，婴儿没有。

考虑到人的一生之中还有其他很多因素对性格造成影响，所以把性格简单归因于早期教养方式的做法一直受到诟病。然而，我同意埃里克森的意见，用襁褓包裹的习俗确实对俄罗斯人的性格造成了重要影响。这种做法也许具有条件反射效果，会影响成年之后的情绪管理模式。尽管用襁褓包裹的习俗也许已经成为历史，但是极端情绪管理模式保存了下来。

2. 上学和德育

用襁褓包裹的习俗是否影响了俄罗斯人的性格，这一点还有待争论，不过，毫无疑问的是，俄罗斯人一生都受心理襁褓的影响，这一心理襁褓，自童年早期就有了。俄罗斯的学校，管理非常严格。纪律是每日必修课；威权主义方法盛行；课程全国统一规划；机械学习、绝对服从权威是普遍规则（Bronfenbrenner，1970；Pearson，1990；Eklof 和 Dneprov，1993）。俄罗斯人在多年的学校生活中形成了“外控点”（external locus of control），所谓外控点，是指人们觉得无法掌控自己的命运。

品行不端、成绩不好是会受到大家耻笑的，这是学校塑造学生行为的常用方法（在成年人的世界中，上级也采用这种方法塑造下属的行为）。结果，俄罗斯人对别人的耻笑非常敏感。骄傲在他们的世界观中有着重要作用。从我们的标准看来，俄罗斯老师的教导方法颇具“侵犯性”：他们什么事都管得很细，而且不尊重孩子的隐私。自托儿所开始，老师就积极地培养孩子“正确”的做事方法。任何偏离规则的行为都会受到惩罚。

在苏联，“德育”（moral upbringing）是学校的一个重要功能，意味着培养爱国主义、无神主义、集体主义以及其他受到国家支持的思想意识（Ispa，1994）。老师的职责是培养孩子的共产主义道德观。根据“以集体为中心”的原则，集体利益高于一切，个体的所有行为都必须符合集体的意愿、配合集体的行动。

在这种教育氛围下，孩子很早（屡次受挫之后）就知道，与权威人物争论是没有好果子吃的。父母充当表率，把老师的话奉为金科玉律。在共产主义制度下，老师的话很有分量：孩子出了问题，老师经常通知孩子父母的上司。和大多数西方社会不同，在前苏联，教育内容、教育方式是单方面决定的：教育者是无所不知的给予者，父母是被动的接受者。几乎没有听说哪个父母就孩子的教养问题提过建议，当然，这样的建议也是不受欢迎的。

这样的教育模式，培养以下信念：在公共场合，可以在心里想想自己想要什么，但是绝对不能说出来。这样的教育模式，既不限制自由思考，也不鼓励自由思考；既不鼓励刨根问底，也不鼓励开拓创新。

在这种环境下，孩子很早就了解到顺从与合群的重要性。在求学生涯中，乃至整个一生，顺从的话，日子最好过。对大多数人而言，不顺从的代价太大了。在课堂上，不顺从会招致批评、羞辱；进入社会，不顺从会招致降薪降职、失去特权甚至丢掉饭碗。

让俄罗斯人变得更为顺从的是，在苏联时期，打小报告是一种流行的消遣活动。老师教导每个孩子要小心提防、密切注意其他孩子的动静，还指定一个孩子专门负责向老师报告其他孩子做过什么。违反纪律的孩子会受到公开的批评、羞辱。这种教育模式及其所有后果仍然普遍存在。

正如前面讲过的那样，俄罗斯历史的一条明显主线就是秩序井然和混乱不堪交替出现。一次又一次，我们看到“循规蹈矩的”俄罗斯人挣脱控制、制造混乱。俄罗斯人似乎有种隐秘（有时并不十分隐秘）渴望：完全地为所欲为。

我拜访过数家俄罗斯公司，发现秩序井然和混乱不堪交替出现的现象十分普遍，特别是在老公司。根据高管们的讲述，工作场合经常出现暴力事件，表现为怠工罢工、毁坏设备、打骂高管。仔细分析一下就会发现，这些暴力事件都是因极端不公引起的。员工诉诸暴力，是在控诉委屈、表达不满。很多暴力事件中，员工事先喝了很多酒。酒是情绪引爆器，很多人一喝起酒来就什么都不顾，大肆发泄。我采访过的高级经理人，很多因此实行了一个政策：工作中饮酒，一经发现，立即解雇。

3. 内在的冲突

在共产主义时代，学校以及其他公共组织（例如，少先队和后来的共青团）都强调纪律，而家庭却采取放任态度。在家里，一切围着孩子转，就像现在一样。孩子是全家的关注焦点，受到保护、溺爱、纵容。诚然，在公社环境下，居住条件拥挤，个人隐私常受侵犯，磕磕碰碰时有发生。孩子斗嘴打架，会招致父母的责骂，但让孩子颇感欣慰的是：毋庸置疑，父母爱自己。很多父母，因为过去受过很多苦，所以想尽办法让孩子过得更好。

一个世界如此严酷，一个世界如此温暖，无论对谁而言，把这两个世界整合在一起都是一个很大的挑战。在这样的情况下，孩子不可避免地会困惑。孩子要发展出“真实自我”，父母必须支持孩子的存在连续性，也就是允许孩子自由表现自己，不扼杀孩子的纯真和率直。但是，如果从小就习惯了顺从，特别是顺从不通情理的权威人物，那么孩子就会面临发展出“虚假自我”的危险（Winnicott，1975），以及向外界展示“虚假自我”的危险。这种状态会导致徒劳感、假成熟，还会阻碍创造力的发展。

尽管公共自我和私人自我不可避免地存在一定程度的分裂，但是俄罗斯人的公共自我和私人自我分裂得实在太过厉害，至少开放前的俄罗斯人是如此的。家是那么温暖，可以无拘无束，而学校是那么严格，必须谨言慎行，在家与在校完全是两种不同的体验。此外，在共产主义制度下，特别是在理想主义变质成愤世嫉俗的机会主义之后，公共生活缺乏真诚性和一致性，这一点逃不过孩子的眼睛，因为孩子不仅光听父母说，还会用自己的眼睛看。这些是俄罗斯人出现“虚假自我”的主要原因。

个体在父母以及后来遇到的其他重要权威人物（比如老师）的言传身教或潜移默化下形成一套是非观，如果父母与其他重要权威人物言传身教或潜移默化的东西是一致的，那就再好不过，个体就会形成清晰的是非观。俄罗斯人的是非观就没有这种奢侈的清晰性。如果父母（或者老师）自己都没有清晰的是非观，又怎能培养出有清晰是非观的孩子？

由于克格勃[①]的存在，俄罗斯人没有形成自己的判断力，而是根据外在线索判断是非，可是外在线索往往是互相矛盾的，有的说“是”，有的说“非”。在“送古格拉[②]进行劳动改造”的威胁下，人们被迫违背良心、指鹿为马。

实行开放政策后，情况变了，思想和行动有了更大的自由。但是，之前的德育，后效太强，老一辈的人必须付出很多努力才能适应。另外，国家极其需要潜心反省，但是做得很不够，例如，教科书很少谈及过去的一些丑恶。俄罗斯没有对过去进行哀悼。

新一辈的人没有老一辈的人那么多的心理负担，十分享受思想自由和行动自由。现在，俄罗斯人谈论孩子的教育问题时，经常提到“自由”、“解放”、“独立解决问题”、“增强创造力”等词语。然而，老教育理念和新教育理念还是经常发生冲突，特别是在学校（Ispa，1994）。俄罗斯人面临的问题是，在课堂以及其他场合，如何把握自由的度，免得太过放纵、一点纪律都没有。这些变化会对更新的一辈造成什么影响？答案初见端倪。初步来看，影响是好的。

① 克格勃（KGB），苏联国家安全委员会。——译者注
② 古格拉（gulag），苏联劳动改造营总管理局。——译者注

友谊至上

因为恐惧的这个遗赠，面对外人，俄罗斯人有时显得冷酷无情，但是一旦你融入他们的圈子，他们对你是非常热情的。俄罗斯人之间的友谊非常深厚。实际上，俄罗斯语有很多表示“友谊”的词，深厚程度各不相同（Dabars 和 Vokhmina，1995）。俄罗斯人极重情谊，把“druzya”（最亲密的朋友）摆在很高的位置。友谊是对公共生活之冷漠无情和变化莫测的补偿。友谊是一种社会保障，可以起到互相支持、宣泄情绪的作用。友谊如此之深，意味着俄罗斯人会为朋友两肋插刀，为知己赴汤蹈火。

重视情谊还影响着俄罗斯人做生意的方式。美国和北欧经理人偏任务导向，而俄罗斯人觉得，要想成功完成任务，首先要搞好关系。对他们而言，重要的不是企业，而是企业里的人。俄罗斯人不管做什么事，都把朋友放在第一位。既然他们认为生意和友谊是密不可分的，所以他们喜欢在做生意时交朋友。不足为奇的是，新生意大多数是朋友和熟人介绍的。此外，俄罗斯人相信义气高于一切，为了帮助朋友可以网开一面。他们对规则持权变态度，也就是根据情境应用规则。私人情谊比公平竞争重要得多。

情绪表达

正如前面指出的那样，俄罗斯人有个特点，情绪两级化。在公共场合，他们可能非常冷静、克制，但是，与朋友相处的时候，他们可能非常热情、奔放。他们有时忧郁、淡漠，有时活力四射。他们可能突然从极端的内向、自我怀疑、自我折磨转变成极端的外向，并且不管不顾地大肆发泄。在不设防的时候，他们喜怒形于色。他们的情绪波动极大，忽而极端乐观，忽而极端悲观（Whybrow，1997；Kets de Vries，1999）。

正如我们前面看到的那样，俄罗斯人强调纪律，但是俄罗斯人也是浪漫的，而且往往极其感性。在情绪高昂期，俄罗斯人特别热情、开朗、豪迈，这种热情、开朗和豪迈是其他国家的人比不上的。而且，在情绪高昂期，俄罗斯人会忘记一切束缚，恣意纵情。他们的身体语言非常丰富，他们喜欢碰触、喜欢拥抱。肢体接触之频繁、人际距离之近，令西方人咂舌。

俄罗斯人可以非常理智，但也经常冲动行事，哪怕因此毁掉自己。此外，他们可能极其容易放纵自己。他们不太相信节制、节俭，他们崇尚今朝有酒今朝醉。他们可以在必要的时候非常克制，也会不时地尽情享受，大吃大喝。伊凡·冈察洛夫、尼古拉·果戈理和米哈伊尔·萨尔特科夫（Mikhail Saltykov）等著名作家，都在作品中讽刺过俄罗斯人的懒散、萎靡和醉态。特别是，小说家冈察洛夫在其著作《奥勃洛莫夫》中刻画了一个懒到不能再懒的大懒虫。

奥勃洛莫夫作风

《奥勃洛莫夫》，写于19世纪中期，背景也设置在19世纪中期，一个散发着颓废气息的年代。本书主角奥勃洛莫夫，不能理解生活的现实。在这个有关被动和麻木、浓缩了19世纪俄国落后面貌，以及俄国人懒惰和萎靡面貌的故事中，白日梦、幻想和逃避是行动的替代品。奥勃洛莫夫的故事派生出一个专门的名词，“奥勃洛莫夫作风”（Oblomovism），即懒惰、懒散作风。

这部小说，尽管刻画的是逝去的年代，但是对当代俄罗斯仍然有启示意义。即使在今天，很多俄罗斯人仍然麻麻木木、浑浑噩噩、听天由命、消极被动、得过且过、不求上进。多年的农奴主义和共产主义没有让奥勃洛莫夫作风改变多少。俄罗斯人受过很多苦，有些是自己造的孽，有些是外界加诸的（比如，来自残酷的战争、恶劣的自然条件、残暴的独裁者），但是这部苦难史并没让奥勃洛莫夫作风改变多少。奥勃洛莫夫作风经久不衰，导致俄罗斯全国都普遍缺乏职业道德（“我们假装工作，他们假装支付工资”）。

我拜访的数家公司，盛行奥勃洛莫夫作风。在极大程度上，俄罗斯这种消极的人生观有很强的现实基础：这些公司效益非常差；有些公司，员工很长一段时间没领过工资，自己做点小生意勉强度日。然而，在有些公司，还是有人在不遗余力地与奥勃洛莫夫作风作斗争，积极创造有意义的工作环境。总体而言，年轻员工的积极性是比较容易调动的，而年长员工很难改变对未来的悲观看法。

官僚病

俄罗斯的官僚制度，在彼得大帝统治期间（1700 年左右）巩固下来，在苏联晚期达到顶峰。实行官僚制度的政府，大都是腐败无能的。庞大臃肿的官僚机构，像国外入侵势力一样，让民众窒息。国家计划委员会（State Planning Committee，简称 GOSPLAN）——官僚主义者的大本营——在莫斯科为苏联每个经济单位制订发展计划。它事事插手且闭门造车，制订出来的计划一点都不符合实际。

在当时，毫无意义的规章制度多如牛毛（其中大部分现在仍没有废弃），这可以解释为“社会防御”——处理被害妄想和抑郁焦虑的方式（Jaques，1955；Menzies，1960）。换句话说，俄罗斯人之所以加强本身已经非常过分的官僚制度，是为了处理生活的变幻莫测和由此引发的焦虑，处理标榜理论和实际理论之间显而易见的矛盾（特别是在斯大林掌权期间）。每添加一条规章制度，每添加一条协议（交易、会议或者意向申明的书面记录），都能制造确定假象。尽管在潜意识水平上俄罗斯人知道这么做是非常没有意义的，但是这么做可以达到一个目的：模糊个人现实和组织现实，让人们从内心体验中脱离出来，进而减轻焦虑。

今天，这些社会防御仍然普遍存在，尽管没有苏联巅峰时期强烈。俄罗斯社会这种“官僚病”助长了俄罗斯人的人生无奈感。然而，讽刺的是，官僚主义做法一方面有助于人们减轻焦虑，另一方面又让人们什么事都难做成。没有规矩不成方圆，但是，让规矩骑在人的头上也是不可以的。结果，当规矩多如牛毛，漏洞也会多如牛毛。在苏联存在期间，俄罗斯人变得特别会钻空子。知道与权威正面对抗是危险的，俄罗斯人没有野心进行制度改革。相反，他们宁愿退缩、忍受、绕开，或者另寻他法。

正如我们前面看到的那样，俄罗斯人早就学会了阳奉阴违（Hamilton 等人，1995）。只要能够逃避惩罚，他们就会违反纪律。这就是俄罗斯最大的一个矛盾之处：过去，俄罗斯人制订严格的发展计划，以减轻不确定性引起的焦虑（他们偏爱可预测性和稳定性）；但是现在，情况恰恰相反，他们迫切希望废除制订计划的做法。

不幸的是，有很多组织（特别是公共部门）似乎还是在由小官僚主义者做主（他们特别会为难别人）。俄罗斯企业如果想参与国际竞争，那就需要处理这个问题。

偏执：沙皇的遗赠

俄罗斯历史上的暴君数不胜数，早在斯大林之前，受沙皇的影响，俄罗斯人就偏爱强硬领导。斯大林的领导，与 16 世纪伊凡雷帝、17 世纪末 18 世纪初彼得大帝、18 世纪凯瑟琳大帝（Catherine the Great）、19 世纪尼古拉一世（Nicholas）的暴政比起来，简直是小巫见大巫。苏俄时期不过巩固了数世纪以前就建立的中央威权主义制度。

大部分沙皇把针对其统治的任何批评都看作欺君大罪，是对他们权威的挑战，轻则充军，重则处死。这种高压政策让俄罗斯人觉得人性本恶。即使在今天，俄罗斯人仍然倾向于假定，人们一有机会就会利用别人，亲朋好友之外的任何人都不可信。弗拉基米尔·普京的人性观大抵就是如此。

因为这种人性观，特别是再加上成长环境使然，所以俄罗斯人一直对权威怀有矛盾心态。有些俄罗斯人是无政府主义者。即使在沙皇统治之下，革命运动也是很多的，其中大部分都造成了非常血腥的结果（Fieges，1998）。告密制度，助长了人们对权威的矛盾心态。俄罗斯的历届政府，从沙皇专制到苏联时期，都利用告密者控制民众，利用特务组织巩固统治，比如伊凡雷帝的皇家禁卫军（Oprichnina）、捷尔任斯基领导的契卡（Cheka）、斯大林的克格勃（KGB），以及现在普京的联邦安全局（Federal Security Service）。

俄罗斯社会的集体主义特点强化了这一偏执的世界观。与其他文化相比，在集体主义文化下，人们似乎更不容易相信外人（Triandis，1972；Triandis 等人，1988），清楚划分圈内人和圈外人（对圈外人持怀疑态度）。在俄罗斯的历史上，人们经常觉得受到外部敌人的威胁，这种感觉确实有一定的现实基础。国外有很多对手，国内还有告密者以及其他敌人。俄罗斯的历史上，大部分时间都同时既在与外国打仗又在打内战。

对外国人的这种不信任被俄罗斯东正教和苏联时期的各种组织强化了，这些组织都对外界持怀疑态度，有时对外界怀有敌意。苏联一直实行闭关锁国政策，直到 20 世纪 80 年代末期俄罗斯实施开放政策。

不幸的是，因为俄罗斯商业环境的本质使然，具有偏执人性观的人往往能找到支持自己猜疑的证据（当然，正是因为黑手党和联邦安全局无孔不入，所以俄罗斯普遍弥漫着这种阴谋氛围）。

文化和组织

1. 逃避现实

俄罗斯人非常不擅长面对不愉快的事情。然而，经常逃避的话，就会混淆现实和幻想。

在计划经济时代，俄罗斯人逃避现实的做法发展到了极致。上面拍脑袋制订计划，强制推行，执行者（不管是公司还是政府机构）没有一点发言权，因此放弃对工作承担责任。

这种决策机制导致生产目标严重脱离实际。最后，欺上瞒下、弄虚作假盛行。很多经理人的全部精力都用来与上级讨价还价或者把责任转移给下属。他们伙同管理者造假账，隐瞒工厂或农场的实际生产能力，虚报产量，哄骗上面。上级最喜欢听到的回答是“原则上，办得到”。但是，这种态度容易导致西方人眼中的非理性、高投入低产出行为，比如，储存大量成品、囤积原料和劳力、接受可以用来交换急需品的无关货物。

在计划经济时代，“突击”（storming）——短期内拼命工作完成定额——是家常便饭。紧急灭火成了风靡全国的消遣活动。俄罗斯很多组织习惯事后应急而不是事前预控。他们不重视计划，认为长期规划和战略思考可有可无。在大部分组织，短期生存才是最重要的（Michailova，1997）。

2. 时光流逝

俄罗斯人不把时间看作以序列、线性模式组织而成的有限资源（Hall 和 Hall，1990）[①]。相反，他们把时间看作松散的实体，甚至认为时间根本就不存在。这种认识是农耕社会的遗赠：在农耕社会，人们经常在一个时间做多件事情，不给活动设定最后期限。这样，俄罗斯人习惯边做边改，非常没有条理。在俄罗斯企业，经营活动经常被打断，守时原则往往被忽视，最后期限常常只是“仅供参考”，工作计划往往很难制订。

从这种多向计时观可以看出，俄罗斯文化是“存在”文化，而非“行动”文化（Hall，1966，1973；Laurent，1983）。俄罗斯人喜欢思考，不喜欢行动。正如前面提过的那样，他们是关系导向的，不是任务导向的。过程体验重于目标达成或取得成就。这种“存在”文化当然与俄罗斯恶劣的天气条件有关：如果人们对大自然没有一点控制感，就不大可能采取行动。

此外，与其他国家的人相比，俄罗斯人比较念旧。例如，与美国人相比，俄罗斯人更喜欢结合历史背景看问题——俄罗斯人非常重视传统的延续。尽管在苏联时期，他们企图重构历史，但是他们倾向于承认，他们的现在和未来受到了过去的影响。这种倾向影响了他们对变革的态度。他们害怕变革，因为变革会威胁悠久的传统。结果就形成了“不坏，就不要修”的思想。

俄罗斯的过渡：从合作社到资本主义

1987 年，当时的苏联共产党中央委员会总书记米哈伊尔·戈尔巴乔夫，给了苏联社会主义制度和计划经济致命一击——签字通

① Hall 把不同文化的时间使用分为两种范畴，即单向计时制（Mono-chronic）和多向计时制（Poly-chronic）。前者是一种强调日程、期限、讲究效率，倾向于一个时间只做一件事情的时间习惯，而后者讲究时间使用的灵活性，倾向于一个时间允许做多种事情的习惯。——译者注

过所谓的《合作化运动法》(Law on Co-operative Movement)，让合作社（co-operative）合法化。合作社就是后来的私有企业，每家合作社至少要有三个所有者。该法解放了俄罗斯人长期受到压制的企业家精神，导致俄罗斯在随后数年发生了巨大变化。早期的合作社是温床，养育着为自由市场经济观念着迷的年轻俄罗斯人。这些人当中，少数几个后来成了亿万富翁，例如米哈伊尔·霍多尔科夫斯基（现在在靠近中国边境的监狱坐牢）和米哈伊尔·弗里德曼（Mikhail Friedman），成百上千个后来成了百万富翁，几百万的俄罗斯人成了企业家。合作社还促进了新行业在俄罗斯的出现，比如投行和电信业。到 2003 年，即仅仅在《合作化运动法》生效 15 年后，私营经济已经占据俄罗斯经济的 70%（《俄罗斯统计手册》，2003）。

私营企业家对现代俄罗斯做出了巨大贡献，这一点再怎么强调都不过分。然而，今天，随着业务的增长和成熟，这些企业家面临着新的挑战：把结构松散的创业型组织转化成大型高效组织（Kets de Vries，2000；Puffer 和 McCarthy，2001；Kets de Vries、Korotov 和 Shekshnia，2008）。这些挑战在一定程度上类似于世界其他国家企业家面临的挑战，所以俄罗斯企业家可以借鉴发达国家商业领导者的经验。然而，俄罗斯有着一段独特的历史，形成了特殊的国情，这一事实导致俄罗斯人普遍认为“其他国家的东西在俄罗斯不管用”。不过，20 世纪 80 年代末 90 年代初，俄罗斯企业家疯狂迷恋西方管理做法，纷纷加以借鉴。可是，这些做法并没有迅速显出成效，于是，他们深感失望，对西方管理做法的态度变得更加消极（Puffer 和 McCarthy，2001）。结果，他们当中有些人开始致力于打造具有俄罗斯特色的商业模式，以重建俄罗斯人的自豪感。

怀疑往往是相互的。其他国家的商业领导者和政治领导者也倾向于把俄罗斯企业家归为特别的一类，不过并不是截然相反的一类。俄罗斯企业家经常被称作“新敛财大亨”（new robber barons），或者被简称为“大亨”。他们之所以获得成功，要么是因为与俄罗斯黑手党关系暧昧，要么是因为与官员相互勾结。在黑手党的支持下敛财，过程往往充满血腥。通过贿赂官员敛财，尽管不那么暴力，但是也见不得阳光。两种途径都十分普遍。“新俄罗斯人”（new Russian）一词几乎被所有人视作贬义词，他们的原始资产是利用20世纪90年代初的国有资产私有化为契机，从糊里糊涂的俄罗斯工人那里骗来的。

自1998年以来，我一直在研究新俄罗斯商业精英，发现了一群完全凭借自身努力而非灰色手段获得成功的商业领导者。他们打造出来的组织体制，既借鉴了西方（或者亚洲）最佳实践，又保留了俄罗斯特色。

新领导者和新追随者

成功公司的高层领导者分为两类：

1.“俄罗斯”俄罗斯人，十分畏惧并憎恨西方组织。这些俄罗斯人坚信，在与西方组织缔结伙伴关系之时应该极其谨慎。他们追求建立100%的俄罗斯公司。很多具有克格勃背景的生意人属于这一类。

2.“全球”俄罗斯人，在俄罗斯商界及国际商界都享有盛誉。这些俄罗斯人，很多都积极与外国人合作，买卖商品和服务。由新一代经理人领导的组织，有些积极引入外资，面向全世界吸引股东。这些俄罗斯人，有些仍然十分理想化（也许太过理想化），认为西方管理做法是治疗一切顽疾的灵丹妙药。这一想法最后当然会落空，落空之时他们很失望。

老领导者：摒弃陋习

对“俄罗斯”俄罗斯人而言，最大的挑战就是摒弃陋习。“俄罗斯”俄罗斯人主要是过去管理着苏联 120000 家工厂、农场或其他行业生产单位的干部，他们需要用一种截然不同的思想替代原先的威权主义思想。这群人可以继续划分为两类。

一类属于俄罗斯现在的商业精英。他们当中有很多人，因为在苏联时期积累了足够的财富、权力和社会关系，根基牢固，所以在后开放时期保住了特权地位。他们利用开放为契机，释放原先被压抑的企业家精神。他们创办企业，对市场经济作出了巨大贡献。

另外一类属于老一代，固守苏联模式，一门心思保全自己。这些人擅长在苏联官僚制度下玩政治，知道如何利用政策、如何操控员工，因此获得了权力。这些人当中有很多人是政治精英，是苏联权贵阶层（nomenklatura）的后代（即高干子弟），熟悉政策风向，利用私有化为契机，以超低价格购得了前国有资产。他们知道，在今天不断变化的俄罗斯社会中，他们会失去特权地位，于是，不管保住特权地位需要什么调整，他们都在表面上做出。他们打着新经济的幌子，用原先管理国有企业的方式管理自己现在的私有企业。他们显然是换汤不换药。[①] 要想在全球竞争中立于不败之地，必须进行激烈变革，但是他们不愿意，心底里并不接受变革背后的新价值观。没有国家的保护，他们就不知道如何经营企业。

---

① 原文提到的“俄罗斯套娃”（Russian doll）管理现象，指管理者不自觉地把比自己差一点点的员工招聘为自己的下属。译者认为这个意思放在此处并不合适，于是结合上下文翻译成“换汤不换药”。——译者注

新“全球”俄罗斯人：迎接新机遇

新“全球”俄罗斯人是新生代企业家——年轻、热情、能干，认识到了开放带来的机会。这群人还包括，改邪归正的前黑市商人、不能走父辈老路但是适应了新环境的高干子弟。这些人有个共同点：把创办企业看作机会。他们知道如何应对“狂野东方”（wild east）的环境。他们在混乱下茁壮成长，既能处理长期的、不连续性问题，又能处理短期的、常规性问题。他们有很强的成就导向，致力于打造成功的企业，他们有驱力、精力、动机推动俄罗斯前进。他们不大可能踢皮球，而是愿意主动承担责任。

不断变化的劳动力

随着俄罗斯商业实践日趋成熟，俄罗斯劳动力也日趋成熟。接受过西方商学教育、有过国际经历的人越来越多，那些没有国际经历但接触过西方商业理念、现在在俄罗斯读大学的人也越来越多。随着组织面临的挑战越来越复杂，这个不断壮大的年轻管理人才队伍也许会让高层经理人又喜又忧。

新的经营方式必须配备新的人才管理方式。我研究过的组织领导者，人力资源管理理念五花八门。有的把员工当作可以随意处置的商品，有的把员工当作最重要的资本，投入大量资源（包括财力支持和情感支持）在培训与开发上。对俄罗斯而言，人力资源管理的概念本身就是新的（Jukova 和 Korotov，1998）。

1. 人力资源管理

在新俄罗斯，为了鼓励创新，需要根据俄罗斯人的动机系统进行人力资源管理。宏图远大的公司，可以改进选拔程序，寻找那种能在市场经济中高效工作的人。另外，公司需要重视绩效评价、跨文化培训和管理人员开发（见本章下节）。

在苏联时期，用人看成分、看出身。干部从共青团调到工会，再调到另一个党内职位（然后再另一个、再再另一个）。薪酬，往往还有其他福利，比如车子、房子、别墅（dachas）、医疗，是与职位等级而非绩效挂钩。既不用担心丢饭碗，干得好也没奖励，于是工作没有积极性。苏共党掌握着商界领导者的任命权，那些被任命的领导者没有一点儿威望。很多人把在商界做领导者当成跳板，希望干过一段时间后能晋升到党内更高层。改革结束了那一切。今天，工作不再那么有保障，企业越来越重视个人的贡献。各种各样的物质激励政策，比如提成和奖金，变得越来越常见。新的、截然不同的职业生涯路径初露端倪。

绩效与问责。然而，专门奖励有重大贡献的个人违反了俄罗斯人的公平需求。俄罗斯人的这一特点对创办企业造成了严重阻碍。成功的生意人非常容易被人称作“奸商”（profiteer），而寡头政治家的所作所为正好印证了这一标签。但是，渐渐地，随着新一代经理人的影响力越来越大，以上认识可能会改变。

他们倡导，组织需要通过成立利润中心或者责任中心从上到下贯彻问责制度。新的俄罗斯领导者认识到了，可以授权给经理人（所有级别），让他们负责某个具体的经营单位。

有些俄罗斯人想发明一套新的人力资源管理办法，他们要想成功，必须以俄罗斯文化为基础。商业领导者必须把现有价值观重新塑造成俄罗斯人会接受并内化的样子。在这个过程中，领导理念也要更新。

2. 管理人员开发

俄罗斯组织如果从高层启动变革管理，那么更有可能实现复兴。很多愿意变革的经理人不知道如何变革。俄罗斯原先没有真正的管理教育和经理人培训，即使有，也是针对计划经济的。俄罗斯经理人需要一套工具来学习其他做事方法。连商务语言这样基本的东西也是需要关注的。很多俄罗斯经理人，不了解自由企业的概念，不知道如何有效表达生产率、自由定价、竞争、市场、客户满意度、新的公司治理形式和利润等概念。俄罗斯经理人还不熟悉基本的心理学概念。他们经常把员工当作机器人来对待，丝毫不尊重员工。因为俄罗斯实行过很长一段时间的技术专家统治制，所以生产率等式很少考虑人的因素。

“最佳实践”交流可以加快学习进程，换句话说，效仿成功的企业可以加快学习进程。尽管俄罗斯没有标杆管理的传统——苏联时期，保密是流行做法，经济单位之间的横向交流很少见，但是标杆管理是一种很有前景的做法。

八条领导力启示

启示一：增强自己和组织的弹性

今天的俄罗斯，很多比较有效的经理人都属于“内控”型。他们觉得能够控制环境、有很强的自我效能感（Rotter，1966；Bandura，1989）。另外，他们渴望不断开发自己的潜力。他们有能力重塑自己和组织，而且重塑速度远远快于其他国家的高级经理人。

启示二：创建各种关系网络

在俄罗斯这样的集体主义文化下，关系比规则重要得多。全球俄罗斯商业领导者极其擅长创建并维护各种各样的网络，他们处于这些网络的中心。有些俄罗斯组织与国外组织的合作非常成功，这就是其中的一个原因。

启示三：努力做变革催化剂

新俄罗斯商业领导者积极塑造环境，为商业组织制订游戏规则，而不是等着政府替他们做。在资本主义早期，只有少数企业努力推进私有化。结果，它们不仅为自己积累了非常宝贵的资产，而且大大刺激了俄罗斯私有经济的发展（有据为证）。

启示四：培养韧性

我研究的所有领导者，一旦确定行动路线，就会坚持下去。有了毅力，再加上韧劲，就能积极对待任何事情，把失败看作机会。

启示五：培养情商

俄罗斯商业领导者擅长读心术，而且擅长利用这一优势。故意运用情商，尽管有操纵之嫌，但是效果非常好。

启示六：使用波雅尔委员会

最成功的全球领导者，不管国籍如何，都有一个搭配均衡的经理人团队。但是，俄罗斯领导者的“经理人角色阵”有个特别之处：默默无闻、只在幕后、不到台前。这个经理人团队有时叫作“Boyarskaya Duma”，或者“council of boyars”，翻译成中文是“波雅尔委员会”。其中，波雅尔是沙俄时代的一个贵族阶层，沙皇最有影响力的顾问团就是波雅尔组成的。后来，彼得大帝废除了波雅尔阶层。在波雅尔委员会的暗中保护下，领导者可以私下讨论自己的想法、顾虑和怀疑，在公共场合仍然保持高度自信的形象。波雅尔委员会，经常采用“民主集中制”的方式工作：每个人在讨论中都有发言权，领导者最后做决定；领导者一旦做了决定，人人都要遵守。

启示七：培养魅力型领导风格

俄罗斯领导者，不管能力素质和管理风格如何，都会仅仅因为占据领导职位而在组织内部拥有巨大权力。俄罗斯人有个古老的传统：渴望强大的魅力型领导者，认为领导者高人一等、享有特权，因此从定义上来说，就值得自己服从。这种态度放在俄罗斯员工身上，就让俄罗斯商业领导者有了比西方商业领导者更大的操纵空间。

启示八：管理意义

目前为止提到的领导者，不管处于什么领域，不管处理的事情有多复杂，都有一个共同点：积极利用“使命”（mission）——长远的、重大的目标——调动人们的积极性。

全球俄罗斯商业领导者面临的挑战

这八条领导力启示蕴含的集体智慧，让很多俄罗斯商业领导者得以在俄罗斯最近开放的市场经济中取得前所未有的进步和巨大无比的利润。然而，随着他们以及他们的组织日趋成熟，他们在不久的将来还要面临很多挑战。

挑战一：制订继任计划

制订继任计划是全球俄罗斯领导者面临的一个最大挑战。俄罗斯领导者可以借鉴世界其他国家的继任管理经验。我遇到过的企业家，没有一个打算把组织传给自己的孩子，也没有一个有兴趣把更年轻的员工培养成接班人（也许因为他们本身就十分年轻）。然而，随着时间的流逝，对这些领导者而言，专业的继任管理将成为日益迫切的挑战。不管继任采取什么形式，只有在领导者严肃对待继任并把继任当作第一要务来抓的时候（不仅自己采取这个姿态，而且让组织采取这个姿态），继任才能成功。

挑战二：打造信任文化

今天的俄罗斯组织，普遍缺乏信任，这是俄罗斯组织面临的第二大威胁。俄罗斯领导者必须学会打造信任文化，以培养创造力。他们当中有太多人，炮制出了“达尔文汤”（Darwinian soup），即营造出了适者生存的文化，可是，用这种方式对待人力资本并不合适。另外，俄罗斯组织必须进一步加大开放力度。在不断变化的环境中，它们不能把自己想成被敌军包围的城堡，而是需要制订有利于内外交流的开放政策。为了促进这一点，持续学习和不断成长应该成为组织文化的一部分。

挑战三：与政府搞好关系

在俄罗斯，弗拉基米尔·普京及其来自特务机关的亲信，把权力巩固到了前所未有的地步。结果，大型公司的所有者担心中央政府没收资产，中小型公司的所有者担心地方政府滥用权力。政治局势给个体企业家带来了极大挑战，但这正好可以检验俄罗斯商界各行业和市场的稳定性和成熟性。

挑战四：打造 21 世纪组织

我们先前讨论过的领导者，从很多方面来说，都是俄罗斯商业发展的领跑者：把普遍组织模式从“指挥控制式”转化成新的“3I”式。所谓 3I 式组织，是指把“信息”（information）、“创新”（innovation）、“投入”（involvement）当作核心价值观的组织（Kets de Vries，2000）。这项工作尚未完成，但是势头很好，令人震撼、鼓舞人心。这些领导者的经验可以提炼如下：

●要想保持竞争力，商业组织应该致力于长期价值创造。如果说过去大多数俄罗斯人把商业组织看作印制钞票的黑盒子，那么现在，新的全球俄罗斯人学会了打造与利益相关者关系透明的组织，而且把良好的社会环境和物理环境看作稳定增长的前提。

●为了在全球竞争中胜出，俄罗斯商业组织还应该发展出国际竞争对手所具备的胜任特征——速度和灵活、客户导向、生产创新、信息共享、持续学习。

●俄罗斯商业领导者需要练习授权。员工必须学会不再依靠僵化的流程来规范各方面的工作。网络——虚拟的或者其他样子的——应该替代等级。

●在俄罗斯组织，信息一直被看作神圣的权力源泉。过去，信息被秘密地收集、储存、分类，作为稀缺物来交换其他东西，包括人命。这些做法重新浮现在很多新俄罗斯公司，对信息流动造成很大障碍。真正的挑战是打造支持资料分享、最佳实践、文化建设的信息系统。跨职能项目、工作轮换、跨地区调动应该鼓励各个水平的沟通和合作。

想适应新的组织模式，就要放弃某些老做法，还要改掉经理人、中层管理者和员工的某些习惯。想成功实现这一根本转变，高层必须有强硬的领导力，所有层级必须有强效的促变剂。从成功企业家转型而成的公司经理人，是有可能提供高水平领导力的。他们应该聘用以下人士辅助自己：在俄罗斯组织工作过的西方经理人和专业人员；所谓的“混血”（hybrid），也就是，在西方国家生活过的俄罗斯管理者；从西方商学院毕业的俄罗斯人。最后，俄罗斯人应该办好自己的管理教育。

前奏的尾声 ①

前几代的俄罗斯领导者，大都没有为人们提供积极的方向和高效的工作环境。他们把人们带入了血腥的战争和革命、破坏力强大的政治和经济实验，给人们带来了思想压抑和身体毁坏。现在，俄罗斯社会的重心从政治转向了经济，新的商业领导者成了塑造社会及其未来的主要力量。这些把财富和影响力建立在苏维埃政权坍塌之上的人，能给俄罗斯带来繁荣昌盛、文明社会、个人自由和开放透明吗？

目前为止，迹象有好有坏，因为传统的行为和态度仍然在暗中发挥作用。俄罗斯没有全面悼念其千疮百孔的过去，各种力量仍然把俄罗斯推向沙文主义和联邦主义。然而，有一点是清楚的：想掌控自己命运、自主创业的年轻俄罗斯人，不再需要费力地开路。现在有各种各样令人钦佩的角色模型供他们学习。全球俄罗斯人集体打造出了一个混合领导力模型，非常灵活，足以反映各类不同组织的要求。新一代的俄罗斯企业家可以使用这个模型，其他致力于打造能在全球市场上持续盈利的组织的商业人士，也可以使用这个模型。

① 这个标题来自丘吉尔的一句话。在阿拉曼战役（二战转折点）的庆祝午宴上，丘吉尔发表了名为“The End of the Beginning”的演讲，说“Now this is not the end.it is not even the beginning of the end.but it is perhaps the end of the beginning”，翻译为“现在不是尾声，甚至不是尾声的前奏，但也许是前奏的尾声。”——译者注

尾注

本书大部分内容已经在杂志上发表过，请参阅：

● Kets de Vries, M.F.R.（2000）."A journey into the 'Wild East'：Leadership style and organizational practice in Russia," *Organizational Dynamics*, 28（4）: 67—81.

"'狂野东方'之旅：俄罗斯组织的领导风格和实践"，《组织动力学》。

● Kets de Vries, M.F.R.（2001）."The anarchist within：Clinical reflections on Russian character and leadership style", *Human Relations*, 54（5）: 585—627.

"无政府主义者内部：俄罗斯人性格和俄罗斯领导风格之临床反思"，《人际关系》。

● Kets de Vries, M.F.R.、Shekshnia, S.、Korotov, K. and Florent-Treacy, E.（2000）."The new Russian business leaders：Lessons from a decade of transitions", *European Management Journal*, 22（6）: 637—648.

"新俄罗斯商业领导者：十年转变之启示"，《欧洲管理杂志》。

1. 社会防御是一种关系系统，反映在社会结构中，它的构建能帮助人们在恶劣的环境下控制和压抑焦虑。社会防御的运作很像是个人防御，但前者深深烙进了社会组织的每一寸地方。

结语　打造高绩效组织

我渴望做高尚的大事，但是在这之前，我必须做很多卑微的小事，而且要把这些卑微的小事当作高尚的大事一样去做。世界在前进，其前进不仅得力于少数几个伟大英雄的推动，而且得力于千千万万个踏实小人物的推动。

——海伦·凯勒

组织的未来

从前，有位老人，他有很多儿子，这些儿子总是吵个不停。一次，儿子们又在吵架，老人怎么劝都不管用，于是决定用一个实际例子让儿子们明白“不和”的坏处。一天，老人拿出一把竹筷，让儿子们一起掰断。每个儿子无论怎么用力，那把筷子就是掰不断。后来，老人把竹筷解开，让儿子们一根一根地掰断。这次，筷子很容易就掰断了。老人说：“我的儿子们啊，如果你们几个是一条心，团结起来互帮互助，那就会像一把筷子，任何敌人都打不倒你们。如果你们心不齐、各干各的，那就像一根一根的筷子，很容易就被打倒。”

这则古老的伊索寓言很好地解释了高绩效组织的一个重要特点——团队合作的威力。这则寓言还解释了打造高效组织需要哪种领导力。

但是，势不可挡的全球化趋势对领导力的本质有什么影响呢？在全球组织里，卓越意味着什么，应该用什么标准来评判呢？为了找到这些问题的答案，我回顾了我在全球组织做过的大量咨询和研究的结果。

尽管很多研究者都从结构层面描述了全球组织的特征，但是很少有研究者探索最成功的全球组织的潜在驱力。通过与全球组织的高层经理人讨论，我得出结论：领导者只有关注并迎合追随者（不管国籍和文化背景如何）的普遍动机需求，全球组织才能（像其他任何组织一样）繁荣昌盛。全球组织要想成功，组织的愿景、使命、文化和战略必须与员工的动机需求系统结合起来。没有这样的结合，没有哪个组织能在全球化背景下做到真正有效。尽管“在全球化时代要如何培养领导者”这个问题并不好回答，但是，那些根据时代新要求仔细选拔、系统培养领导人才并在各层级任用这种人才的公司，将在竞争中胜出。说得更具体一点就是，称得上“最佳工作之地”的组织，都十分关注对员工而言真正重要的价值观。不幸的是，很多组织，包括全球组织，绝对称不上“最佳工作之地”。

大公司的元价值观

尽管全世界的CEO都为全球组织着迷，但是他们的员工并非总像他们一样对全球组织上心。我见过很多在全球组织工作但是并不满意的员工。实际上，全球组织受到的抨击越来越多，因为地方有时必须为全球组织的某些决策埋单，尽管在这些决策的制订过程中，地方没有一点发言权。例如，某汽车制造公司的领导者，为了更好地利用公司资源，决定关闭位于某地的工厂。对那个领导者而言，工厂开在哪儿都无所谓，可是那个地方的人却必须忍受工厂关闭带来的冲击。

全球公司的领导者不仅经常忽略所作所为给地方造成的心理冲击，而且经常忽略所作所为给地方造成的文化冲击——姑且这么称呼吧。在某个国家可以接受的雇佣—解雇理念，放到另外一个人们非常看重工作保障的国家，也许就完全不可接受，然而，缺乏全球中心主义导向的领导者，会把那一理念应用到所有国家。例如，我曾经与西班牙的一位企业家合作过，那位企业家对我说，有段时间她乐坏了，因为那段时间，某大型全球公司驻西班牙子公司，高潜力员工纷纷离职，转投她的公司。那段时间，那家大型全球公司正在进行一轮又一轮重组。这些重组，用那些跳槽员工的话说，把他们“榨干了、用尽了”，让他们不得不离开。诸如此类的事件清楚地说明，在努力贯彻全球中心主义导向、建造和谐大家庭的过程中，全球组织会遇到巨大的困难。所谓建造和谐大家庭，是指营造一种文化，让全体员工觉得自己是全球“家庭”的一员。

不幸的是，全球组织的员工普遍体验到怀疑感和焦虑感。太多全球公司，弥漫着“FUD”氛围。“FUD”，是“fear-uncertainty-doubt”的简称，指恐惧、不确定、怀疑。这些消极态度的存在是不吉祥的，因为全球组织有必要让所有员工（直到一线员工）都觉得自己是全球团队的一员。但是，培育强烈的同心协力感，是一项非常艰巨的任务，对领导者有极高的要求。怎样培养全球组织数千名或成百上千名员工的忠诚感呢？

我访谈过的全球领导者，几乎都说（往往不知道具体如何做到）他们的一件头等大事是：营造并维持一种超越文化差异的公司文化，建造“灯塔”（beacons）。所谓灯塔是指，所有员工，不管国籍和文化背景如何，都能理解内化的价值观和态度。那么领导者如何打造那种公司文化？在一个跨越多个国家、存在多种文化的组织中，可以做些什么驱散员工的焦虑感并且增强员工的忠诚度、信任感和协作精神呢？

动机需求系统

我在各家公司进行访谈之后得出的结论有着惊人的一致性。领导者必须提供方向，必须看起来有决断力、正直、诚信——所有这一切都对高绩效有利——但是最有效的领导者还必须深谙人性，知道如何调动员工的积极性。这样的领导者（有意无意地）明白，人类存在基本的动机需求系统。当领导者关注员工的需求，员工就会格外卖力地工作。

有些动机需求系统，是为了保证我们的基本生存。例如，有一个调节着我们对食物、饮水、睡眠和呼吸的心理需求；有一个处理的是感官享受，后来还处理性兴奋；还有一个处理的是感知到危险之后的反应需求，其中的反应，指的是对抗或者退缩。尽管这三个动机需求系统对人们的工作方式有一定的影响，但是另外两个动机需求系统对人们在组织中的行为方式有着更直接的影响。那就是依恋/归属（attachment/affiliation）动机需求系统和探索/自主（exploration/assertion）动机需求系统：

- 依恋/归属需求可以简单地表现为人际交往需求。在组织里，这个需求通过社区感、归属感和群体认同来满足。
- 探索/自主需求与学习和个人成长紧密相关。这个需求可以通过创新和变革来满足，还可以通过玩得开心、体验快乐、懂得享受来满足。

最佳工作之地，努力响应这些需求。特别是，最佳工作之地关注三条元价值观（meta-values）：社区（community）、快乐（pleasure）和意义（meaning）。

- 社区 成功全球组织的领导者，懂得培养员工的组织公民行为。在这样的组织，互助、尊重、合作是普遍现象。在这样的组织，团队协作是咒语：员工把集体利益放在首位，把个人得失放在次位。
- 快乐 在成功的全球组织，"勇于尝试、收获快乐"是组织文化的一个重要部分，而"勇于尝试、收获快乐"的结果就是持续学习、创新和变革。可以料到的是，这让人们工作效率更高。
- 意义 正如一位CEO说过的那样："人们会为了钱而工作，但会为了事业而献出生命。"对很多人来说，意义构成了强大的动力。人们明白，做墓地里最富有的人，并没多大意思；能为社会做出贡献，才真正有意义。让员工觉得自己的工作有意义，员工就会更加投入地工作。

成功全球公司的世界级领导者，懂得努力把组织的根本目标与个人的这三大需求结合起来。下面，我们分别具体看看每条元价值观。

社区

优秀的领导者知道，没有信任就很难实现真正的团队合作，于是非常重视营造信任文化。这样的领导者非常平易近人，从不滥用职权。他们也不搞什么“蘑菇管理”（把员工放在阴暗角落）。相反，他们让员工全面掌握公司动态。他们的组织非常透明。因为他们致力于打造凝聚力强的社区，所以他们努力善待新员工，帮助新员工适应环境。

我曾经采访过澳大利亚国家银行（National Australian Bank）的前集团 CEO 约翰·斯图亚特（John Stewart），他谈到，在全球组织，跨边界信任和学习文化是多么的重要。这里需要指出的一点是，比较有效的领导者，很多具有“泰迪熊”品质，包容员工在变革期间的焦虑感。约翰·斯图亚特知道如何最大限度地调动员工的积极性，很少有人像他那样以人为导向。这样的经理人真诚地关心员工，花时间倾听员工的声音，为员工排忧解难。通过这个方式以及其他多个方式，这样的领导者树立了好榜样，很好地阐释了领导力到底是什么：调动追随者的积极性，（在需要的时候）直接给予建设性反馈，打造安全、积极的变革环境。这样的人，有很强的影响力，擅长激励别人。

快乐

在比较有效的公司，员工一般都很快乐。有些组织发现，愉快且适度活跃的氛围有很强的激励效果。理查德·布兰森努力以身示范这一点：他让员工加入充满乐趣的刺激之旅，通过这种方式满足员工的探索 / 自主需求。在一次访谈中，他对我说：

员工如果开心、快乐、喜欢自己的工作，就会好好表现。这样，顾客与你的公司打交道时也会觉得快乐。如果员工悲伤、痛苦、厌烦自己的工作，那么顾客将会同样痛苦。所以，关键是……

我们采用了新方式，与商学院所教的传统方式相比，新方式让生活更有乐趣。我已下定决心：要快快乐乐的。

我还观察到，在大型组织，想鼓励创新精神，就要强调快乐，这一点尤其重要。英国石油，曾被视作在创新最前线欢快遨游的巨型油轮。其前任董事长大卫·西蒙（David Simon），在被问到如何经营这家大型公司时，就强调了快乐的重要性。在被问到选拔关键经理人看重什么品质时，西蒙回答说：

正直、热情和幽默。我认为，幽默就是凡事看开些。它与你用什么颜色的镜头看人生有关，与你如何看问题有关……对于身处要职的人来说，看不开可能会导致严重后果。我喜欢那种能够通过看开一些来应对工作压力的人。幽默是那种能力的良好指标……在我看来，轻松氛围，是机器般的组织与有活力的组织之间的根本不同之处……［我们问自己］我们如何制造轻松氛围，让我们并非仅仅是又一家石油公司？

意义

让员工认为自己的工作超越了自己的个人需求（例如，通过改善别人的生活质量，通过为社会做贡献），会带来惊人的效果。生命是短暂的，谁都避免不了死亡。为了应对存在焦虑，我们寻找某种能让我们在世上留下痕迹的方式。如果把无意义比作大海，那么好感受就是大海上的幽灵岛。正因为如此，所以追求幸福（不管什么形式的幸福）成了人类的永恒目标。我们都在寻找理由，让自己对所做的事情感到好受。诚然，组织经常出于树立良好形象的目的开展慈善活动。但是，组织也经常在真正利他动机的驱使下从事一些有意义的事情。全球组织的成功领导者清楚地表示，他们想让员工为组织感到自豪并在日常活动中体验到意义感。

某些行业的公司，比如制药公司，在这方面具有竞争优势。在这些组织，“为是一群通过开发新药品改进人们健康、挽救人们生命的人当中的一员而自豪”这种认识有助于支撑意义元价值观。默克公司（Merck & Co Inc.）生产一种治疗河盲（又叫作盘尾丝虫病）的药品，这种病在非洲、拉美和也门十分常见。因为易感地区的人们往往没钱治病，所以默克决定，只要有必要，就免费提供药品。

类似的，世界最大的胰岛素生产商诺和诺德（Novo Nordisk），其高层经理人鼓励员工与国际糖尿病联盟（International Diabetes Federation）合作，帮助发展中国家改善糖尿病治疗条件。公司把产品发给很多有需要的人，这一举动让员工有了强烈的意义感。正如一位曾经与我一起写书的作者近距离观察到的那样，正是这种普遍的助人精神让诺和诺德成为一家如此特别的公司。

诺基亚也有一些帮扶项目。诺基亚的总部在芬兰，那里人们住得相隔较远，难怪会诞生一个通信业巨头——通信行业可以看成连接人与人的行业嘛。在中国通信市场上，诺基亚是最大的玩家，它带领着几百万人从没有电话（也没有陆线基础设施）的日子走入了手机随身带的日子。这不仅意味着巨大的利益，还代表着更大的发展。

传统重工业公司，也努力为员工、为世界改变形象。社会责任是日益响亮的战斗口号。在一个有关公司为什么“变绿”（go green）的研究中，研究者选取一些对生态负责的公司的员工为调查对象，询问他们：“为什么你们的公司采取对生态负责的态度？”这些人回答说，公司之所以采取对生态负责的态度，并非仅仅是为了树立良好形象，而且更重要的是，为了让员工觉得工作有意义。

这些公司采取对生态负责的态度，确实大大提高了员工满意度和士气。可见，满足员工的助人需求，可以大大调动员工的工作积极性（Kets de Vries，2009）。

领导者与元价值打造

把这些元价值观落实到位，是一项艰巨的任务，需要认真思考和努力行动。但是，不管任务多么艰巨，组织也必须进行这方面的投资，只要组织想在全球化时代获得成功、成为最佳工作之地（连夫妻店和小作坊都能从关注核心价值观中受益）。是否进行这样的投资，以及这样的投资是否成功，很大程度上取决于掌舵之人的领导能力。高层经理人团队要有远见，要认识自己对社区、快乐、意义的需求并把这些需求外化到公共舞台上。除了那种卓越领导力作为基础外，全球领导力还需要对多样性现象——包括性别多样性——持开放态度。

前面我提到过，最有效的领导者扮演着两个角色，而且两个角色都扮演得非常好。这两个角色是：魅力偶像角色（描绘愿景、下放权力、激励员工）和建筑师角色（设计恰当的组织结构、控制体系和奖惩制度）。我还强调过，这两个角色需要结合起来。例如，不可以一边提倡协作精神一边单个单个地奖励员工。从建筑师角度来讲，有效的领导者知道，当把组织打造成一系列相互关联的小单元时，员工的社区感会增强。

这样，在经济全球化背景下做一个真正有效的领导者，意味着关注驱动员工的元价值观。它还意味着，把领导力的魅力偶像维度和建筑师维度结合起来。另外，它还要求一种世界大同主义。这些领导者必须超越狭隘的民族主义，树立全球中心主义导向，满足来自不同国家、有着不同文化背景的追随者的期望。正如我在本书第13章讨论过的那样，文化相对观、优秀的关系技能、好奇心、情商是成功的全球领导者与众不同的地方。这样的领导者，也有强烈的冒险精神，愿意在需要的时候走出安乐窝承担风险。最后，他们很多人有很强的幽默感。

结评

在本书，我考察了组织戏班里的“生旦净末丑”：一直找不到合适工作，直到自主创业才觉得自在的企业家；死鱼、骗子和容易怀疑自己能力和成就的神经质骗子；我们所有人似乎都需要的英雄和坏蛋。大正派有马其顿的亚历山大和跨国公司的变革型领导者；大反派有夏卡·祖鲁和一小撮公司经理人（这些人，我用了假名，给他们留点儿脸面）。现在，有的组织戏班正在迈向世界舞台，有的组织戏班已经登上世界舞台。在世界舞台上，“应对个体及其需求、体系及其强制、股东及其期望和要求”的挑战跨越了文化边界、跨越了时区。

好消息是，这些组织需要的领导者已经在那儿了，而且数目正在增长。有跨文化背景、多年跨文化工作经验和非凡全球领导力品质的领导者，工作热情感染着组织其他人，让组织开足马力前进。作为促变者、拉拉队队长、教练、老师、导师、流程顾问和整合者，这些领导者通过帮助员工重塑工作态度来改变工作方式。他们让组织超越盈利游戏、克服文化偏见，进而赋予员工自豪感。在一个人人有信心始终忠实于自己的环境下，他们的全球情商应该筛掉夏卡、鼓励亚历山大。如果那些领导者需要一句座右铭提醒自己不要忘记奋斗目标，那么他们可以姑且记住圣雄甘地在描述心目中的最佳生活和工作之地时所说的话："我不想要我的房子四面高墙，窗户密不透风。我希望大地上所有的文明之风能够自由吹拂。但我拒绝被任何一种狂风刮得站不住脚。"

致谢

本书是《随曼弗雷德·凯茨·德·弗里斯进行精神分析》三卷本丛书中的第一卷。三年前，与我有长期合作关系的编辑 Sally Simmons 建议我，“是时候考虑把你的那些文章结集出版了”，于是就有了《随曼弗雷德·凯茨·德·弗里斯进行精神分析》。本书初稿长得吓人，一连几个月反复修改，形成了自己的逻辑，多多少少自然而然变成了现在这个样子。尽管本书大部分章节都以已经发表的文章为基础（每章最后都列出了文章来源），但是经过了大量的修改和更新（只是某些文章根据需要保留了期刊感）。

本书当中的精神分析师，表面上看是我，实际上还有其他好几位，因为本书收录的文章，有些是我和其他人一起写的。这些人包括：Elizabeth Florent-Treacy、Konstantin Korotov、Christine Mead、Stanislav Shekshnia 和 Abraham Zaleznik。在此，我对他们致以诚挚的谢意。

像往常一样，我非常高兴有机会感谢我的助手 Sheila Loxham。她开朗、活泼、能干，给了我很大的支持和帮助，就像永远照耀着我的小太阳（除了那年她严重受伤随后休息了一段时间之外）。

我与 Sally Simmons 认识并合作了 20 年，这期间，Sally 取得了了不起的进步，最初是单枪匹马，现在负责整个剑桥编辑公司（Cambridge Editorial Partnership）。我要感谢她团队中为本书出力的人：Carol Schaessens，她把大量材料整合得非常成功，连我都觉得天衣无缝；Mary Conochie，她耐心地把只有复印件的文章录入电脑。至于 Sally 自己，我以前说她是“编辑的编辑”、“一位不同寻常的编辑”，甚至有次说她是“最后一位站着的女人”。她提出了很多点子，让本书增色不少。但是，她最大的贡献也许是，帮助我用新眼光看那些我已烂熟于心的材料。